OHM大学テキストシリーズ　シリーズ巻構成

通信・信号処理部門
- ディジタル信号処理
- 通信方式
- 情報通信ネットワーク
- 光通信工学
- ワイヤレス通信工学

情報部門
- 情報・符号理論
- アルゴリズムとデータ構造
- 並列処理
- メディア情報工学
- 情報セキュリティ
- 情報ネットワーク
- コンピュータアーキテクチャ

刊行にあたって

編集委員長　辻　毅一郎

　昨今の大学学部の電気・電子・通信系学科においては，学習指導要領の変遷による学部新入生の多様化や環境・エネルギー関連の科目の増加のなかで，カリキュラムが多様化し，また講義内容の範囲やレベルの設定に年々深い配慮がなされるようになってきています．

　本シリーズは，このような背景をふまえて，多様化したカリキュラムに対応した巻構成，セメスタ制を意識した章数からなる現行の教育内容に即した内容構成をとり，わかりやすく，かつ骨子を深く理解できるよう新進気鋭の教育者・研究者の筆により解説いただき，丁寧に編集を行った教科書としてまとめたものです．

　今後の工学分野を担う読者諸氏が工学分野の発展に資する基礎を本シリーズの各巻を通して築いていただけることを大いに期待しています．

編集委員会

編集委員長　辻　毅一郎（大阪大学名誉教授）

編集委員（部門順）

共通基礎部門	小川 真人（神戸大学）
電子デバイス・物性部門	谷口 研二（奈良工業高等専門学校）
通信・信号処理部門	馬場口 登（大阪大学）
電気エネルギー部門	大澤 靖治（東海職業能力開発大学校）
制御・計測部門	前田 裕（関西大学）
情報部門	千原 國宏（大阪電気通信大学）

（※所属は刊行開始時点）

OHM 大学テキスト

集積回路工学

吉本雅彦 ————［編著］

「OHM大学テキスト　集積回路工学」
編者・著者一覧

編著者	吉本 雅彦	（神戸大学）	[15章]
執筆者	藤野　毅	（立命館大学）	[1, 8, 13章]
（執筆順）	松岡 俊匡	（大阪大学）	[2, 3, 14章]
	廣瀬 哲也	（神戸大学）	[4, 5章]
	川口　博	（神戸大学）	[6, 7, 11章]
	小林 和淑	（京都工芸繊維大学）	[9, 10, 12章]

本書を発行するにあたって，内容に誤りのないようできる限りの注意を払いましたが，本書の内容を適用した結果生じたこと，また，適用できなかった結果について，著者，出版社とも一切の責任を負いませんのでご了承ください．

本書は，「著作権法」によって，著作権等の権利が保護されている著作物です．本書の複製権・翻訳権・上映権・譲渡権・公衆送信権（送信可能化権を含む）は著作権者が保有しています．本書の全部または一部につき，無断で転載，複写複製，電子的装置への入力等をされると，著作権等の権利侵害となる場合があります．また，代行業者等の第三者によるスキャンやデジタル化は，たとえ個人や家庭内での利用であっても著作権法上認められておりませんので，ご注意ください．

本書の無断複写は，著作権法上の制限事項を除き，禁じられています．本書の複写複製を希望される場合は，そのつど事前に下記へ連絡して許諾を得てください．

(社)出版者著作権管理機構
(電話 03-3513-6969，FAX 03-3513-6979，e-mail: info@jcopy.or.jp)

JCOPY ＜(社)出版者著作権管理機構 委託出版物＞

まえがき

　米インテル社の共同創業者であるゴードン・ムーア氏が 1965 年に提唱した「集積回路上のトランジスタ数は 18～24 ヶ月ごとに倍になる」というムーアの法則に従い，半導体集積回路技術はめざましい発展を遂げてきました．最先端マイクロプロセッサには 10 億個以上のトランジスタが集積され，ダイナミックランダムアクセスメモリ（DRAM）は 4 Gbit まで容量を拡大してきました．また，その莫大な集積能力でシステムの情報処理回路のほとんどすべてを飲み込み，システム・オン・チップが多くの情報機器の中核システムを形成しています．さらに素子の微細化が生み出す，演算速度の高速化と低消費電力化および低コスト化を同時に達成するという優れた特徴を享受し，スマートフォンに内蔵される組込みプロセッサの演算性能は 20 年前のスーパーコンピュータの性能に匹敵するまで進化してきました．今後も世界中の技術者，研究者の叡智を結集して，さらなる高集積化が期待され，そしてそれが情報機器のダウンサイジングの原動力となり，ウエアラブル・デバイス，ユビキタス・デバイス，さらにはインプランタブル・デバイスの基幹技術となっていくことでしょう．

　この VLSI 集積回路は，大きくはディジタル回路（論理回路，メモリ回路を含む）とアナログ回路（無線通信回路を含む）に分類されます．本書では，そのうちディジタル集積回路技術に焦点をあて，これまで開発されてきたディジタル VLSI 設計の基盤となる技術をわかりやすく解説しています．大学での講義を想定し，全 15 章の構成としています．MOS トランジスタ動作原理，CMOS 論理回路，メモリ回路，演算回路，素子特性（速度性能，消費電力），レイアウト設計，プロセスフロー，微細化技術動向までを広範囲にカバーしました．特に，大学学部学生のみならず大学院前期博士課程の学生をも対象に執筆しましたので，内容的には比較的詳細な説明を心がけました．本書を学ぶことで，マイクロプロセッサやシステム LSI を構成するデジタル回路技術の基礎を習得することができるでしょう．

　最後に，本書出版の機会を頂いた大阪大学名誉教授谷口研二先生およびオーム社出版部の各位に感謝申し上げます．

2013 年 8 月

編著者　吉本雅彦

目次

1章 集積回路とは
- 1・1 集積回路の歴史　1
- 1・2 集積回路の種類・分類　4
- 1・3 集積回路の働き（用途）　8
- 1・4 集積回路の設計から製造までの流れ　11
- 演習問題　14

2章 MOSトランジスタの動作原理
- 2・1 シリコン結晶とドーピング　16
- 2・2 pn接合　19
- 2・3 MOSトランジスタの構造と動作　20
- 2・4 MOSトランジスタの記号　23
- 2・5 MOSトランジスタの電気的特性　24
- 2・6 相互コンダクタンスとしきい値電圧　27
- 2・7 しきい値電圧の解析　28
- 演習問題　31

3章 CMOSインバータ
- 3・1 インバータの構成　33
- 3・2 CMOSインバータの入出力特性　35
- 3・3 雑音余裕　37
- 3・4 多段接続による論理レベルの再生　39
- 演習問題　41

4章 CMOSスタティック基本ゲート
- 4・1 CMOS回路による論理ゲート　42
- 4・2 複合論理ゲートの構成法　49
- 4・3 CMOSスイッチ　54
- 演習問題　57

5章 プロセスフローとCMOSレイアウト設計
- 5・1 半導体プロセスフロー　58
- 5・2 CMOSトランジスタのプロセスフロー　59
- 5・3 レイアウト　66
- 演習問題　69

iv

6章 CMOS 組合せ論理回路

6・1 デコーダ（k 入力・2^k 出力） 70
6・2 エンコーダ（2^k 入力・k 出力） 72
6・3 プライオリティエンコーダ（2^k 入力・k 出力） 73
6・4 マルチプレクサ（セレクタ：k 入力・1 出力） 75
6・5 デマルチプレクサ（1 入力・k 出力） 78
6・6 トライステートインバータとトライステートバッファ 81
6・7 双方向バッファとバス 83
演習問題 85

7章 ラッチとフリップフロップ

7・1 ラッチとフリップフロップの分類 87
7・2 クロスカップルドラッチの双安定性 88
7・3 D ラッチ 89
7・4 D フリップフロップ 93
7・5 SR ラッチ 96
7・6 D フリップフロップ応用：非同期リセットつき D フリップフロップ 97
7・7 D フリップフロップ応用：レジスタ 99
7・8 D フリップフロップ応用：カウンタ 100
演習問題 102

8章 スイッチング特性

8・1 インバータ回路動作の簡易解析 104
8・2 インバータ回路における負荷容量とトランジスタのオン抵抗 106
8・3 伝搬遅延時間とファンアウト 109
8・4 リングオシレータの発振周波数 111
8・5 立ち上がり時間，立ち下がり時間の詳細特性解析と遅延時間 113
演習問題 116

9章 同期設計

9・1 順序回路の設計法 118
9・2 クロックと同期設計 124
9・3 セットアップ時間とホールド時間 125
9・4 同期回路の最高動作クロック周波数 126
9・5 クロックスキューとその対策 127
演習問題 131

目次

10章 演算回路
- 10・1 数値データの表現方法 *133*
- 10・2 2の補数を使った加減算 *134*
- 10・3 加減算回路 *135*
- 10・4 高速加算回路 *138*
- 10・5 シフト回路 *141*
- 10・6 算術論理演算ユニット（ALU） *142*
- 10・7 乗算回路 *142*
- 演習問題 *147*

11章 メモリ回路
- 11・1 メモリの分類 *148*
- 11・2 マスクROM *151*
- 11・3 SRAM *153*
- 11・4 フラッシュメモリ *158*
- 11・5 DRAM *161*
- 11・6 新しい不揮発メモリ FeRAM・MRAM・PRAM *162*
- 演習問題 *165*

12章 ディジタル回路の設計フロー
- 12・1 ネットリスト記述 *166*
- 12・2 RTL 記述 *168*
- 12・3 集積回路の設計フロー *174*
- 演習問題 *181*

13章 消費電力
- 13・1 動的消費電力 *183*
- 13・2 静的消費電力 *186*
- 13・3 消費電力のトレンド *188*
- 13・4 動的消費電力低減のための手法 *189*
- 13・5 待機電流低減のための手法 *191*
- 演習問題 *196*

14章 寄生素子と2次効果
- 14・1 MOSトランジスタの寄生容量 *197*
- 14・2 拡散層における寄生抵抗 *200*
- 14・3 メタル配線の寄生素子 *201*
- 14・4 2次効果 *203*
- 14・5 微細MOSトランジスタ特有の現象 *205*
- 演習問題 *212*

15章 比例縮小則と微細化の課題
- 15・1 比例縮小則 *214*
- 15・2 微細化による比例縮小阻害要因と等価的スケーリング技術 *217*
- 演習問題 *231*

演習問題解答 *232*
参 考 文 献 *249*
索　　　引 *251*

1章 集積回路とは

　1960年代に始まった集積回路（Integrated Circuit；IC）の発展は目覚ましく，50年の間に，1 cm角程度のチップの上に10億個以上のトランジスタを集積することが可能になった．人間の脳の神経細胞の数は140億個といわれており，近い将来，それに匹敵する数のトランジスタの実装が可能である．このICの集積度の進歩によって，ポケットの中に，電話・音楽/テレビ再生・インターネット接続機能を持った電子機器を携帯できるようになった．本章ではこの集積回路の発展の歴史を概観し，現在の集積回路の種類と用途をまとめ，最後に集積回路の製造工程を簡単に紹介する．

1・1 集積回路の歴史

　集積回路は，シリコン（Si）などの半導体基板上に，増幅作用/スイッチ機能を持つトランジスタを多数形成し，トランジスタ間をアルミニウムなどのメタル配線で相互接続することで電子回路を形成したデバイスである．1950年代までの電子回路は，**真空管**と呼ばれる能動素子を用いて実装されていた．1946年に真空管を18 800本用いて，ペンシルバニア大学で電子計算機が作られたが，重量30トン，消費電力150 kWという一般には使用できない装置であった．真空管はガラスに覆われた真空中で電子を制御することで実現されるデバイスであり，原理的に小型・高集積化が困難である．電子計算機がコンピュータとして今日のように普及するためには，半導体を用いたトランジスタの発明が必須であった．

　半導体を用いたトランジスタは，1947年にアメリカのベル研究所において，ショックレー，バーディーン，ブラッデンらによって発明され，3人は1956年にノーベル賞を受賞した．当初は，ゲルマニウム（Ge）半導体の基板上に2本の針を立てた**点接触トランジスタ**であったが，その後，より機械的に安定な**接合型トランジスタ**，ゲルマニウムに代わってより熱的に安定なシリコン材料を使ったト

1章 集積回路とは

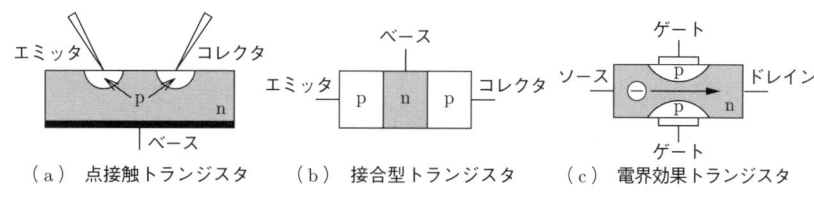

(a) 点接触トランジスタ　　(b) 接合型トランジスタ　　(c) 電界効果トランジスタ

図1・1　各種トランジスタの構造

ランジスタ，電界効果を利用したトランジスタなどが開発された．図1・1に点接触トランジスタ，接合型トランジスタ，**電界効果トランジスタ**の構造を比較して示す．図中のp，nとは，半導体に，ごく少量の不純物を添加し，電気的性質を変化させた領域を示しており，2章において詳細を説明する．点接触トランジスタおよび接合型トランジスタは，ベース，エミッタ，コレクタという三つの端子を持つ電流制御能動素子であるのに対して，電界効果トランジスタは，ゲート，ソース，ドレインという三つの端子を持つ電圧制御能動素子となっている．

　1950年代には，トランジスタ単体を増幅器として用いたトランジスタラジオが発売されるなど，さまざまな分野で産業利用が始まった．一方で，複数のトランジスタを一つの基板上に作りこむ発明が，TI（テキサス・インスツルメンツ）社のキルビーとフェアチャイルド社のノイスによって1959年に特許出願された．**キルビー特許**は，図1・2に示すように，同一基板上に作製された複数のトランジスタを中空状態の配線で接続する手法をとっているのに対して，ノイス特許では素子間の相互結線として二酸化シリコン上に蒸着されたアルミニウム薄膜配線を使用する手法を用いている．

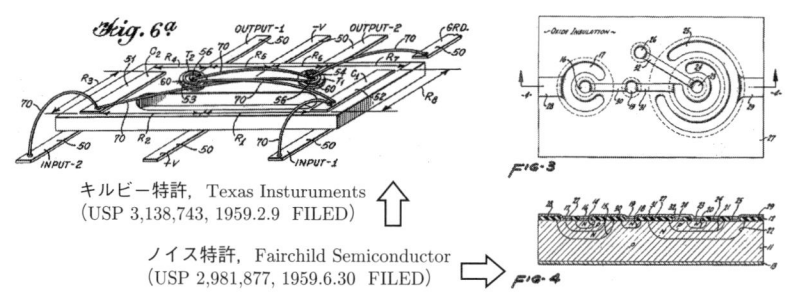

キルビー特許, Texas Insturuments
（USP 3,138,743, 1959.2.9 FILED）

ノイス特許, Fairchild Semiconductor
（USP 2,981,877, 1959.6.30 FILED）

図1・2　集積回路の基本特許

現在の集積回路の構造に近いのはノイス特許であるが,キルビーと比べると,約半年後に出願されているため,一般にはキルビー特許が集積回路の基本特許として認められていることが多い.本キルビー特許およびその派生特許によって,TI社は1990年代に至るまで多額の特許収入を得た.

キルビーおよびノイス特許の図面に示されるような,同一基板上に複数のトランジスタを作製するために,基板の片面側にだけ電極端子を有するトランジスタの製造手法,すなわち**プレーナ技術**が開発された.プレーナ技術を使って数個～数十個程度のトランジスタを同一基板上に作製することによって,1960年代には,NORゲートやフリップフロップなどの論理ゲート**IC**が実用化された.1965年頃の1チップあたりの集積度は数十個程度であったが,微細加工技術の進歩に伴って1チップに搭載されるトランジスタ数は向上していった.1965年に,のちにインテル社の創業者の一人になるムーアが,Electronics Magazine誌において,今後も一定の割合で集積度の向上が進み,10年後の1975年には1チップあたりのトランジスタ数は65 000個になると言及した.この論文の内容に基づいて,「半導体素子に集積されるトランジスタ数は,18～24ヵ月で倍増する」という予測がなされ,これを「**ムーアの法則**」と呼んでいる.**図1·3**に,インテル社が1971年に開発した初めてのマイクロプロセッサ4004および,それ以降に発売されたマイクロプロセッサのトランジスタ数の増加を示す.驚くべきことに2010年に至る

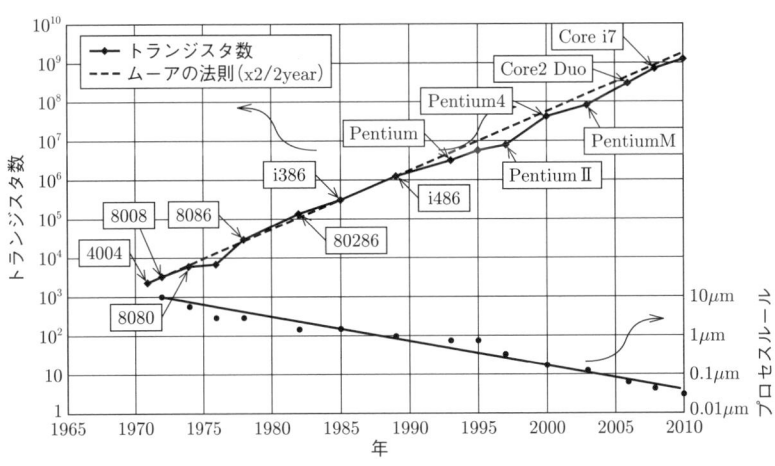

図1·3 トランジスタ数の増加とムーアの法則

まで，「半導体素子に集積されるトランジスタ数は24ヵ月で倍増する」という法則がほぼ成り立っていることがわかる．

このトランジスタ数の増加を支えたのは，微細加工技術の進歩であり，1972年の8008では，10 μm の加工寸法（プロセスルールと呼ぶ）が使用されていたのに対して，1989年には 1 μm，2010年には 0.032 μm と 1/300 以下の微細な寸法の加工が可能になった．また，同時にプロセッサの動作周波数も 1972 年の 200 kHz から 2004 年の 3.8 GHz まで 19 000 倍の高速化がなされ，それに伴って演算性能も劇的に向上した．

1・2 集積回路の種類・分類

集積回路は回路規模やトランジスタの種類・設計方式などによって，分類が行われている．以下個別に説明する．

〔1〕回路規模による分類

図 1・4 (a) に，一つのチップ上に搭載されるトランジスタの数による集積回路の分類法を示す．当初は，規模が小さくトランジスタ数 100 個以下の集積回路を SSI (Small Scale Integration)，100 個から 1 000 個までの中規模の集積回路を MSI (Medium Scale Integration)，トランジスタ数 1 000～10 万個の大規模な集積回路を LSI (Large Scale Integration) として分類していた．その後集積度が向上して 10 万個以上のトランジスタを使用した超大規模な集積回路が開発されると，VLSI (Very Large Scale Integration) という単語が使われた．さらに集積度が向上して

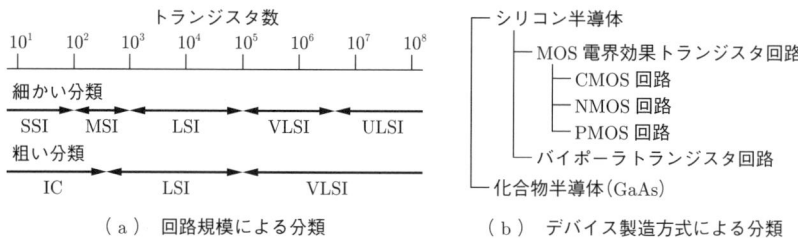

(a) 回路規模による分類　　(b) デバイス製造方式による分類

図 1・4　集積回路の種類・分類 (1)

トランジスタ数が数百万個以上になるとULSI（Ultra Large Scale Integration）という言葉も使われた．しかしながら，トランジスタ数で厳密に定義された分類法ではなく，また集積度の向上とともに分類が細かくなりすぎて，現在ではあまり使われなくなっている．最近では比較的小規模な集積回路を単にIC，比較的大規模な集積回路をLSIまたはVLSIという名称の使い方が一般的となっている．

〔2〕デバイス製造方式による分類

図1·4（b）にデバイス製造方式による集積回路の分類を示す．集積回路を設計する基板としては，ガリウムヒ素（GaAs）などの**化合物半導体**を使うこともでき，1980年代にはGaAs基板を用いて，スーパーコンピュータ用の演算LSIなども製造された．しかしながら，シリコン半導体を微細化することによる性能の向上が化合物半導体の性能を凌駕したため，演算LSIとしては使われなくなった．現在化合物半導体は無線用の高周波増幅器や，LEDなどの発光デバイスとして使われているが，一般的なLSIはすべてシリコン半導体である．

シリコン半導体上のトランジスタは，接合型トランジスタとして作られる**バイポーラトランジスタ**と，現在主流の**MOS電界効果トランジスタ**（Metal Oxide Semiconductor Field Effect Transistor；**MOSFET**）に分類することができる．MOSFETは制御用のゲート電極に金属（Metal）-ゲート絶縁膜（Oxide）-シリコン（Semiconductor）を使用することからその名がつけられており，以降MOSトランジスタという簡易名称を用いる．バイポーラトランジスタは，電荷を運搬するキャリアを2種類（正孔と電子）持つことからバイポーラ（2極性）トランジスタと呼ばれている．本トランジスタは，大きな電流を駆動することが可能であることから，モータ制御用のICやアナログ回路には現在も使われているが，大規模な論理LSIとしては使われていない．バイポーラトランジスタと比較して，MOSトランジスタは論理演算を行う回路の構成が容易で，微細化・低電圧化に適しており，消費電力が少ないことから，1980年代以降のメモリLSIやマイクロプロセッサLSIは，ほぼこの方式が採用されている．

MOSトランジスタには，nチャネルおよび，pチャネルMOSトランジスタの2種類があり，それぞれ，**NMOS**，**PMOS**と略称する．回路を構成する際には，NMOSまたはPMOSだけを用いて作製する回路方式と，NMOSとPMOSの両方のトランジスタを用いて作製する**CMOS**（Complementary MOS）回路方式があ

る．CMOS 回路は製造は複雑になるが，原理的に低消費電力化に適しており，当初は腕時計や電卓といったバッテリ駆動機器において使われたが，現在の大規模な LSI は，ほぼすべて CMOS 回路となっている．

〔3〕機能による分類

図 1·5 (a) に機能による集積回路の分類を示す．大別すると**ディジタル集積回路**と**アナログ集積回路**に分類することができる．ディジタル回路は，コンピュータの演算と同じく，データを二値論理で取り扱って演算を行う回路であり，CMOS 回路では電源電圧 (V_{DD}) を "1"，接地電位 (GND) を "0" として演算を行う．ディジタル回路は，データを記憶しておく**記憶（メモリ）回路**と，加算・乗算などの演算を行う**演算回路**に分類される．さらにメモリ回路は電源を切ると記憶データが消失する**揮発性メモリ**と，電源を切ってもデータが消失しない**不揮発性メモリ**に分類できる．メモリ回路の詳細は，11 章において説明する．アナログ回路は LSI の内部の電圧値を連続的な情報として用いる．たとえば温度や加速度などのセンサの値を読み取って増幅するための回路は典型的なアナログ回路の例である．また，アナログ電圧値を，二値データに変換するアナログ–ディジタル変換回路や，ディジタルデータを無線で送受信するため，電波の周波数・位相などのアナログデータに変換するための高周波無線回路などはアナログ回路に分類される．

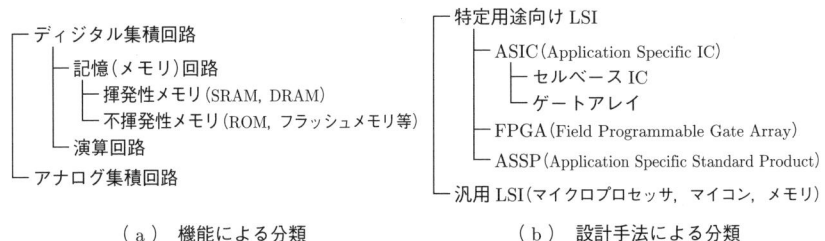

(a) 機能による分類　　　　(b) 設計手法による分類

図 1·5　集積回路の種類・分類 (2)

〔4〕設計手法による分類

図 1·5 (b) に設計手法による集積回路の分類を示す．大別すると，LSI を使用するユーザーが，用途に応じて LSI を設計する**カスタム LSI** と，ユーザーは LSI を設計しない**汎用 LSI** に分類することができる．汎用 LSI の代表例はパソコン用の

マイクロプロセッサやメモリおよびそれらを1チップ化した**マイコン**（Micro Control Unit；**MCU**）である．ユーザーは，実行するソフトウェアプログラムを変更することで，様々な機能を実現することができる．

　一方でディジタルカメラやディジタルビデオレコーダのような装置では，マイクロプロセッサのような高価な汎用プロセッサを用いて，画像や映像，音声の記録などの処理を行うのは，価格や消費電力の点で無駄が多い．このため，これら特定の演算を専用に行う回路を搭載したLSIを使用するが，このように用途を特化したLSIを**ASIC**（Application Specific IC）と呼ぶ．ASICの中でも，ディジタルカメラのようにある程度大量に生産される携帯機器などでは，トランジスタの製造工程から新規設計を適用する**セルベースIC**方式が使われている．あまり生産量が多くない用途に対しては，回路原版としてのフォトマスクのコストを削減するために，トランジスタ工程は変更せず配線工程のみ変更を行う，**ゲートアレイ**方式が使われる．また，非常に生産量の少ない用途や機能変更が頻発する用途に対しては，製造後にLSIの論理を変更することのできる**FPGA**（Field Programmable Gate Array）が多用される．FPGAは，微細化の進歩とともに大規模なLSIの機能を1チップに実装することが可能となり，試作品だけでなく小中生産規模のASICの代替として普及し，これによって前述のゲートアレイはあまり使われなくなっている．ただしFPGAの消費電力は同じ機能を持つASICと比較すると10倍以上になるため，電池駆動のモバイル用途の機器などで使用するには制限がある．

　ディジタルカメラやビデオレコーダといった特定の最終電気製品に向けて，標準的に使用できるLSIが**ASSP**（Application Specific Standard Product）である．ASSPは特定のメーカーの電気製品のために作られているものではなく，最終電気製品を直接製造しない半導体メーカーが，商品に求められる機能を標準化して販売しているLSIであり，ブランド力の高くない，安価なディジタルカメラやビデオレコーダに多用されている．

　以上の設計手法による分類とは少し観点が異なるが，一つのチップ上にマイクロプロセッサとメモリ，専用設計のカスタム回路，およびアナログ回路を搭載したものを**SoC**（System-on-a-Chip）と呼んでいる．これに対して，複数のチップを一つのパッケージに搭載しているものを**SiP**（System-in-a-Package）と呼び，いずれも多様な機能を小面積・低消費電力で実現できることから携帯機器などを中心に使われている．

1・3 集積回路の働き（用途）

　集積回路の用途は非常に多岐にわたっているが，例として，図1・6に示すように，コンピュータ，家庭電気製品，通信機器，自動車，電子マネーに分類して以下，解説する．

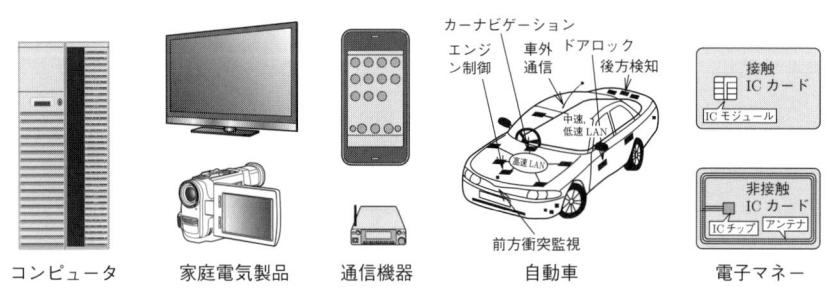

図1・6　集積回路の応用用途

〔1〕コンピュータ

　コンピュータの性能向上をテクノロジードライバとして，集積回路はプロセッサの演算性能を向上させ，メモリの容量を増加させてきた．これによって，1970年代の大型コンピュータの演算能力とは比較にならない大きな演算能力を持ったコンピュータが，電池・ディスプレイ込みでわずか重量1kgで実現できるようになった．一方で，2011年に，世界最速のスーパーコンピュータとなった「京」では，8個の高性能プロセッサを1チップに実装し70万個のプロセッサを同時に使用することによって，毎秒1京（＝10 000兆）回という膨大な演算能力を実現した．本コンピュータは自然災害のシミュレーションや，新薬開発などの医療用途での活躍が期待されている．

〔2〕家庭電気製品

　コンピュータだけでなく，集積回路は家庭用ゲーム機器およびラジオやテレビに代表されるAV（Audio Visual）機器に広く使われている．プロセッサとメモリを一体化したMCUはエアコン・洗濯機・炊飯器などの，いわゆる白物家電のコ

ントローラやリモコンとしても広く使われている．1990年代以降は，カメラやビデオのディジタル化が進み，高画質の映像を低消費電力でディジタル処理するための高性能プロセッサを搭載したMCUが使われている．2000年代にはテレビのディジタル放送対応が行われ，アナログテレビに置き換わった．テレビのディジタル化は，高画質・安定通信をもたらしただけでなく，限りある資源である無線周波数帯の節約にもつながり，空いた周波数帯を携帯電話などに有効利用できるようになった．

〔3〕通信機器

電話網の制御をコンピュータで行う電子交換機の普及が1960～1970年代に始まった．この電子交換機においては通話信号はアナログ回線で行われていたが，1980年代に通話信号もディジタル信号で処理するディジタル交換機が導入された．音声をディジタル化して分割し，遅延なく伝送する技術を実現するため高性能のプロセッサが開発され，通話品質は格段に向上したほか，音声に加えてディジタルデータの高速伝送も実現できるようになった．

一方，1980年代以降，主として産業用途で，コンピュータを相互に接続して高速データ通信を行うLAN（Local Area Network）技術が普及し，通信機器としてLANカードやルーター，スイッチといった高性能データ通信機器が開発された．2000年代に入って，前述の公衆電話回線技術とLAN技術の融合が行われ，高速インターネットを低価格で家庭でも利用できるようになった．

無線通信では，1990年代に普及の始まったディジタル携帯電話が，2000年代には，データ通信に対応するために急速に高性能化した．複雑な無線符号処理，誤り訂正技術に対応できる，アナログ/ディジタルLSI設計技術の進歩によって，2010年以降は，10～100 Mbit/sという，有線LANと同等のスピードを無線で実現できるようになり，高速インターネット利用ができるスマートフォンの普及が急速に進んだ．

〔4〕自動車

自動車の電子制御ユニット**ECU**（Electronic Control Unit）はプロセッサとメモリを1チップ化したマイコンの一種を使用して，エンジン制御などに使われてきた．また，自動車内のセンサ情報を車内ネットワークを介して相互通信することにも使われ，自動車の高機能化，軽量化に寄与している．2000年以降はカーナビの普

及などで，高性能の演算能力を持つプロセッサとメモリが自動車内に搭載され，車1台あたり百個以上の半導体チップが使われるようになっている．2007年に開催された集積回路の国際会議 ISSCC（International Solid-State Circuits Conference）においては，日本の自動車会社が講演を行い，自動車の製造コストに占める電子部品のコストは大衆車で10〜15%，高級車で20〜30%，ハイブリッドカーなどでは50%に達すると述べている．その後も自動車の電子化は高度化しており，車体の外部に取り付けたカメラやセンサと連動して，駐車や衝突回避などの安全運転支援機能の搭載が進んでいる．

〔5〕電子マネー

意外な LSI の用途として普及しているのは，電子マネーである．クレジットカード・キャッシュカードの不正利用防止のための IC カードが，1990年代に欧州で開発され，日本では2000年代に普及した．このカードには暗号回路が搭載されており，暗号技術を使って本人認証を行うことにより，従来の磁気ストライプカードでは実現できなかった高い安全性を実現した．最初に導入が始まったフランスでは，カード偽造による不正利用が 1/10 に低減できたと報告されている．2000年代には，13.56 MHz の電磁波による電源供給と通信を使った非接触 IC カードが導入された．非接触 IC カードは，磁気テープを用いた乗車券の代替機能だけでなく，お金をチャージしておき，乗車運賃やコンビニエンスストアなどの買い物決済に利用できるようにしたために，利用者が急増した．非接触 IC カードが少額決済の電子マネーとして普及したことにより，2005年には日本において硬貨の流通量が前年同月比で初めて減少した．

以上のように，ムーアの法則に基づく飛躍的な LSI の技術進歩によって実現された演算能力は，この20〜30年でわれわれの生活を一変させてしまった．家庭内では，1990年代までは，普通に使われていたレコード，ビデオテープ，カセットテープ，カメラ用フィルム，アナログテレビがすべて使えなくなった．駅やバスなどの交通機関では，切符を購入することなく乗車が可能になり，電車内では，携帯電話でワンセグテレビを見たり，スマートフォンでインターネット上のサービスを利用する乗客が多数存在する．これらの社会の変化は，LSI の技術革新なくしては起こりえなかったことなのである．

1・4 集積回路の設計から製造までの流れ

前節で述べたように，われわれの生活に広く普及した LSI がどのようにして作られているかを簡単に紹介する．図 1・7 に LSI の設計から製造の流れを示す．(1) 設計，(2) 製造，(3) 組立，でチップが製造され，最後にテストが行われる．完成品テストにおいては，初期不良発生防止のため高い電圧・温度条件で一定の時間動作させる（バーンインと呼ばれる）工程の後，機能テストが行われる．LSI の材料原価は低いため，テストに不合格であった場合は廃棄される．以下，設計，製造，組立に関して個別に述べる．

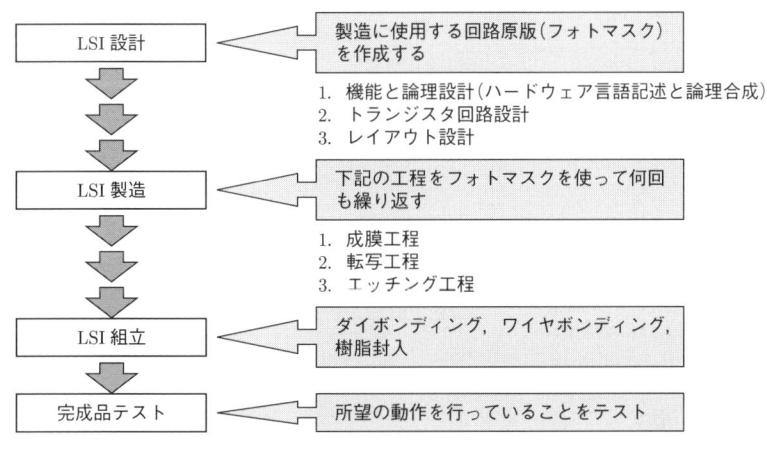

図 1・7　集積回路の設計から製造までの流れ

〔1〕LSI の設計

LSI の設計は，実現したい機能を，**フォトマスク**と呼ばれるチップ製造用の原版上に作製するまでの工程をいう．フォトマスクとは，トランジスタとそれら相互の結線の設計図であり，さまざまな，専用の CAD (Computer Aided Design) ツールを使って設計図を作成する．ディジタル回路設計の工程を図 1・8 に示す．LSI で実現したい機能は，プログラミング言語のようなハードウェア記述言語を用いて記述される．その後，論理合成ツールを用いて論理ゲートに変換され，論理シミュレータによって正しい論理が実現できているかが確認される．この際詳細な

1章 ■ 集積回路とは

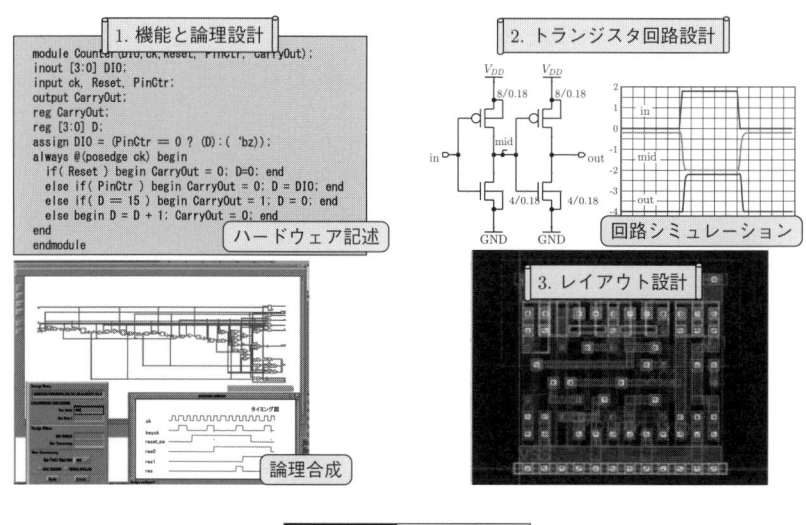

図1・8　LSIの設計

タイミングや消費電力をチェックするためには，回路シミュレーションツールを使用する．最終的に，論理ゲートをレイアウトに変換して，製造原版であるフォトマスクデータを作成する．1チップを製造するためにはフォトマスクが30～50枚必要である．

〔2〕LSIの製造

製造は，**クリーンルーム**と呼ばれる，チリやホコリをまったく排除できる専用の建屋に1台数千万～数十億円の高額な装置を多数配置した工場で行われる．直径200～450 mm程度のシリコンの円形基板（**ウェハ**）上にフォトマスクを使って，トランジスタなどの回路パターンを形成する．一般に，一つのウェハ上には数十～数千個程度のチップ（ダイ）が作られる．図1・9左側にフォトマスクを回路パターンに写しこむ工程（転写工程）を示す．トランジスタやメタル配線などのパターン作製のためには，まず初めにフォトレジストと呼ばれる感光性樹脂をウェハ上に塗布したのち，紫外線を用いてフォトマスクのパターンを投射する．現像液に浸すと，紫外線投射に対応したレジストパターンが形成され，これをマスクとしてプラズマを用いたエッチングを行うと，目的とする材料のパターンが形成できる．このような工程をフォトマスクを使用して数十回繰り返すと，最終

1・4 集積回路の設計から製造までの流れ

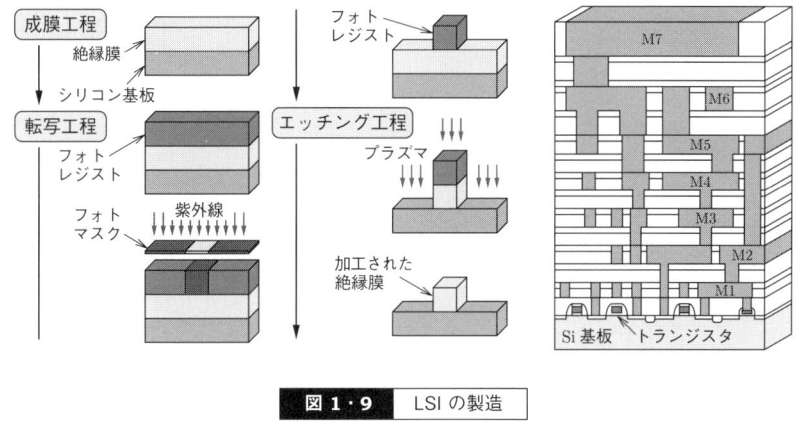

図 1・9 LSI の製造

的には，トランジスタと多数の配線が形成された図 1.9 右側に示す断面構造を持つシリコンウェハが完成する．

最先端のプロセスを用いた工場を新設するためには，数百〜数千億円の投資が必要であるため，このような工場を保有できる投資体力のある会社は，数少なくなった．このため，LSI 生産を専門に行う，**ファウンドリ**と呼ばれる会社が台湾などアジアを中心に設立され，最先端のプロセスを使った多くの LSI 製品の製造を行っている．ディジタル AV 機器，携帯電話などの LSI や，FPGA などの LSI を設計している会社では，すべての生産をファウンドリに依託している場合がある．このように，LSI 設計だけを自社で行って製造は外部に委託する会社は**ファブレスカンパニー**と呼ばれており，微細化に伴う製造設備投資のリスクがなく，需要に応じて LSI 生産量を増減できるため，このような会社が増加している．

〔3〕LSI の組立

図 1・10 に示すように，ウェハ上に作られたダイは 1 個 1 個長方形に切り離され，チップとしてプラスチックまたはセラミックパッケージに格納される．外部に電気的接続を行うためのリードとチップは**ボンディング装置**によって金線等で接続される．本章 2 節の LSI の分類の最後で述べた，一つのパッケージに複数のチップを格納する SiP は高度な組立技術を使って実現されている．

1章 ■ 集積回路とは

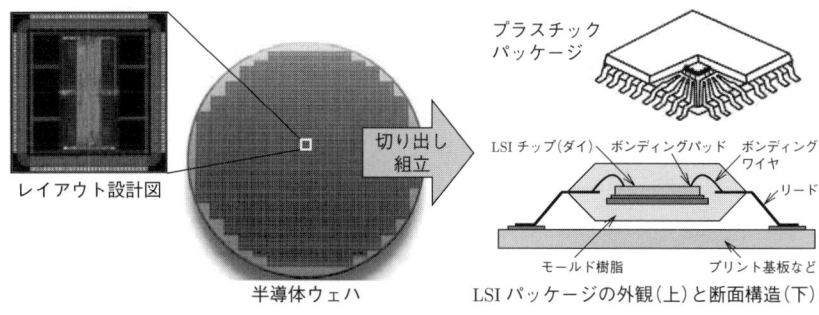

図 1・10　LSI の組立

演習問題

1 集積回路の発展の歴史に関して下記の問いに答えよ.

(1) 世界初のトランジスタを発明した人物の名前を答えよ.

(2) 世界初のトランジスタに使用されていた半導体材料は何か答えよ.

(3) トランジスタの発明前には，電子機器（ラジオなど）の増幅器として，どのようなデバイスが使用されていたか答えよ.

(4) はじめてのトランジスタは点接触型のトランジスタが使用されていたが，トランジスタラジオなどの大量生産電子機器に使用するためには，次の三つの変化が必要であった．それぞれ空欄を埋めよ.

・半導体材料は高温でも動作が安定する（　　　　　）に替わった.

・点接触型では物理的にも電気的にも不安定なので，p 型と n 型半導体を使用した（　　　　　）型トランジスタとなった.

・大量生産に適するように，ウェハの片面から p 型，n 型半導体を作りこんでいく（　　　　　）技術が使われた.

(5) 集積回路の基本特許を 1959 年に取得したテキサス・インスツルメンツ（TI）社の人物の名前を答えよ.

(6) 「半導体素子に集積されるトランジスタ数は，18～24 ヵ月で倍増する」という経験法則はなんと呼ばれているか答えよ.

2 集積回路の分類や設計・製造に関して下記の問いに答えよ.

(1) 次の文章の（　）内の用語のうち，適切なものを選べ.

現在 PC や携帯電話ディジタルカメラで使用されている LSI は（シリコン,

14

化合物) 半導体基板上の (MOS, バイポーラ) トランジスタを用いて製造されている. 設計方式としては, 低消費電力化に適した (NMOS, CMOS) 回路が主流となっている.

(2) 次の文章の空欄を埋めよ.
　LSI の設計データは 30～50 枚の (　　　　　) として製造工程に持ち込まれ, ウェハ上にパターンを何回も転写することによって製造される. LSI の製造は (　　　　　) と呼ばれるチリやホコリをまったく排除した専用の工場で行われる. 製造後のウェハはチップごとに切り離されパッケージに格納される. この際パッケージのリード線とチップを金線で接続する装置は (　　　　　) 装置と呼ばれている.

(3) 以下の略語を LSI 開発費用や製造個数などの観点から簡単に説明せよ.
　ASIC, FPGA, ASSP

2章 MOSトランジスタの動作原理

　集積回路を学ぶ上で，その構成要素であるMOSトランジスタの動作原理を理解することは重要である．本章では，シリコン半導体の電気的物性とpn接合を簡単に説明した上で，MOSトランジスタの動作原理と基礎的事項を説明する．最後に，統計力学と電磁気学の基本的事項を用いて，MOSトランジスタの重要なパラメータの一つであるしきい値電圧を導出する．

2・1 シリコン結晶とドーピング

　集積回路はシリコン（Si）基板の上に形成される．まず，その半導体としての性質を説明する．

　Si原子では，正電荷 +14q（q：素電荷）を持つ原子核を中心として，負電荷 −q を持つ電子14個が各々所定の軌道上を周回している．原子核から最も遠い軌道を占有する最外殻電子は，周辺の原子に大きく影響される．図2・1に示すように，

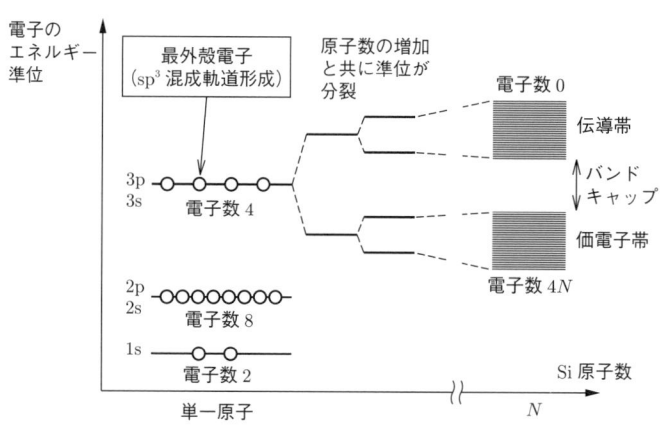

図2・1　シリコンにおける電子状態

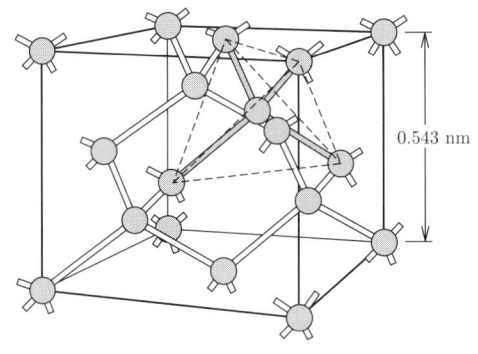

図 2·2 シリコンの結晶構造

Si 原子の最外殻電子は 4 個あり，正四面体の頂点方向に伸びる四つの軌道である sp^3 混成軌道（s 軌道一つと p 軌道三つ（p$_x$, p$_y$, p$_z$）を等しい重みで線形結合した軌道）に入り，残り 10 個は内殻電子として原子核に強く束縛される．

　Si 結晶は最外殻電子の sp^3 混成軌道を反映して，**図 2·2** に示すようにダイヤモンド構造を形成する．点線は，sp^3 混成軌道で構成する正四面体を示す．図 2·1 に示すように，Si 原子を密集させた場合，最外殻電子の sp^3 混成軌道に由来する軌道に対応するエネルギー準位は，その数の増加とともに相互作用により分裂し，結晶ではほぼ連続的な準位の集合である価電子帯を形成する．元々四つの軌道から構成される sp^3 混成軌道は四つの電子で占有されるので，価電子帯も電子で占有され，新たに電子が入れる状態はない．一方，sp^3 混成軌道より外側で電子の占有していない軌道も結晶ではほぼ連続的な伝導帯という準位の集合を形成する．この伝導帯には電子が占有されていない．Si 結晶では，伝導帯と価電子帯との間に 1.1 eV 程度のエネルギーギャップという電子が占有できないエネルギー領域がある．室温程度の熱エネルギーを得て，価電子帯の電子が伝導帯に遷移して自由に移動する**自由電子**（伝導電子とも呼ぶ）となり，その抜け殻も実効的に正の電荷のように自由に移動する**正孔**（**ホール**）となる．これら自由電子や正孔は電荷を運ぶ役割を持ち電気伝導に寄与することから，**キャリア**と呼ばれる．この様子を図 2·3 (a) に模式的に示す．なお，自由電子が自明である場合，単に電子と呼ぶことも多い．

　このような Si 結晶で半導体素子を形成する場合には，その導電率を制御するた

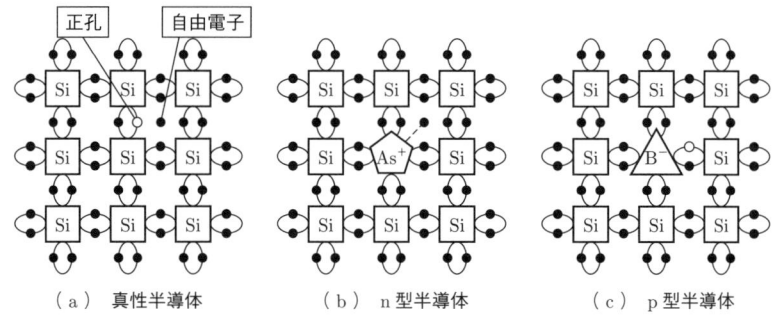

図 2·3 (a) 真性半導体，(b) n 型半導体，(c) p 型半導体

めに，3 価のホウ素（B）や 5 価のリン（P）やヒ素（As）などの不純物を添加する．これを**ドーピング**と呼ぶ．これら不純物原子は Si と結合するが，その際に最外殻電子の過不足が生じる．図 2·3 (b)，(c) に，各々 As と B を Si に添加した場合の模式図を示す．

As 原子の最外殻電子は Si 原子より一つ多く，As 原子 1 個に対して結合に寄与しない余分の電子が 1 個生じる．この電子は正に帯電した As 原子と弱い結合でしか束縛されず，室温程度の熱エネルギーを得て自由電子となり，電気伝導に寄与する．このように自由電子を供給する不純物を**ドナー**と呼び，その添加量に応じて自由電子の量が決まる．このように自由電子が多い半導体を **n 型半導体**と呼ぶ．

一方，B 原子の最外殻電子は Si 原子より一つ少なく，B 原子 1 個に対して結合に必要な電子が 1 個不足する．この不足分は電子の抜け殻である正孔に対応し，B 原子 1 個に対して正孔が 1 個生じることになる．この正孔も負に帯電した B 原子に弱く束縛しているのみで，室温では自由に動き回り，電気伝導に寄与する．このように正孔を供給する不純物を**アクセプタ**と呼び，その添加量に応じて正孔の量が決まる．このように正孔が多い半導体を **p 型半導体**と呼ぶ．

なお，不純物を含まない半導体を**真性半導体**といい，室温の熱エネルギーで生じる自由電子や正孔は少ないため，導電率は非常に低い．真性半導体では自由電子と正孔の密度は等しく，この密度を**真性キャリア密度**という．真性キャリア密度 n_i は温度に依存するが，Si では室温で $1.45 \times 10^{16} \, \mathrm{m^{-3}}$ である．

室温程度の熱平衡状態においては，半導体中における自由電子密度 n と正孔密度 p の間には，次の**質量作用の法則**が成り立つ．

$$np = n_i^2 \tag{2・1}$$

これより，通常，ドナー密度 N_D の n 型半導体では，$n \approx N_D$, $p \approx n_i^2/N_D$ となり，アクセプタ密度 N_A の p 型半導体では，$p \approx N_A$, $n \approx n_i^2/N_A$ となる．

2・2 pn 接合

真性 Si 結晶の両側からアクセプタやドナーを拡散し，図 2・4 のように p 型半導体と n 型半導体の 2 層構造を作る．これを **pn 接合**と呼び，p 型半導体から n 型半導体には電流を流すが，その逆方向には電流をほとんど流さない．これを**整流特性**と呼ぶ．以下に，この様子を説明する．

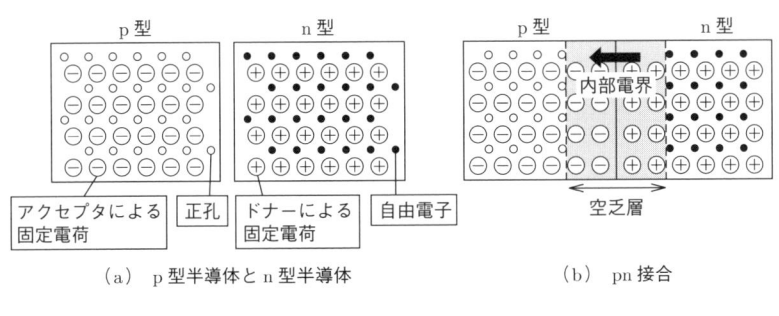

図 2・4　pn 接合

p 型半導体中には正孔があり，n 型半導体中には自由電子がある．pn 接合の接合部では n 型半導体側の自由電子が p 型半導体側へ，p 型半導体側の正孔が n 型半導体側へ相互に移動し，その結果，正孔も自由電子も存在しない領域が形成される．この領域を**空乏層**と呼ぶ．空乏層中では，p 型半導体側には負に帯電したアクセプタ原子，n 型半導体側には正に帯電したドナー原子が存在するため，図 2・4(b) の矢印の向きの内部電界が生じる．この空乏層の形成と同時に生じる内部電界によって，自由電子と正孔の相互移動は妨げられ，ある程度以上には空乏層は広がらない．内部電界により形成される電位障壁を**拡散電位**と呼ぶ．空乏層の幅は，不純物密度によって決まり，不純物密度が濃ければ，狭い領域で多くの不純物原子の空間電荷が発生し，その内部電界のため幅の狭い空乏層となる．逆に，不純物密度が薄ければ，空乏層の幅は広くなる．

ここで，p型半導体に正電圧，n型半導体に負電圧を加える順方向電圧をpn接合に印加すると，空乏層中に生じていた内部電界が外部電圧により減少し，自由電子や正孔の移動が生じ，電流が流れる．反対に，p型半導体に負電圧，n型半導体に正電圧を加える逆方向電圧をpn接合に印加すると，空乏層中に生じていた内部電界が外部電圧によりさらに増加し，自由電子や正孔の移動は起こらず，電流は流れない．

このような整流特性を示す半導体素子を**ダイオード**と呼び，図2·5 (a) に示す記号で表す．この記号の矢印は，順方向に流れる電流の向きを意味する．Siのダイオードでは，室温での拡散電位 V_{bi} は約 0.6 V 程度であるが，図2·5 (b) に示すように V_{bi} 以下の印加電圧ではほとんど電流が流れず，印加電圧が V_{bi} を超えると急激に電流が増加する．

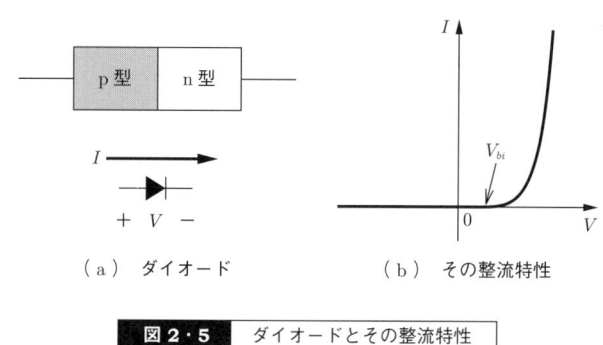

(a) ダイオード　　　(b) その整流特性

図2·5　ダイオードとその整流特性

2·3　MOSトランジスタの構造と動作

図2·6 (a) に，p型Si基板上に作製されたNMOSトランジスタの構造を示す．Si基板には正孔が，n^+型Si（n^+は自由電子密度が多いことを示す）であるソース，ドレインには自由電子が多く存在しているが，pn接合の空乏層での内部電界のため電流が流れない．Si基板上にシリコン酸化膜（Oxide）などの絶縁膜を介して形成されるゲート電極としてはAlなどの金属（Metal），もしくは大量に不純物を添加しキャリア密度を濃くした多結晶シリコンが使われる．この積層構造を**MOS構造**と呼ぶ．**MOSトランジスタ**はMOS構造を持つ電界効果トランジ

2・3 MOS トランジスタの構造と動作

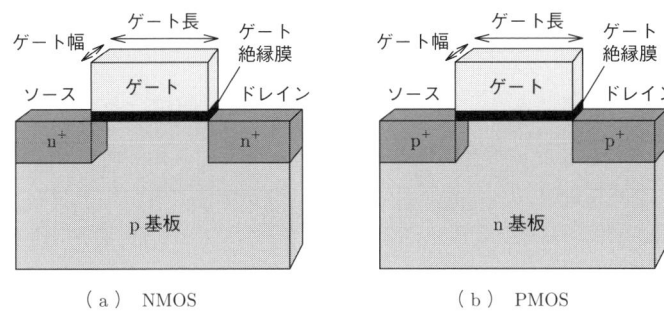

（a）NMOS　　　（b）PMOS

図 2・6　NMOS トランジスタと PMOS トランジスタの構造

スタであり，絶縁膜上にゲート電極が形成されているため，ゲート電流がほとんど流れない特長を有する．

図 2・7 に，NMOS トランジスタの MOS 構造部におけるキャリアの挙動を示す．ゲートに負の電圧が印加されると，Si 基板とゲート絶縁膜との界面近傍に正孔が集まる．これを**蓄積層**という．一方，ゲートに正の電圧を印加すると，Si 基板とゲート絶縁膜との界面近傍から正孔が基板の奥に追い出されて空乏層が形成される．ゲート電圧をさらに増やすと，自由電子が Si 基板とゲート絶縁膜との界面近傍に集められて**反転層**と呼ぶ自由電子の層が形成される．p 型基板中では元々自

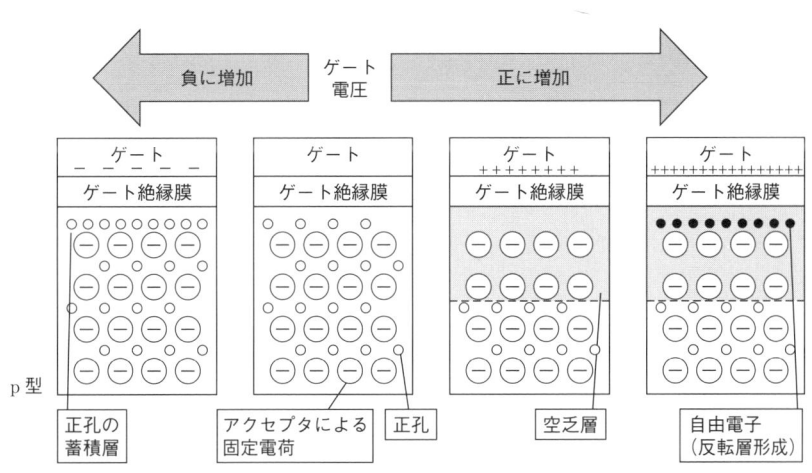

図 2・7　NMOS トランジスタの MOS 構造部におけるキャリアの挙動

由電子は少なく，光照射などがなければその生成も遅いので，反転層の自由電子はほとんどソースから供給される（演習問題**7**参照）．

この反転層は正孔の多い p 型領域が自由電子の多い領域に変化したことを意味しており，ソース・ドレイン間に電子の流れる経路，つまり**チャネル**を与える．ドレインにソース電位以上の電位を与えると，ソース中の自由電子がチャネルを経由してドレインへ走行することでドレイン電流が流れる．この場合，図2·8 (a) に示すように，ゲート電圧の増加と共に，チャネル中の自由電子数の増加により，ドレイン電流が増加する．このような状態を**強反転状態**と呼ぶ．なお，図2·6 (a) に示すように，ソース・ドレイン間に流れる電流が横切る方向のゲート電極の寸法を**ゲート長**，電流が流れる幅を**ゲート幅**と呼ぶ．

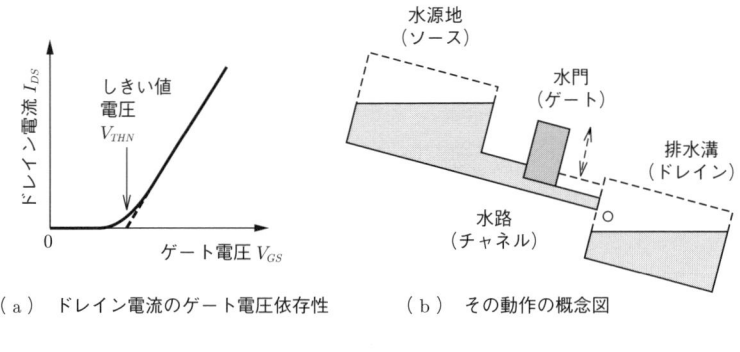

（a）ドレイン電流のゲート電圧依存性　　（b）その動作の概念図

図 2·8　NMOS トランジスタの動作の概念（ドレイン電圧が小さい場合）

図2·8 (b) は，この MOS トランジスタの動作原理を比喩的に示した図である．自由電子の流れを水に例えると，ソースは水源地，ドレインは排水溝，チャネルはその間の細い水路であり，水門に対応するゲートで水源地から排水溝への水流を制御している．このように，MOS トランジスタはゲート電圧でキャリアの流れを制御する電圧制御能動素子となっている．

図2·6 (a) の NMOS トランジスタにおいて n 型と p 型を入れ換えると，図2·6 (b) に示すように，n 型 Si 基板と p^+ 型 Si（p^+ は正孔密度が多いことを示す）のソース，ドレインを持つ PMOS トランジスタになる．この場合，ゲート電圧を負にすると，ソースから供給された正孔が Si 基板とゲート絶縁膜との界面近傍に集められて正孔の反転層が形成される．この反転層が正孔の流れるチャネルとなり，

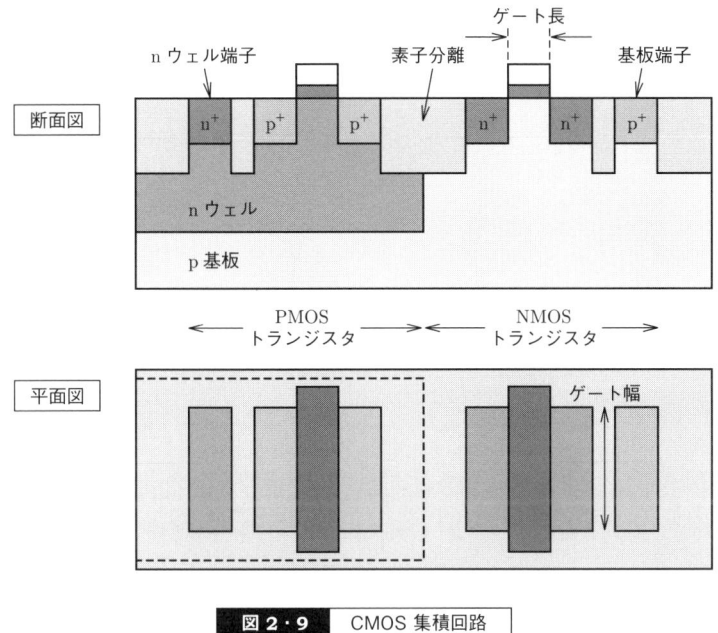

図 2・9 CMOS 集積回路

ドレインにソース電位以下の電位を与えると，ドレイン電流が流れる．このように，NMOS と PMOS では，電圧の極性が逆となり，相補的な動作をする．

図 2・9 に示すように，この 2 種類の MOS トランジスタを同一基板上に作製した集積回路を **CMOS**（Complementary MOS）**集積回路**と呼ぶ．この図では，p基板自体が NMOS の基板となり，PMOS 用の基板の代わりに n ウェルという領域を同一 Si 基板上に形成している．表面側から p 基板や n ウェルに電圧を印加するため，p^+ 型や n^+ 型の領域を形成する．また，同一基板上に複数の MOS トランジスタを形成する場合，これらを分離するための素子分離も必要である．この図において，各 MOS トランジスタのゲート長はゲート電極の寸法で決まり，ゲート幅は素子分離で囲まれた領域の寸法で決まる．

2・4 MOS トランジスタの記号

図 2・10 に，MOS トランジスタの回路記号を示す．図 2・10 (a)，(b) ではゲート端子の丸の有無で，図 2・10 (c)，(d) では基板端子の矢印の向きで，NMOS と

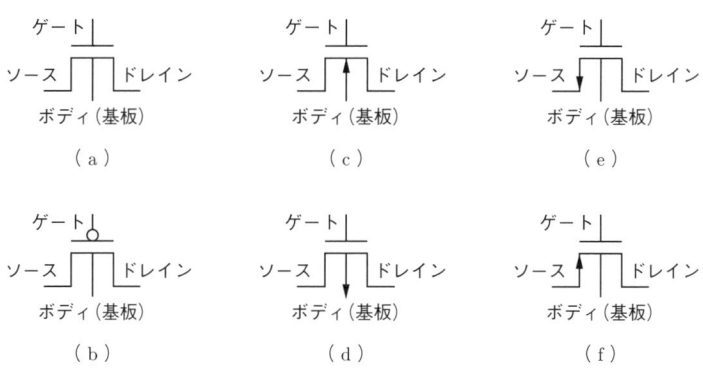

図 2・10 MOS トランジスタの回路記号 ((a), (c), (e) : NMOS, (b), (d), (f) : PMOS)

PMOSの区別をしている．後者の矢印については，チャネルが形成された場合に基板との間で形成される pn 接合とダイオード記号とを対応させると理解し易い．どちらの表記もソースとドレインの区別はないが，図2·6からもわかるようにソースとドレインを入れ換えても同様の動作をすることから特に問題はない．一方，図2·10 (e), (f) では，ソース端子に電流の向きに対応した矢印をつけている．

ディジタル回路のように MOS トランジスタをスイッチとして扱う場合，印加される電位状況によってはソースとドレインが入れ替わることもあり，ソースとドレインの区別はあまり重要ではない．このような場合，図2·10 (a)～(d) の表記が便利である．アナログ回路のようにソース端子を明示する方が回路動作が理解し易い場合，図2·10 (e), (f) の表記が便利なこともある．本書では，図2·10 (a), (b) を用いる．

なお，NMOS の基板や PMOS の n ウェルを**ボディ**と総称するが，図2·10 (a), (b), (e), (f) の回路記号において，NMOS と PMOS のボディを各々 0 V，電源電圧にするなど，自明な場合は省略することがある．

2・5 MOS トランジスタの電気的特性

本節では，MOS トランジスタの電気的特性の簡易モデルを説明する．

まず，**図 2·11** (a) の NMOS トランジスタの MOS 構造に着目し，チャネルを形成するキャリアを考える．MOS 構造はゲート電極と基板の容量と見ることがで

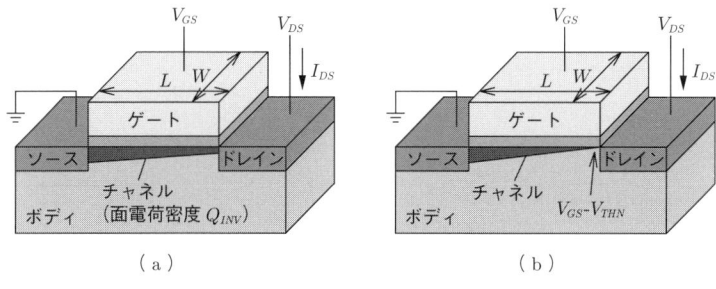

図 2・11 NMOS トランジスタの (a) 線形領域と (b) 飽和領域

きる．単位面積あたりの容量値 C_{OX} は

$$C_{OX} = \frac{\varepsilon_{OX}\varepsilon_0}{T_{OX}} \quad (2\cdot 2)$$

となる．ここで，T_{OX} はゲート酸化膜の膜厚，ε_{OX} は酸化膜の比誘電率（3.9），ε_0 は真空の誘電率（8.854×10^{-12} F/m）である．ソースを接地しドレインに正の低い電圧 V_{DS} を印加した状況で，ゲートに正の電圧 V_{GS} を印加すると Si/SiO$_2$ 界面近傍から正孔が抜け出し空乏層が形成され，さらには自由電子の反転層が形成される．このとき，キャリア面電荷 Q_{INV} は

$$Q_{INV} = -C_{OX}LW\left(V_{GS} - V_{THN} - \frac{V_{DS}}{2}\right) \quad (2\cdot 3)$$

と表される．ここで，L はゲート長，W はゲート幅である．V_{THN} は**しきい値電圧**と呼ばれ，反転層の形成に必要な最低限のゲート電圧である．通常，ゲート電圧 0V の場合にドレイン電流を流さない（これを**ノーマリオフ**という）ため，V_{THN} は正である．また，チャネル中の平均電位はソースとドレインの電位の平均 $V_{DS}/2$ としている．次に，ドレインとソースの間の電界はほぼ V_{DS}/L であるとする．キャリアである自由電子はその電界に比例した速度で移動する．この速度を**ドリフト速度**と呼ぶ．この比例係数である**移動度**を μ_N とし，1秒間にドレインを通過する電荷量を考えると，ドレイン電流 I_{DS} は

$$I_{DS} = \left(\frac{|Q_{INV}|}{L}\right)\left(\mu_N\frac{V_{DS}}{L}\right) = \mu_N C_{OX}\frac{W}{L}\left[(V_{GS} - V_{THN})V_{DS} - \frac{1}{2}V_{DS}^2\right] \quad (2\cdot 4)$$

と表される．なお，この式は $V_{DS} \leq V_{GS} - V_{THN}$ の範囲しか適用できない．このように，V_{DS} の増加とともに I_{DS} が増加する領域を**線形領域**と呼ぶ．

さらにV_{DS}を増加しゲート・ドレイン間電圧$V_{GS}-V_{DS}$がV_{THN}以下になると，ドレイン付近では強反転しない．しかし，図2·11(b)に示すように，そこよりソース側へ移動すると，ちょうど強反転する箇所があり，その電位は$V_{GS}-V_{THN}$である．この点を**ピンチオフ点**と呼ぶ．ピンチオフ点とソースの間の距離はほぼLに等しいとし，その間の電界は$(V_{GS}-V_{THN})/L$とする．また，式(2·3)でV_{DS}をピンチオフ点の電位とし，キャリア面電荷Q_{INV}を$Q_{INV}=-C_{OX}LW(V_{GS}-V_{THN})/2$とする．つまり，この領域でのドレイン電流$I_{DS}$はソースからピンチオフ点までの電界とキャリア数で決まり，

$$I_{DS} = \left(\frac{|Q_{INV}|}{L}\right)\left(\mu_N \frac{V_{GS}-V_{THN}}{L}\right) = \frac{1}{2}\mu_N C_{OX} \frac{W}{L}(V_{GS}-V_{THN})^2 \tag{2·5}$$

となる．この電流は**飽和ドレイン電流**と呼び，ゲート電圧のみに依存し，ドレイン電圧には依存しない．ピンチオフ点からドレインまでの間ではキャリアは極めて少ないが，その間の高電界によるキャリアのドリフト速度の向上によって，一定のドレイン電流を維持している．この領域を**飽和領域**と呼び，飽和領域になる最小のドレイン電圧$V_{DSAT}=V_{GS}-V_{THN}$を**飽和ドレイン電圧**と呼ぶ．

以上のNMOSトランジスタの電気的特性をまとめると，

$$I_{DS} = \begin{cases} \beta_N\left[(V_{GS}-V_{THN})V_{DS}-\dfrac{V_{DS}^2}{2}\right] & (V_{DS}\leq V_{DSAT}：線形領域) \\ \dfrac{\beta_N}{2}(V_{GS}-V_{THN})^2 & (V_{DS}>V_{DSAT}：飽和領域) \end{cases} \tag{2·6}$$

となり，図2·12に示すようになる．ここで，$\beta_N=\mu_N C_{OX}W/L$である．

同様に，PMOSトランジスタについては，ソース電圧を0Vとして，以下のような電気特性となる．

$$I_{DS} = \begin{cases} -\beta_P\left[(V_{GS}-V_{THP})V_{DS}-\dfrac{V_{DS}^2}{2}\right] & (V_{DS}\geq V_{DSAT}：線形領域) \\ -\dfrac{\beta_P}{2}(V_{GS}-V_{THP})^2 & (V_{DS}<V_{DSAT}：飽和領域) \end{cases} \tag{2·7}$$

ここで，キャリアである正孔に対する移動度をμ_Pとし，$\beta_P=\mu_P C_{OX}W/L$である．なお，通常，V_{DS}，V_{GS}，V_{DSAT}，V_{THP}は負となる点に注意が必要である．

2・6 相互コンダクタンスとしきい値電圧

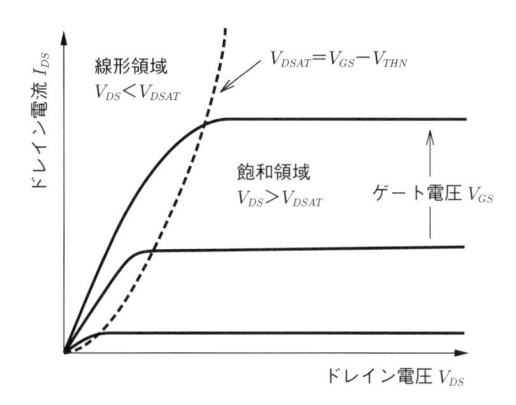

図 2・12 NMOS トランジスタのドレイン電流のドレイン電圧依存性

2・6 相互コンダクタンスとしきい値電圧

　MOS トランジスタをゲート電圧で電流を制御する電圧制御能動素子と見る場合，下記で定義される**相互コンダクタンス** g_m が重要となる.

$$g_m = \left.\frac{\partial I_{DS}}{\partial V_{GS}}\right|_{V_{DS}=const.} \tag{2・8}$$

NMOS トランジスタの場合，式 (2・6) より，次式となる.

$$g_m = \begin{cases} \beta_N V_{DS} \ (V_{DS} \leq V_{DSAT}：線形領域) \\ \beta_N (V_{GS} - V_{THN}) \ (V_{DS} > V_{DSAT}：飽和領域) \end{cases} \tag{2・9}$$

　式 (2・9) より，**図 2・13** (a) に示すように線形領域で g_m を求めることで β_N が得られ，同時にしきい値電圧 V_{THN} も得られる．このとき，ドレイン電圧は $50\,\mathrm{mV}$

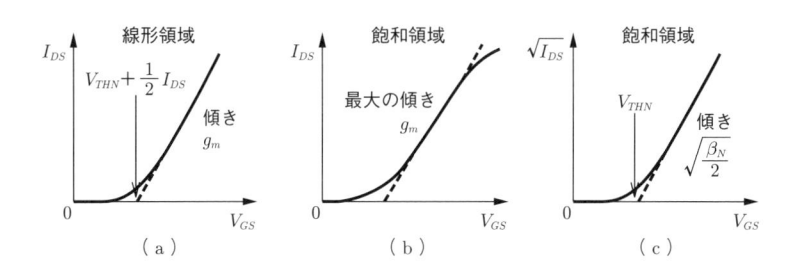

図 2・13 NMOS トランジスタのしきい値電圧と相互コンダクタンスの評価

など小さい値に固定する．また，図2·13 (b) に示すように，飽和領域での g_m も得られる．ゲート電圧が大きい場合，Si/SiO$_2$ 界面の凹凸の影響が増大しキャリア移動度が低下する傾向があるため，あるゲート電圧で最大値を取ることが多い．飽和領域でしきい値電圧 V_{THN} を評価する場合には，式 (2·6) に基づき，図2·13 (c) に示すように $\sqrt{I_{DS}}$ のゲート電圧依存性を調べる．なお，PMOSトランジスタの場合も類似の手法で評価可能である．このような評価により，MOSトランジスタの主要なパラメータが得られる．

なお，しきい値電圧以下のゲート電圧でも微小なドレイン電流が流れる（14章参照）ため，ドレイン電流が0となるゲート電圧からしきい値電圧を求めることはできない．しかし，例えば，$0.1\,\mu\mathrm{A} \times W/L$ のドレイン電流となるゲート電圧をしきい値電圧とする場合もある．

2·7 しきい値電圧の解析

MOSトランジスタにおいてしきい値電圧は重要なパラメータである．ここでは，NMOSトランジスタを例にして，**図2·14** に示すような電位 $V(x)$ の分布に基づき，しきい値電圧の導出を行う．

まず，ソース電位を基準としてボディ電位 V_{BS} およびドレイン電位 V_{DS} を0とし，$V_{GS} = V_{THN}$ の場合に，Si/SiO$_2$ 界面（$x = 0$）の電位が ϕ_S だけ増加し強反

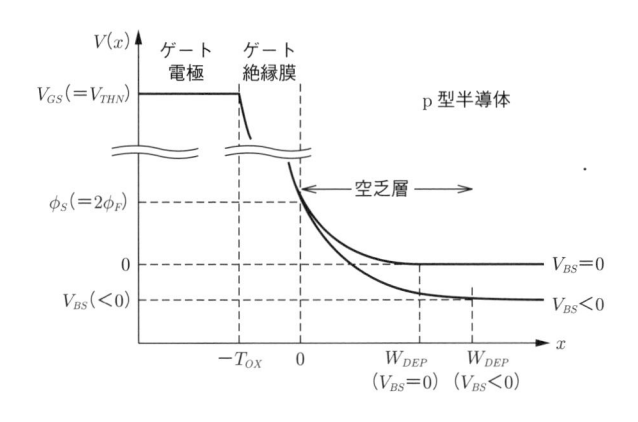

図2·14 NMOSトランジスタの深さ方向の電位分布（$V_{GS} = V_{THN}$）

転すると考える．このとき，自由電子密度 $n(x)$ がエネルギーに関してボルツマン分布を有すると仮定して，次式が成立する．

$$\frac{n(0)}{n(W_{DEP})} = \exp\left(\frac{\phi_S}{V_T}\right) \quad (2\cdot 10)$$

ここで，ボルツマン定数 k_B，絶対温度 T，素電荷 q を用い，熱電圧 V_T は $V_T = k_B T/q$（室温で $26\,\mathrm{mV}$ 程度）である．W_{DEP} は空乏層幅であり，$x > W_{DEP}$ で電気的に中性な p 型半導体である．式 (2·1) より，アクセプタ密度 N_A の p 型半導体では，正孔密度は N_A，自由電子密度は n_i^2/N_A となる．一方，反転層の自由電子密度を元の p 型半導体中の正孔密度 N_A と同じ（"反転"に相当）とする．このとき，$n(0) = N_A$，$n(W_{DEP}) = n_i^2/N_A$ であり，式 (2·10) より，$\phi_S = 2\phi_F$ となる．ここで，ϕ_F は界面付近が真性（$n(0) = n_i$）になる ϕ_S に相当し，

$$\phi_F = V_T \ln \frac{N_A}{n_i} \quad (2\cdot 11)$$

である．界面付近を n 型のようにするための電位 $2\phi_F$ を**表面反転電位**と呼ぶ．なお，このとき，ソースとチャネルは p 型のボディに対して $2\phi_F$ だけ電位が高いが，ボディ・ソース間の外部での印加電圧は 0 である．pn 接合の場合と同様に，自由電子と正孔の相互移動を抑制する内部電界が発生している．

次に，ソースに対してボディに電圧 V_{BS} が印加された場合に拡張して，強反転状態（$V(0) = 2\phi_F$）での空乏層中の電界 $E(x)$ と電位 $V(x)$ を考える．このとき，空乏層中の区間 $0 \sim x$ における電界 $E(x)$ について，ガウスの法則を用いると，次式が成り立つ．ε_S は半導体の比誘電率（Si では，11.9）である．

$$E(x) - E(0) = -\frac{qN_A}{\varepsilon_S \varepsilon_0} x \quad (2\cdot 12)$$

$E(W_{DEP}) = 0$ より $E(0) = (qN_A/\varepsilon_S \varepsilon_0)W_{DEP}$ となるので，電界 $E(x)$ は

$$E(x) = \frac{qN_A}{\varepsilon_S \varepsilon_0}(W_{DEP} - x) \quad (2\cdot 13)$$

と表される．$V(W_{DEP}) = V_{BS}$ より，空乏層中における電位 $V(x)$ は，

$$V(x) = V(W_{DEP}) - \int_{W_{DEP}}^{x} E(x)dx = V_{BS} + \frac{qN_A}{2\varepsilon_S \varepsilon_0}(W_{DEP} - x)^2 \quad (2\cdot 14)$$

と表される．$V(0) = 2\phi_F$ より，空乏層幅 W_{DEP} は

$$W_{DEP} = \sqrt{\frac{2\varepsilon_S \varepsilon_0}{qN_A}(2\phi_F - V_{BS})} \quad (2\cdot 15)$$

と求められる．$x=0$ において電束密度（＝誘電率 × 電界）が連続であるので，

$$\varepsilon_{OX}\varepsilon_0 \frac{V_{THN} - 2\phi_F}{T_{OX}} = -\varepsilon_S\varepsilon_0 \left.\frac{dV}{dx}\right|_{x=0} \tag{2・16}$$

が成立する．式 (2・14)，(2・16) より，しきい値電圧 V_{THN} は

$$V_{THN} = 2\phi_F - \frac{Q_{DEP}}{C_{OX}} \tag{2・17}$$

となる．ここで，Q_{DEP} は単位面積あたりの空乏層電荷であり，次式で表される．

$$Q_{DEP} = -qN_A W_{DEP} = -\sqrt{2\varepsilon_S\varepsilon_0 qN_A\left(2\phi_F - V_{BS}\right)} \tag{2・18}$$

実際には，ボディとゲート電極との間の仕事関数差，およびゲート絶縁膜中の固定電荷の影響を補正するために

$$V_{THN} = V_{FB} + 2\phi_F - \frac{Q_{DEP}}{C_{OX}} \tag{2・19}$$

と表される．ここで，V_{FB} は**フラットバンド電圧**と呼ばれ，Si/SiO$_2$ 界面近傍を電気的に中性として，電界 0 とするためのゲート電圧である．また，式 (2・18) を通して，しきい値電圧はボディ電圧 V_{BS} に依存し，負方向に増加するとしきい値電圧が増加する．これを**ボディ効果**と呼ぶ．

ドナー密度 N_D の n 型半導体基板上に形成された PMOS トランジスタのしきい値電圧 V_{THP} についても，同様にして，下記のようになる．

$$V_{THP} = V_{FB} + 2\phi_F - \frac{Q_{DEP}}{C_{OX}} \tag{2・20}$$

$$\phi_F = -V_T \ln \frac{N_D}{n_i} \tag{2・21}$$

$$Q_{DEP} = \sqrt{2\varepsilon_S\varepsilon_0 qN_D\left(-2\phi_F + V_{BS}\right)} \tag{2・22}$$

なお，通常，V_{THP} は負となるので，本書では，以後，$-|V_{THP}|$ と明記する．

通常，NMOS（PMOS）の V_{THN}（V_{THP}）は正（負）であり，ゲートにこれを超える正（負）の V_{GS} を印加することでドレイン電流が流れる．このような動作を**エンハンスメント型**もしくは**ノーマリオフ型**と呼ぶ．逆に，NMOS（PMOS）の V_{THN}（V_{THP}）が負（正）であり，ゲートにこれを超える負（正）の V_{GS} を印加することでドレイン電流を遮断する場合，このような動作を**ディプリーション型**もしくは**ノーマリオン型**と呼ぶ．

演習問題

1 ゲート長，ゲート幅共に $1\,\mu\mathrm{m}$，ゲート酸化膜厚 $5\,\mathrm{nm}$ である NMOS トランジスタに関する下記の問題に答えよ．電子の移動度は $3 \times 10^{-2}\,\mathrm{m^2/V\,s}$ とする．
   (1) MOS トランジスタのゲート酸化膜の容量を求めよ．
   (2) しきい値電圧が $0.5\,\mathrm{V}$ である．ドレイン，ソースを接地し，ゲートに $1.5\,\mathrm{V}$ を印加する．反転層中の自由電子の面密度（単位面積当たりの個数）を求めよ．
   (3) (2) においてドレイン電圧を $50\,\mathrm{mV}$ に増加する．ドレイン電流を求めよ．
   (4) (3) の線形領域での動作を抵抗と見なしたときの抵抗値を求めよ．

2 ゲートとドレインを短絡した NMOS トランジスタについて，ドレイン電流 I_{DS} のゲート電圧 V_{GS} に対する依存性を測定し，下記の結果を得た．このトランジスタのしきい値電圧 V_{THN} と β_N を求めよ．ただし，ソース，ボディの電位は共に $0\,\mathrm{V}$ とする．

V_{GS} 〔V〕	1.0	1.5	2.0	2.5	3.0
I_{DS} 〔μA〕	0	8	32	72	128

3 ゲート長，ゲート幅共に $1\,\mu\mathrm{m}$，ゲート酸化膜厚は $5\,\mathrm{nm}$ である NMOS トランジスタに関する下記の問題を解きなさい．ただし，フラットバンド電圧 V_{FB} は $-1\,\mathrm{V}$ であり，ソース，ボディの電位は共に $0\,\mathrm{V}$ とする．
   (1) シリコン基板中のアクセプタ密度 N_A を $1 \times 10^{24}\,\mathrm{m^{-3}}$ とする．チャネル反転層下の空乏層幅 W_{DEP} を求めよ．
   (2) 上記のトランジスタのしきい値電圧 V_{THN} を求めよ．
   (3) 上記のトランジスタのボディに $V_{BS} = -1\,\mathrm{V}$ を印加したときのしきい値電圧 V_{THN} の変化量を求めよ．

4 NMOS トランジスタにおいて，V_{THN} を定数（ボディ効果を無視）とし，ソース電位，ゲート電位，ドレイン電位を各々 V_S, V_G, V_D とするとき，ドレイン電流を $I_D = I(V_G, V_S) - I(V_G, V_D)$ と表すことを考える．以下の問いに答えよ．なお，$I(V_G, V_{S/D})$ は次式で定義される．

$$I(V_G, V_{S/D}) = \begin{cases} \dfrac{\beta_N}{2}(V_G - V_{THN} - V_{S/D})^2 & (V_{S/D} \leq V_G - V_{THN}) \\ 0 & (V_{S/D} > V_G - V_{THN}) \end{cases}$$

(1) 線形領域のドレイン電流に関して，上記表現が成立することを示せ．また，線形領域の条件が $V_S, V_D \leq V_G - V_{THN}$ となることも示せ．

(2) 飽和領域のドレイン電流に関して，上記表現が成立することを示せ．また，飽和領域の条件が $V_S \leq V_G - V_{THN}, V_D > V_G - V_{THN}$ となることも示せ．

5 アクセプタ密度 N_A の p 型半導体とドナー密度 N_D の n 型半導体で構成した pn 接合に関して，以下の問いに答えよ．

(1) 熱平衡状態における pn 接合の両側での電子もしくは正孔の密度に着目し，拡散電位 V_{bi} を導出せよ．

(2) pn 接合の両側 $(x = -x_P, x_N)$ と接合部 $(x = 0)$ における電位と電界に関する境界条件に注意してポアソン方程式を解くことにより，逆方向電圧 V を印加したときの空乏層幅 D_{DEP} $(= x_P + x_N)$ を導出せよ．

(3) (2) において，pn 接合をその両側の空乏層電荷を蓄積する容量と見るとき，その単位面積あたりの微分容量を導出せよ．

6 前問において，$N_D = 10^{24}\,\mathrm{m}^{-3}$, $N_A = 10^{22}\,\mathrm{m}^{-3}$ とする．下記の値を求めよ．

(1) 印加電圧 0 V のときの単位面積あたりの接合容量 C_J

(2) 3 V の逆方向バイアス時の単位面積あたりの接合容量 C_J

7 ソースとドレインを持たない MOS 構造を用いた半導体素子を調べよ．

3章 CMOSインバータ

本章では，CMOSディジタル回路の基本であるCMOSインバータの特性をMOSトランジスタの動作と関連づけて説明する．論理値に対応した入力電圧に対しては定常的に電源・接地間に電流が流れないが，論値しきい値電圧付近の入力電圧に対しては直流貫通電流が流れることを示す．さらに，論理値を変動させないための雑音余裕等も説明する．

3·1 インバータの構成

ディジタル回路の基本はインバータであり，論理ゲートの大半は**インバータ**を解析することで理解できる．図3·1（a）に示すように，インバータはスイッチング素子と負荷で構成され，入力信号の論理否定が出力信号として得られる．

図3·1（b）に，スイッチング素子としてNMOSトランジスタM_N，負荷に抵抗R_Lを用いた構成を示す．論理 "0" に対応する0Vを入力すると，M_Nのゲート

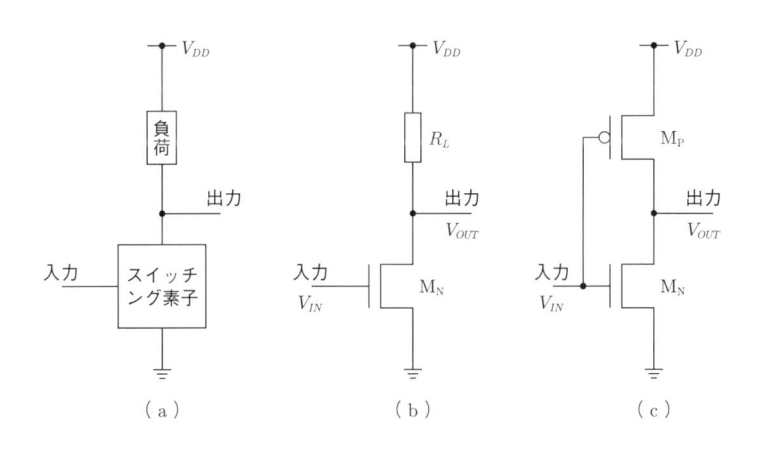

図3·1 インバータの構成

電圧がしきい値電圧 V_{THN} を越えず，M_N は遮断状態となり等価的に無限大の抵抗を示す．よって，出力電圧 V_{OUT} は R_L を介して論理 "1" に対応する電源電圧 V_{DD} となる．ここで，電源・接地間に流れる直流貫通電流はない．

反対に，論理 "1" に対応する V_{DD} を入力した場合，M_N のゲート電圧がしきい値電圧 V_{THN} を越えて，M_N は導通状態となり等価的に R_{ON} の抵抗を示す．この場合，出力電圧 V_{OUT} は次式となる．

$$V_{OUT} = \frac{R_{ON}}{R_{ON} + R_L} V_{DD} \tag{3・1}$$

例えば，論理 "0" の出力に対して $V_{OUT} \leq 0.1 V_{DD}$ とすると，$R_{ON} \leq (1/9) R_L$ とする必要がある．この動作状況についての問題点として，1) 論理 "0" の出力のため，大きな R_L もしくは小さな R_{ON} を実現する必要があり，大きな占有面積を必要とする，2) 論理 "1" の入力時に電源・接地間に直流貫通電流が生じる，といった点がある．この点は，負荷抵抗として同じ NMOS トランジスタで実現しても同様である．このように，スイッチング素子と負荷の抵抗比で入出力特性が決定する回路を**レシオ回路** (ratio circuit) と呼ぶ．

レシオ回路の欠点を克服する**レシオレス回路** (ratioless circuit) の代表が CMOS 構成である．CMOS インバータの構成を図 3·1 (c) に示す．その名の通り，スイッチング素子として NMOS トランジスタ M_N を用い，電圧の極性が逆で相補的な動作をする PMOS トランジスタ M_P を負荷として用いる．

論理 "0" に対応する 0 V を入力した場合，M_N のゲート電圧がしきい値電圧 V_{THN} を越えず，M_N は遮断（オフ）状態となり，等価的に無限大の抵抗を示す．一方，M_P のゲート電位はソース電位 V_{DD} に対してしきい値電圧 $|V_{THP}|$ より低い電位となるため，導通（オン）状態となる．この時，出力電圧は M_P を介して論理 "1" に対応する電源電圧 V_{DD} となる．

反対に，論理 "1" に対応する V_{DD} を入力した場合，M_N のゲート電圧がしきい値電圧 V_{THN} を越え，M_N は導通状態となる．一方，M_P のゲート電位はソース電位 V_{DD} に対してしきい値電圧 $|V_{THP}|$ より低い電位とならず，遮断状態となる．この時，出力電圧は M_N を介して論理 "0" に対応する 0 V となる．

このように，CMOS インバータでは，M_N と M_P が相補的に導通・遮断状態となるので，出力は 0 V か電源電圧 V_{DD} となり，電源・接地間で定常的な貫通電流も生じない．また，出力電圧が抵抗比に依存しないので，占有面積を小さくできる．

3・2 CMOSインバータの入出力特性

ここで，CMOS インバータの直流入出力特性を考える．M_N，M_P のドレイン電流 I_{DN}，I_{DP} が釣り合う条件 $I_{DN} = -I_{DP}$ より出力電圧 V_{OUT} が決まる．図 3·2 に，NMOS トランジスタ，PMOS トランジスタの電気的特性を基にして，CMOS インバータの動作を示す．PMOS トランジスタの特性曲線が負荷曲線となっており，NMOS トランジスタの特性曲線との交点が動作点となる．入力電圧 V_{IN} によって，両トランジスタのドレインである出力端子の動作点が 0 V から電源電圧 V_{DD} まで変化することがわかる．ここで，V_{INV} を**論理しきい値**と呼び，M_N，M_P が共に飽和領域となる入力電圧であり，電圧増幅率 dV_{OUT}/dV_{IN} が最大となる

次に，入力電圧 V_{IN} が以下の 1)～5) の条件になる場合に分けて，CMOS インバータの動作を解析する．図 3·3 に，この入出力特性を示す．

1) $V_{IN} < V_{THN}$ の場合：
M_N が遮断状態，M_P が導通状態であるので，$V_{OUT} = V_{DD}$

2) $V_{THN} \leq V_{IN} < V_{INV}$ の場合：
M_N，M_P 共に導通であるが，各々のドレイン・ソース間電圧より，M_N が飽和領域，M_P が線形領域である．この時，下記の式が成立する．

$$I_{DN} = \frac{\beta_N}{2}(V_{IN} - V_{THN})^2 \tag{3・2}$$

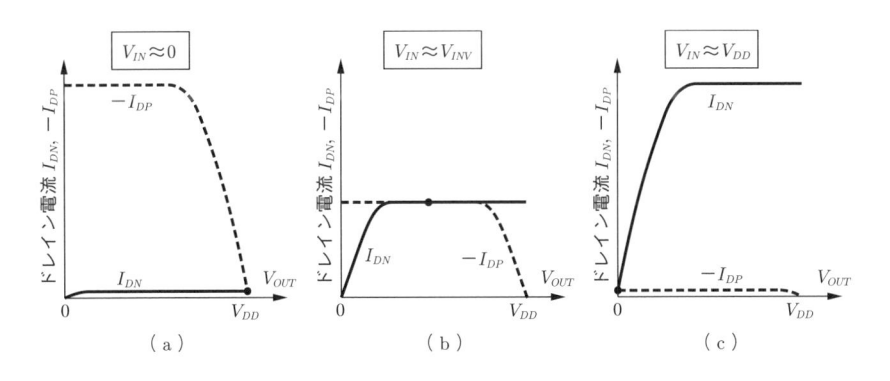

図 3・2 CMOS インバータの動作（黒丸が動作点を示す）

3章 ■ CMOS インバータ

図3·3 CMOS インバータの入出力特性

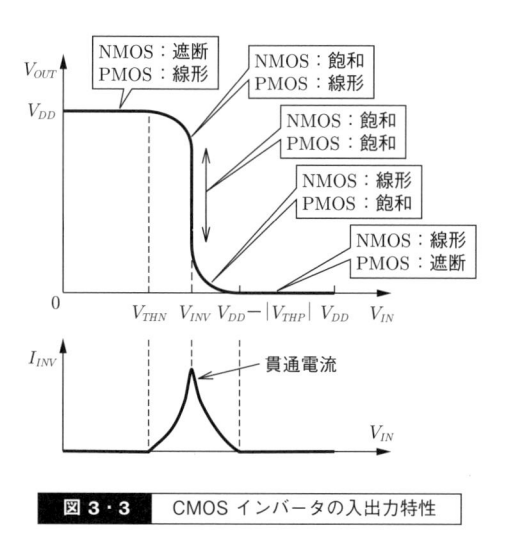

$$I_{DP} = -\beta_P[(V_{IN} - V_{DD} + |V_{THP}|)(V_{OUT} - V_{DD}) - \frac{1}{2}(V_{OUT} - V_{DD})^2] \tag{3·3}$$

これらを $I_{DN} = -I_{DP}$ に代入して，V_{OUT} について解いて，次式を得る．

$$V_{OUT} = V_{IN} + |V_{THP}| - \sqrt{(V_{IN} + |V_{THP}| - V_{DD})^2 - \frac{\beta_N}{\beta_P}(V_{IN} - V_{THN})^2} \tag{3·4}$$

3) $V_{IN} = V_{INV}$ の場合：

M_N，M_P が共に飽和領域であるので，

$$I_{DN} = \frac{1}{2}\beta_N(V_{INV} - V_{THN})^2 \tag{3·5}$$

$$I_{DP} = -\frac{1}{2}\beta_P(V_{INV} - V_{DD} + |V_{THP}|)^2 \tag{3·6}$$

となる．これらを $I_{DN} = -I_{DP}$ に代入して，V_{INV} について解くと，

$$V_{INV} = \frac{V_{DD} - |V_{THP}| + \sqrt{\beta_N/\beta_P}V_{THN}}{1 + \sqrt{\beta_N/\beta_P}} \tag{3·7}$$

となる．この時のドレイン電流は最大の貫通電流 I_{INV} となるが，式 (3·7) を式 (3·5) に代入して求めると，次式が得られる．

$$I_{INV} = \frac{\beta_N}{2}\left(\frac{V_{DD} - V_{THN} - |V_{THP}|}{1 + \sqrt{\beta_N/\beta_P}}\right)^2 \tag{3·8}$$

4) $V_{INV} \leq V_{IN} < V_{DD} - |V_{THP}|$ の場合：

M_N, M_P 共に導通であるが，各々のドレイン・ソース間電圧より，M_N が線形領域，M_P が飽和領域であるので，下記の式が成立する．

$$I_{DN} = \beta_N[(V_{IN} - V_{THN})V_{OUT} - \frac{1}{2}V_{OUT}^2] \tag{3・9}$$

$$I_{DP} = -\frac{1}{2}\beta_P(V_{IN} - V_{DD} + |V_{THP}|)^2 \tag{3・10}$$

これらを $I_{DN} = -I_{DP}$ に代入して，V_{OUT} について解くと，次式が得られる．

$$V_{OUT} = V_{IN} - V_{THN} - \sqrt{(V_{IN} - V_{THN})^2 - \frac{\beta_P}{\beta_N}(V_{IN} - V_{DD} + |V_{THP}|)^2} \tag{3・11}$$

5) $V_{IN} > V_{DD} - |V_{THP}|$ の場合：

M_N が導通状態，M_P が遮断状態であるので，$V_{OUT} = 0$

CMOS インバータの入出力特性で最も重要なものが論理しきい値である．式(3・7)より，論理しきい値 V_{INV} は，β_N/β_P の比の設定により，V_{THN} と $V_{DD} - |V_{THP}|$ の間を自由に設定することができる．

移動度やゲート絶縁膜厚は製造プロセスで決まるため，β_N/β_P は M_N, M_P のゲート幅の比 W_N/W_P で調整する．なお，M_N, M_P のゲート長はディジタル回路の動作速度に影響するため，通常，製造プロセスでの最小のものとする．通常の CMOS プロセスでは，両トランジスタのゲート絶縁膜形成を同時に行い，その場合，$\beta_N/\beta_P = (\mu_N W_N)/(\mu_P W_P)$ となる．ここで，μ_N, μ_P は各々 NMOS, PMOS トランジスタのキャリア移動度である．さらに，両トランジスタのしきい値電圧も通常ほぼバランスする ($V_{THN} \approx |V_{THP}|$)．この場合，例えば，$\beta_N/\beta_P = 1$，つまり $W_P/W_N = \mu_N/\mu_P$ とすれば，$V_{INV} = V_{DD}/2$ となる．

3・3 雑音余裕

ある論理ゲートの入力に雑音が印加しても論理値の出力が変動しない許容度を**雑音余裕**（Noise Margin）と呼ぶ．図3・4に示すような CMOS インバータ 2 段の場合，前段インバータの論理 "1" 出力の最小値と論理 "0" 出力の最大値を各々 $V_{OH,MIN}$, $V_{OL,MAX}$ とし，後段インバータが論理 "1" として認識できる最小入力電圧，論理 "0" として認識できる最大入力電圧を各々 $V_{IH,MIN}$, $V_{IL,MAX}$ とする．

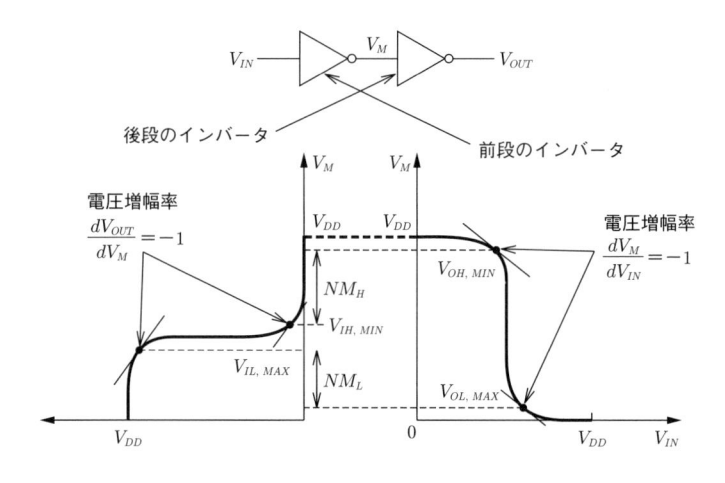

図 3・4 CMOS インバータの雑音余裕

もし，雑音の影響などで，前段のインバータの論理 "1" 出力が $V_{OH,MIN}$ まで低下しても，後段インバータの $V_{IH,MIN}$ がこれより低いと，誤動作しない．この余裕が論理 "1" レベルの雑音余裕である．同様に，前段のインバータの論理 "0" 出力が $V_{OL,MAX}$ まで増加しても，後段インバータの $V_{IL,MAX}$ がこれより高いと，誤動作しない．この余裕が論理 "0" レベルの雑音余裕である．よって，論理 "1" レベルの雑音余裕 NM_H および論理 "0" レベルの雑音余裕 NM_L は，

$$NM_H = V_{OH,MIN} - V_{IH,MIN} \tag{3・12}$$

$$NM_L = V_{IL,MAX} - V_{OL,MAX} \tag{3・13}$$

と表される．なお，$V_{OH,MIN}$, $V_{IH,MIN}$, $V_{IL,MAX}$, $V_{OL,MAX}$ は，電圧増幅率 -1 となる点で決めるのが一般的である．

簡単化のため，$\beta_N = \beta_P$, $V_{THN} = |V_{THP}| = V_{TH}$ として，論理しきい値 $V_{INV} = V_{DD}/2$ の場合を考えると，式 (3・4), (3・11) を用いて，電圧増幅率が -1 となる点を求めて，

$$V_{IL,MAX} = \frac{3}{8}V_{DD} + \frac{1}{4}V_{TH} \tag{3・14}$$

$$V_{IH,MIN} = \frac{5}{8}V_{DD} - \frac{1}{4}V_{TH} \tag{3・15}$$

$$V_{OL,MAX} = \frac{1}{8}V_{DD} - \frac{1}{4}V_{TH} \tag{3・16}$$

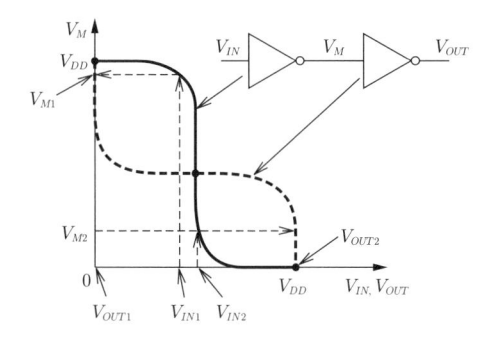

図 3・5 CMOS インバータの多段接続による論理レベルの再生

$$V_{OH,MIN} = \frac{7}{8}V_{DD} + \frac{1}{4}V_{TH} \tag{3・17}$$

を得る．これらを式 (3・12), (3・13) に代入して，雑音余裕は次のようになる．

$$NH_H = NH_L = \frac{1}{4}V_{DD} + \frac{1}{2}V_{TH} \tag{3・18}$$

3・4 多段接続による論理レベルの再生

本来，論理 "0", "1" に対応する電圧は各々 0 V，電源電圧 V_{DD} であるが，これらの電圧と異なる電圧でも雑音余裕を持つ偶数段の CMOS インバータを通すことで，0 V もしくは V_{DD} 側に向って正常な論理レベルが再生される．例えば，図 3.5 に示すように，0 V より高い V_{IN1} の場合，1 段目の出力 V_{M1} が V_{DD} 付近にまで増幅されることを介して，2 段目の出力 V_{OUT1} は 0 V にまで再生される．同様に，V_{DD} より低い V_{IN2} でも，1 段目の出力 V_{M2} が 0 V 付近まで増幅し，2 段目の出力 V_{OUT2} は V_{DD} にまで再生される．

Column | 移動度

移動度は，印加電界によりキャリアがどれ位の速度を得るかを示すものであり，チャネル中でキャリアが受ける散乱に依存する．MOS トランジスタの場合，具体的には，不純物イオンなどからのクーロン力，格子振動の他，ゲート絶縁膜との界面の凹凸がある．よって，移動度は，動作温度，不純物濃度の他，ゲート絶縁膜の品質にも依存する．特に，界面凹凸による散乱の頻度は，ゲート電圧が高く

なりキャリアが界面により近づく程，増大する（14章式(14·31)参照）．

通常の CMOS プロセスでは，ウェハ表面は（100）面とするが，これはゲート酸化膜の界面準位密度が最も低くなる以外に，電子移動度が最も高くなることもある．また，チャネル方向としては，加工の都合の良いへき開方向の $<110>$ 方向としている．この場合，通常，正孔移動度は電子移動度の $1/3\sim1/4$ 程度の小さな値になる．このような電子と正孔の移動度の差異を補うために，通常，CMOS 回路では NMOS，PMOS トランジスタのゲート幅を調整する．しかし，微細化に伴う不純物濃度の増加などにより，性能劣化の顕著な PMOS トランジスタの改善のために，高い正孔移動度が得られる（110）面の採用も検討されている．

一方，近年，ゲート絶縁膜の高誘電材料化や金属ゲート化（14章参照），および素子分離技術の改良などにより，チャネルへひずみが印加されるようになり，エネルギー帯（伝導帯や価電子帯）の変化を介して移動度に影響している．しかし，この現象を用いて，局所的に巧みにひずみを制御することで移動度を向上することもできる．（15章参照）．

さらに，今後のさらなる移動度向上のために，Ge，GaAs，GaSb などの新チャネル材料の導入も研究されている．このように，半導体物性の知見に基づいたアプローチによって，移動度の向上が期待される．

演習問題

1 図 3·2 と同様の図を描いて，図 3·1（b）のインバータの動作を説明せよ．

2 電源電圧は $V_{DD}=2.5\,\mathrm{V}$, NMOS, PMOS トランジスタのしきい値電圧は $V_{THN} = -V_{THP} = 0.5\,\mathrm{V}$ とする．CMOS インバータの論理しきい値を $V_{INV} = 1\,\mathrm{V}$ となるように，NMOS トランジスタと PMOS トランジスタの β の比 β_N/β_P を決定せよ．

3 電源電圧は $V_{DD}=3\,\mathrm{V}$, NMOS, PMOS トランジスタのしきい値電圧は $V_{THN} = -V_{THP} = 0.6\,\mathrm{V}$ とする．CMOS インバータの論理しきい値 V_{INV} が $1.5\,\mathrm{V}\pm10\%$ の範囲に入るように，NMOS トランジスタと PMOS トランジスタの β の比 β_N/β_P の範囲を求めよ．

4 式 (3·4) と (3·11) を導出せよ．

5 式 (3·14)〜(3·17) を導出せよ．

4章 CMOSスタティック基本ゲート

　ディジタル演算の出力が，過去の出力の影響を受けず，現在の入力だけで決まる回路を組合せ論理回路（combinational logic circuit）という．組合せ論理回路は，様々な論理関数演算を実現する各種論理ゲートから構成される．本章では，組合せ論理回路を実現する上で必要となる基本ゲートについて，また，より少ないトランジスタ数で論理関数を表現するための複合ゲート，そしてスイッチ（トランスミッションゲート）を用いた論理表現の実現方法について学ぶ．

4・1 CMOS回路による論理ゲート

　NMOSとPMOSトランジスタを組合せたCMOS回路により，様々な論理演算を実現することができる．3章で示したとおり，CMOSインバータは1組のNMOSとPMOSトランジスタをグラウンドと電源電圧の間に接続し，入力信号の否定であるNOT機能を実現する．複数のNMOSとPMOSトランジスタを用い，複数の入力信号を受けることで，NOT機能以外の様々な論理演算を実現することができる．図4·1に，CMOSディジタル回路の構成法の概念図を示す．CMOSディ

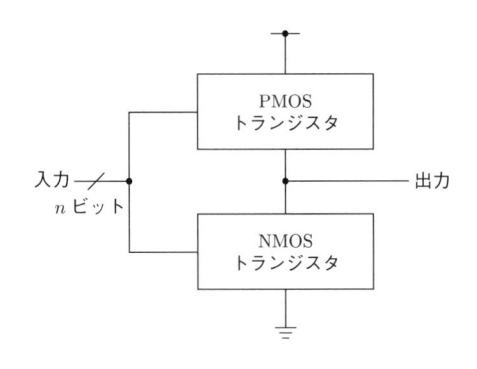

図4·1　CMOSディジタル回路の構成

ジタル回路は，電圧の最も低いグラウンドと最も高い電源電圧の間に，NMOSとPMOSトランジスタを縦に接続して構成する．PMOSトランジスタは電源電圧側に接続され，NMOSトランジスタはグラウンド側に接地する．入力信号としてN個の入力（"1"または"0"の信号）を受け，その演算結果を出力する．

以下では，論理演算の基本であるブール代数について解説し，2入力の基本論理ゲートについて説明する．

〔1〕ブール代数

論理回路を正確に効率よく設計するために，論理関数を変形したり簡単化することが求められる．このために**ブール代数**が用いられる．論理回路の設計において基本となるブール代数の基本則を以下に示す．

① 交換則：$A + B = B + A,\ A \cdot B = B \cdot A$
② 相補則：$A + \overline{A} = 1,\ A \cdot \overline{A} = 0$
③ 同一則：$A + 0 = A,\ A + 1 = 1,\ A \cdot 1 = A,\ A \cdot 0 = 0$
④ 分配則：$A + (B \cdot C) = (A + B) \cdot (A + C),\ A \cdot (B + C) = A \cdot B + A \cdot C$
⑤ 結合則：$(A + B) + C = A + (B + C),\ (A \cdot B) \cdot C = A \cdot (B \cdot C)$
⑥ べき等則：$A + A = A,\ A \cdot A = A$
⑦ 吸収則：$A + (A \cdot B) = A,\ A \cdot (A + B) = A,\ A + \overline{A} \cdot B = A + B,\ A \cdot (\overline{A} + B) = A \cdot B$
⑧ 回帰則（二重否定）：$\overline{\overline{A}} = A$
⑨ **ド・モルガンの定理**：$\overline{A + B} = \overline{A} \cdot \overline{B},\ \overline{A \cdot B} = \overline{A} + \overline{B}$

ここで$\overline{A}$は論理変数Aの否定であり，これをAの補元という．また，ド・モルガンの定理は論理関数の変形や簡単化において頻繁に利用する関係でありしっかりと理解する必要がある．論理和の否定は論理変数の補元$\overline{A}, \overline{B}$の論理積と等しく，また論理積の否定は論理変数の補元$\overline{A}, \overline{B}$の論理和と等しい．

〔2〕基本論理ゲート

（a）AND, OR, NOT

図4·2に，最も基本的な論理ゲートであるANDゲート，ORゲート，NOTゲートのシンボル図を，表4·1にそれぞれの真理値表を示す．

ANDゲートは論理積（AND）を表わしており，入力をAとB，そして出力をYとすると論理式は

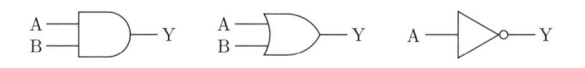

図 4・2 AND, OR, NOT ゲートの回路シンボル図

表 4・1 AND, OR, NOT ゲートの真理値表

AND ゲート

A	B	Y
0	0	0
0	1	0
1	0	0
1	1	1

OR ゲート

A	B	Y
0	0	0
0	1	1
1	0	1
1	1	1

NOT ゲート

A	Y
0	1
1	0

$$Y = A \cdot B \tag{4・1}$$

で表される．

ORゲートは，論理和（OR）を表わしており，論理式は

$$Y = A + B \tag{4・2}$$

で表わせる．

NOTゲートは，否定論理（NOT）を表わしており，論理式は

$$Y = \overline{A} \tag{4・3}$$

で表わせる．

（b） NAND, NOR, XOR

その他の基本ゲートとして，ANDゲートとORゲートの否定論理である**NANDゲート**（否定論理積，NAND）と**NORゲート**（否定論理和，NOR），そして**XORゲート**（排他的論理和，XOR）がある．図4.3に回路シンボル図を，表4.2に真理値表を示す．

NANDゲートは，ANDの出力の否定（NOT）であり，二つの入力が両方1のとき0を出力し，それ以外の入力に対して1を出力する．論理式は

$$Y = \overline{A \cdot B} \tag{4・4}$$

で表される．また，ド・モルガンの定理により，NAND論理は $Y = \overline{A} + \overline{B}$ と変形することができる．

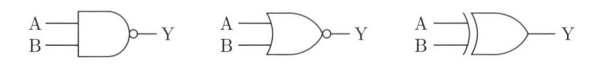

4・1 CMOS 回路による論理ゲート

図 4・3 NAND, NOR, XOR ゲートの回路シンボル図

表 4・2 NAND, NOR, XOR ゲートの真理値表

NAND ゲート

A	B	Y
0	0	1
0	1	1
1	0	1
1	1	0

NOR ゲート

A	B	Y
0	0	1
0	1	0
1	0	0
1	1	0

XOR ゲート

A	B	Y
0	0	0
0	1	1
1	0	1
1	1	0

NOR は，OR の出力の否定（NOT）であり，二つの入力が両方 0 のとき 1 を出力し，それ以外の入力に対して 0 を出力する．論理式は

$$Y = \overline{A + B} \tag{4・5}$$

で表される．また，ド・モルガンの定理により，NOR 論理は $Y = \overline{A} \cdot \overline{B}$ と変形することができる．

XOR ゲートは，二つの入力が一致したとき 0 を，異なるときに 1 を出力する．論理式は

$$Y = \overline{A} \cdot B + A \cdot \overline{B} \tag{4・6}$$

で表される．この XOR 論理は特に

$$Y = A \oplus B \tag{4・7}$$

と表される．3 入力以上の場合は，奇数個の入力が "1" のとき "1" を，それ以外のとき "0" を出力する．また，XOR ゲートの否定を XNOR ゲートという．

〔3〕 CMOS による NAND ゲートと NOR ゲート

図 4・4 に，NAND ゲートと NOR ゲートのトランジスタレベルでの回路図を示す．NAND ゲートは，図 4・4 (a) に示すとおり，NMOS トランジスタ M_{N1} と M_{N2} を直列に，PMOS トランジスタ M_{P1} と M_{P2} を並列に接続した構成である．一方，NOR ゲートは，図 4・4 (b) に示すとおり，NMOS トランジスタ M_{N1} と M_{N2} を

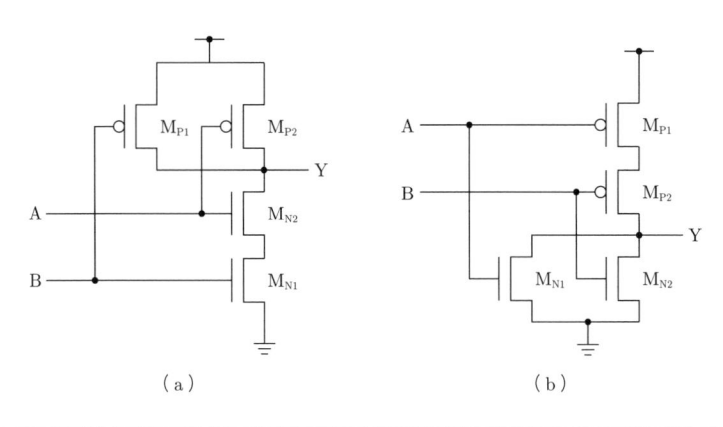

図 4·4 (a) 2 入力 NAND ゲートと (b) NOR ゲートのトランジスタレベルの構成

並列に，PMOS トランジスタ M_{P1} と M_{P2} を直列に接続した構成である．二つの入力 A，B をそれぞれのトランジスタのゲート端子で受け，出力 Y を得る．以下，NAND ゲートと NOR ゲートの回路動作を図を用いて説明する．

（a） NAND ゲートの動作

図 4·5 を用いて NAND ゲートの動作を説明する．

- 図 4·5 (a) に示すとおり入力 A，B が共に論理 "0" のときを考える．このとき，NMOS トランジスタ M_{N1} と M_{N2} は共にオフである．一方，PMOS トランジスタ M_{P1} と M_{P2} は共にオンである．このため，出力 Y は PMOS トランジスタによって電源電圧まで充電されて論理 "1" を出力する．

- 図 4·5 (b) に示すとおり入力 A，B がそれぞれ論理 "0" と "1" のときを考える．このとき，NMOS トランジスタ M_{N1} はオンであり，M_{N2} はオフである．一方，PMOS トランジスタ M_{P1} はオフであり，M_{P2} はオンである．NMOS トランジスタ M_{N2} はオフであるため，出力 Y はグラウンドから切り離される．PMOS トランジスタ M_{P2} はオンであるため，出力 Y は電源電圧まで充電されて論理 "1" を出力する．

- 図 4·5 (c) に示すとおり入力 A，B がそれぞれ論理 "1" と "0" のときを考える．このとき，NMOS トランジスタ M_{N1} はオフであり，M_{N2} はオンである．一方，PMOS トランジスタ M_{P1} はオンであり，M_{P2} はオフである．NMOS トランジスタ M_{N1} はオフであるため，出力 Y はグラウンドから切り離される．PMOS トランジスタ M_{P1} はオンであるため，出力 Y は電源電圧まで充

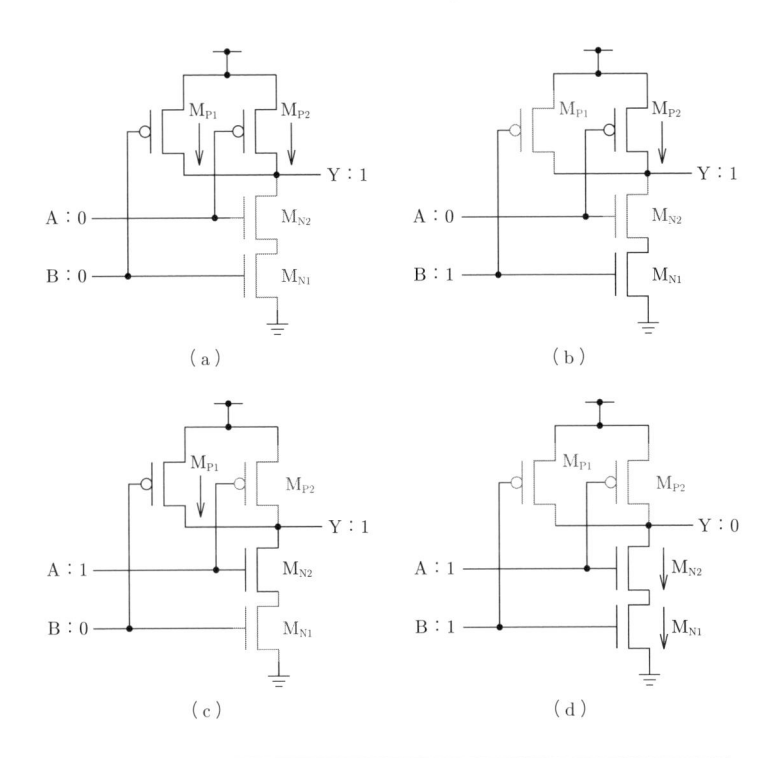

図 4・5 2入力 NAND ゲートのトランジスタレベルの構成とその動作

電されて論理 "1" を出力する．
- 図 4・5 (d) に示すとおり入力 A, B が共に論理 "1" のときを考える．このとき，NMOS トランジスタ M_{N1} と M_{N2} は共にはオンである．一方，PMOS トランジスタ M_{P1} と M_{P2} は共にオフである．このため，出力 Y は，NMOS トランジスタによってグラウンドまで放電されて論理 "0" を出力する．

(b) NOR ゲートの動作

図 4・6 を用いて NOR ゲートの動作を説明する．

- 図 4・6 (a) に示すとおり入力 A, B が共に論理 "0" のときを考える．このとき，NMOS トランジスタ M_{N1} と M_{N2} は共にオフである．一方，PMOS トランジスタ M_{P1} と M_{P2} は共にオンである．このため，出力 Y は PMOS トランジスタによって電源電圧まで充電されて論理 "1" を出力する．
- 図 4・6 (b) に示すとおり入力 A, B がそれぞれ論理 "0" と "1" のときを考え

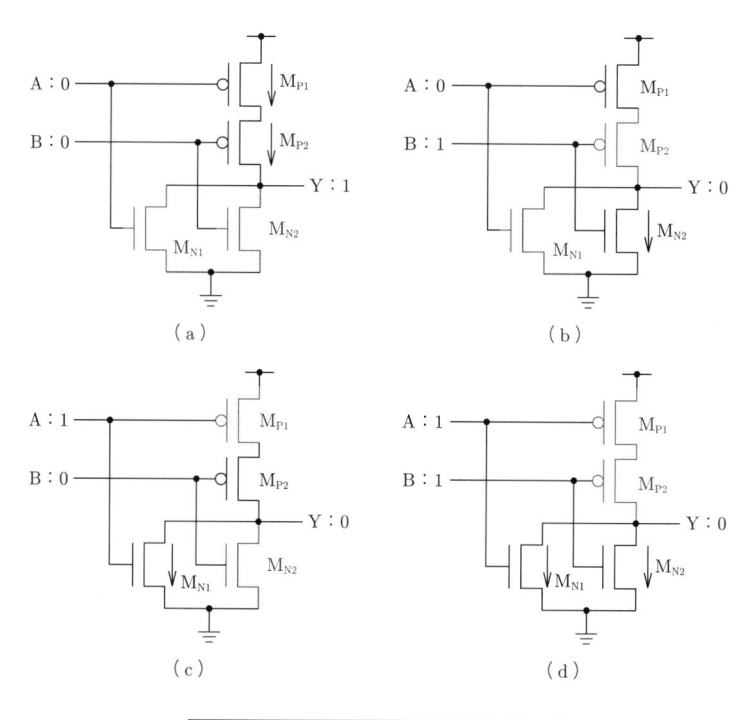

図 4・6 2 入力 NOR ゲートの動作

る．このとき，NMOS トランジスタ M_{N1} はオフであり，M_{N2} はオンである．一方，PMOS トランジスタ M_{P1} はオンであり，M_{P2} はオフである．PMOS トランジスタ M_{P2} はオフであるため，出力 Y は電源電圧から切り離される．NMOS トランジスタ M_{N2} はオンであるため，出力 Y はグラウンドまで放電されて論理 "0" を出力する．

- 図 4・6 (c) に示すとおり入力 A, B がそれぞれ論理 "1" と "0" のときを考える．このとき，NMOS トランジスタ M_{N1} はオンであり，M_{N2} はオフである．一方，PMOS トランジスタ M_{P1} はオフであり，M_{P2} はオンである．PMOS トランジスタ M_{P1} はオフであるため，出力 Y は電源電圧から切り離される．NMOS トランジスタ M_{N1} はオンであるため，出力 Y はグラウンドまで放電されて論理 "0" を出力する．

- 図 4・6 (d) に示すとおり入力 A, B が共に論理 "1" のときを考える．このとき，NMOS トランジスタ M_{N1} と M_{N2} は共にはオンである．一方，PMOS トラン

ジスタ M_{P1} と M_{P2} は共にオフである．このため，出力 Y は NMOS トランジスタによってグラウンドまで放電されて論理 "0" を出力する．

4・2 複合論理ゲートの構成法

すべての論理式は，基本ゲート回路（NAND, NOR, NOT ゲート）を用いて表現することができる．しかし，表現する論理が複雑になってくると，多くのトランジスタが必要となり，回路規模が大きくなってしまうことがある．**複合論理ゲート**（complex-gate）の考え方を用いると，基本論理ゲートで構成する場合と比較して少ないトランジスタ数で論理を表現することができる．

〔1〕AND 機能

NAND ゲートの動作で示したとおり，NAND ゲートの出力は，すべての入力が "1" の場合とその他の入力のうち一つでも "0" がある場合で出力が異なる．これは AND 機能を実現している．

AND 機能を実現するためには，NAND 回路を一般化することで実現することができる．図 4・7 (a) に示すように，AND 機能を実現するためには PMOS トランジスタを「並列」に，NMOS トランジスタを「直列」に接続する．図 4・4 (a) の NAND ゲートはこの AND 機能を表現しているが，CMOS 回路の特徴により

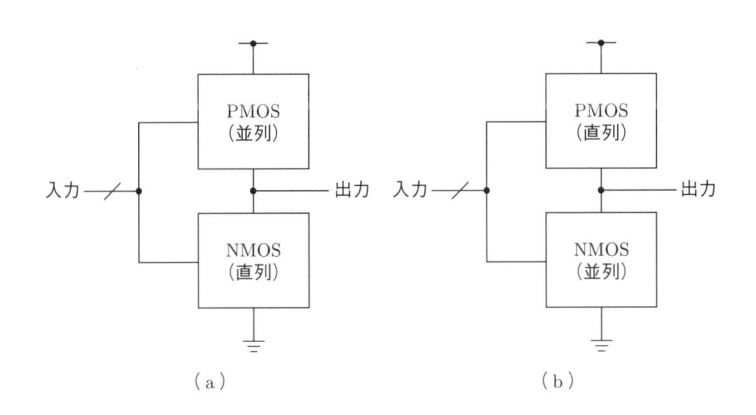

図 4・7 複合論理ゲートの構成法．(a) AND 機能，(b) OR 機能を実現する方法

NOT 機能が組合され，NAND 機能となる．

〔2〕OR 機能

　NOR ゲートの動作で示したとおり，NOR ゲートの出力は，すべての入力が "0" の場合とその他の入力のうち一つでも "1" がある場合で出力が異なる．これは OR 機能を実現している．

　OR 機能を実現するためには，NOR 回路を一般化することで実現することができる．図 4·7 (b) に示すように，OR 機能を実現するためには PMOS トランジスタを「直列」に，NMOS トランジスタを「並列」に接続すればよい．図 4·4 (b) の NOR ゲートは，OR 機能を表現しているが，CMOS 回路の特徴により NOT 機能が組合されて NOR 機能となる．

〔3〕CMOS 複合ゲートの設計例

　以下では，典型的な CMOS 複合ゲートの設計例として，AND 機能と OR 機能を組合せた AOI (AND-OR-Invert) 複合ゲートと OAI (OR-AND-Invert) 複合ゲートを例にとり，具体的な複合ゲートの設計手順を説明する．

（a）　AOI 複合ゲート：$Y = \overline{A \cdot B + C}$

　AOI 論理として，$Y = \overline{A \cdot B + C}$ の論理式を複合ゲートで実現することを考える．図 4·8 (a) に，この論理式を実現する基本論理回路を示す．A と B の AND 出力と C を NOR ゲートに入力することで出力 Y を得る．基本ゲートを用いて構成する場合，図 4·8 (b) に示すとおり，AND ゲートは NAND ゲートと NOT ゲートを用いて実現する．

　Y を複合ゲートで実現することを考える．論理式における $A \cdot B$ は AND 機能であるため，図 4·9 (a) に示すとおり，PMOS トランジスタ 2 個を並列に，NMOS トランジスタ 2 個を直列に接続する．C は 1 入力なので，図 4·9 (b) のように PMOS

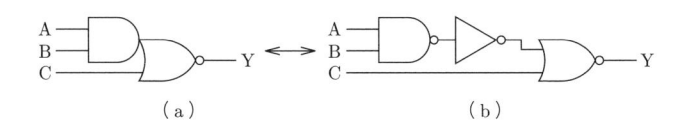

図 4·8　AOI ($Y = \overline{A \cdot B + C}$) 論理．(a) 複合ゲートと (b) 基本論理ゲートによる構成

(a)　　　　　　　　　(b)　　　　　　　　　　(c)

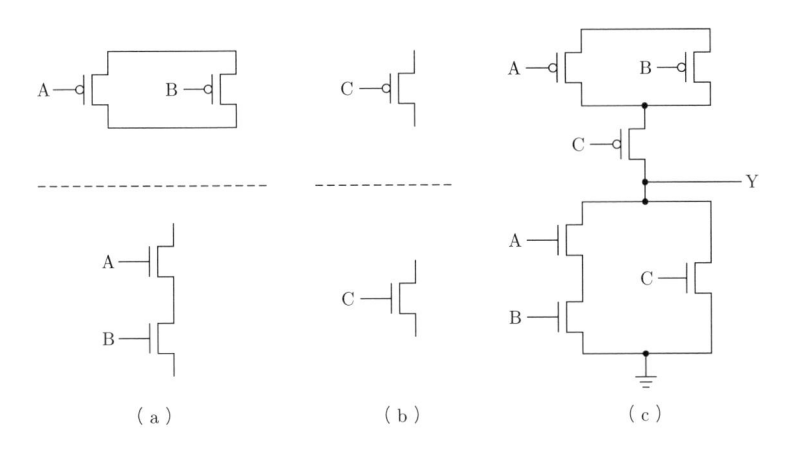

図 4・9　AOI 論理の複合ゲートによる構成

トランジスタ 1 個と NMOS トランジスタ 1 個を用いる．$\overline{A \cdot B + C}$ は OR 機能であるため，図 4·9 (c) に示すとおり，図 4·9 (a) と (b) の PMOS トランジスタを直列に，NMOS トランジスタを並列に接続する．

AOI 論理を基本ゲートを用いて構成する場合，NAND ゲート，NOT ゲート，そして NOR ゲートが必要になる．各ゲート回路を実現するためには，それぞれ 4 個，2 個，そして 4 個のトランジスタが必要になり，合計で 10 個のトランジスタが必要になる．一方で，複合ゲートを用いた図 4·9 (c) では，PMOS トランジスタ 3 個と NMOS トランジスタ 3 個の合計 6 個のトランジスタで実現することができる．すなわち，4 個少ないトランジスタ数で論理 Y を実現することができる．

（b）　OAI 複合ゲート：$Y = \overline{(A + B) \cdot C}$

OAI 論理として，$Y = \overline{(A + B) \cdot C}$ の論理式を複合ゲートで実現することを考える．図 4·10 (a) に，この論理式を実現する論理回路を示す．A と B の OR 出力

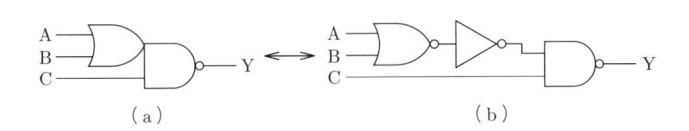

(a)　　　　　　　　　　　(b)

図 4・10　OAI ($Y = \overline{(A + B) \cdot C}$) 論理．(a) 複合ゲートと (b) 基本論理ゲートによる構成

とCをNANDゲートに入力することで出力Yを得る．基本ゲートを用いて構成する場合，図4·10 (b) に示すとおり，ORゲートはNORゲートとNOTゲートを用いて実現する．

Yを複合ゲートで実現することを考える．論理式におけるA+BはOR機能であるため，図4·11 (a) に示すとおり，PMOSトランジスタ2個を直列に，NMOSトランジスタ2個を並列に接続する．Cは1入力なので，図4·11 (b) のようにPMOSトランジスタ1個とNMOSトランジスタ1個を用いる．$\overline{(A+B) \cdot C}$はAND機能であるため，図4·11 (c) に示すとおり，図4·11 (a) と (b) のPMOSトランジスタを並列に，NMOSトランジスタを直列に接続する．

OAI論理を基本ゲートを用いて構成する場合，NORゲート，NOTゲート，そしてNANDゲートが必要になる．各ゲート回路を実現するためには，それぞれ4個，2個，そして4個のトランジスタが必要になり，合計で10個のトランジスタが必要になる．一方で，複合ゲートを用いた図4·11 (c) では，PMOSトランジスタ3個とNMOSトランジスタ3個の合計6個のトランジスタで実現することができる．すなわち，4個少ないトランジスタ数で論理Yを実現することができる．

(c) XORゲート：$Y = A \oplus B$

XORゲートの論理式は

$$Y = \overline{A} \cdot B + A \cdot \overline{B} \tag{4·8}$$

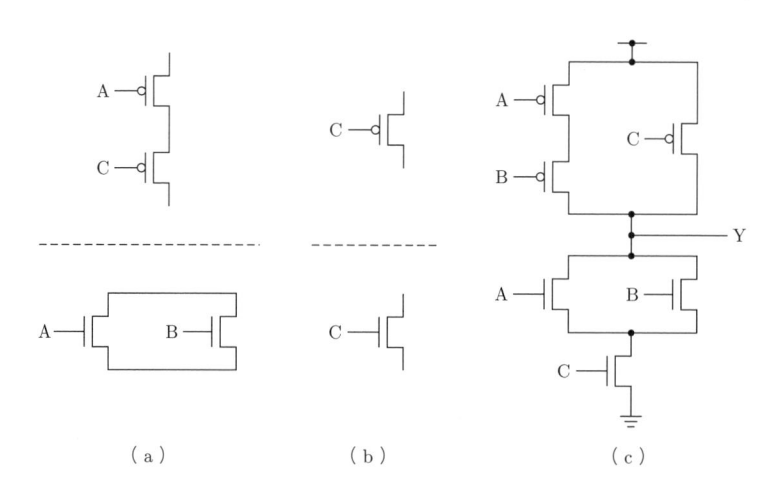

(a)　　　　　　　(b)　　　　　　　(c)

図4·11　OAI論理の複合ゲートによる構成

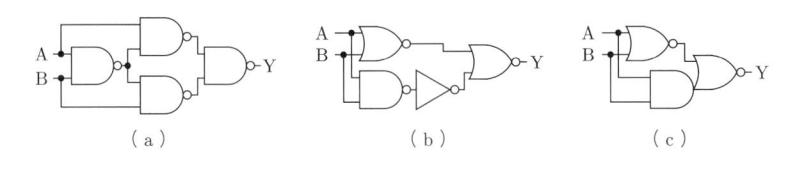

図 4・12 XOR ゲートの構成： (a) NAND ゲートのみ，(b) 基本ゲートのみ，そして (c) 複合ゲートを用いた構成

で表される．これを基本ゲートである NAND ゲートを用いて構成すると，**図4・12**(a) のようになる．多くのゲート素子が必要になる．

ここで，論理を最適化することを考える．ド・モルガンの定理より，論理が常にゼロとなる項（$\overline{A}\cdot A$ と $\overline{B}\cdot B$）を加えることにより

$$Y = \overline{A}\cdot B + A\cdot \overline{B} = \overline{A}\cdot B + \overline{A}\cdot A + \overline{B}\cdot B + A\cdot \overline{B} = \overline{A}(A+B) + \overline{B}(A+B)$$
$$= (\overline{A}+\overline{B})(A+B) = \overline{\overline{(\overline{A}+\overline{B})(A+B)}} = \overline{\overline{(\overline{A}+\overline{B})} + \overline{(A+B)}}$$
$$= \overline{(A\cdot B) + \overline{(A+B)}} \tag{4・9}$$

を得る．これを基本ゲートで表現すると，図 4・12（b）のとおりとなる．NAND ゲート，NOT ゲート，そして NOR ゲートが必要になる．ここで，式 (4・9) に着目すると，AOI 機能で実現されていることが分かる．したがって，先に用いた AOI 複合ゲートを用いて表現できる．NOR ゲートと AOI 複合ゲートを用いると，図 4・12（c）となる．AOI 複合ゲートは，図 4・9（c）を用いる．**図4・13**に，AOI 複合ゲートを用いたトランジスタレベルでの回路図を示す．

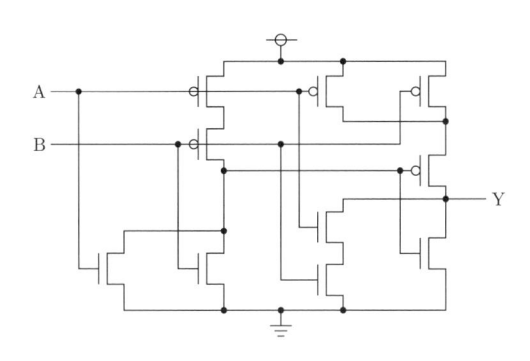

図 4・13 複合ゲートを用いた XOR ゲートのトランジスタレベルの回路図

ここで，図 4·12 (a)〜(c) で用いたトランジスタ数を比較すると，それぞれ 16 個，14 個，10 個となり，複合ゲートを用いることでトランジスタ数を削減することができる．

4·3 CMOS スイッチ

前節では，複合ゲートを用いることで少ないトランジスタ数で論理を実現できることを説明した．ここでは，さらに少ないトランジスタで論理を表現する手法を説明する．

〔1〕NMOS スイッチと PMOS スイッチ

図 4·14 に MOS トランジスタを用いた各種**スイッチ**の構成を示す．図 4·14 (a) に示す NMOS トランジスタを用いたスイッチは，ゲート入力が "1" のときにオンとなり，ゲート入力が "0" のときオフとなる．しかし，NMOS トランジスタを用いたスイッチの場合，ゲート入力が "1" であっても伝達できる電圧範囲が限定される問題がある．この様子を図 4·15 (a) に示す．NMOS トランジスタのゲー

図 4·14 (a) NMOS スイッチと (b) PMOS スイッチ

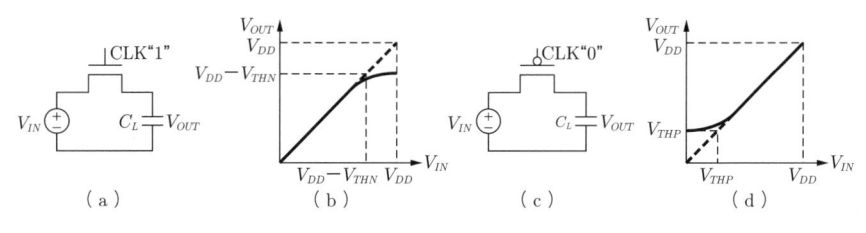

図 4·15 (a) NMOS トランジスタを用いたスイッチと (b) その応答曲線，そして (c) PMOS トランジスタを用いたスイッチと (d) その応答曲線

ト入力 CLK を "1" とする直前の負荷 C_L の初期電荷をゼロとした．この回路の応答曲線を図 4·15（b）に示す．出力電圧が，電源電圧 V_{DD} から NMOS トランジスタのしきい値電圧 V_{THN} だけ低い電圧（$V_{DD} - V_{THN}$）に近づくと，入力電圧に追従しなくなる．これは，NMOS トランジスタのゲート・ソース間電圧がしきい値電圧以下の動作電圧領域となり，十分な電荷転送能力が確保できないためである．

一方，図 4·15（c）に示す PMOS トランジスタを用いたスイッチは，ゲート入力が "1" のときにオフとなり，ゲート入力が "0" のときオンとなる．NMOS トランジスタを用いたスイッチの問題点と同様に，使用できる電圧範囲が存在する．図 4·15（d）に示すとおり，PMOS スイッチでは，しきい値電圧近傍でスイッチとして動作しなくなる．

〔2〕 CMOS トランスミッションゲート

NMOS と PMOS トランジスタをそれぞれ単体のスイッチとして利用した場合，それぞれ利用可能な電圧範囲があることを説明した．この問題点を解決するスイッチとして，NMOS と PMOS トランジスタを組合せた**トランスミッションゲート**（transmission gate）がある．トランスミッションゲートは，図 4·16（a）に示すように，NMOS と PMOS トランジスタを並列に接続して構成される．このように接続することで，NMOS スイッチが動作しなくなる高い電圧レンジにおいては PMOS スイッチが動作し，PMOS スイッチが動作しなくなる低い電圧レンジにおいては NMOS スイッチが相補的に動作する．図 4·16（b）にトランスミッションゲートの応答曲線を示す．図 4·15（b）と（d）の二つの曲線を重ね合わせるこ

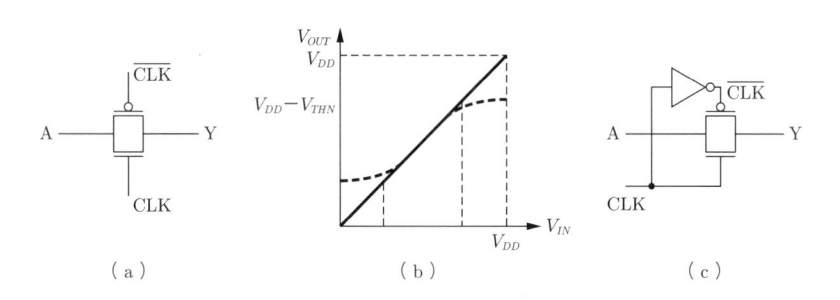

（a）　　　　　　　　（b）　　　　　　　　（c）

図 4·16　（a）トランスミッションゲートを用いたスイッチと（b）応答曲線，そして（c）トランスミッションゲートの構成例

とで得られる．低い電圧から高い電圧に到るまで幅広い電圧レンジに対応したスイッチを実現することができる．トランスミッションゲートでは，NMOS トランジスタと PMOS トランジスタのゲート端子に同じ信号（"1"/"1" または "0"/"0"）を入力することはないので，図 4·16（c）に示すとおり，信号 CLK を NOT ゲートで反転させた信号を PMOS トランジスタに入力する．制御信号 CLK が "1" のときトランスミッションゲートは導通状態になり，"0" のとき非導通状態になる．

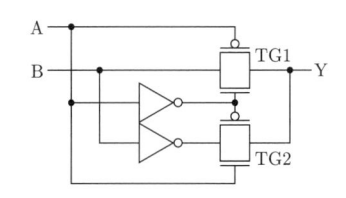

〔3〕トランスミッションゲートを用いた XOR 回路

トランスミッションゲートを用いることで少ないトランジスタ数で XOR の論理演算を実現することができる．XOR の論理は，式(4·9)で示したとおりである．図 4·12（c）で，XOR ゲートを複合ゲートで実現した回路を示した．10 個のトランジスタ数が必要になる．これを，トランスミッションゲートを用いることで，さらに少ないトランジスタ数で XOR 機能を実現できる．

図 4·17 に，トランスミッションゲートを用いた XOR ゲートを示す．二つのトランスミッションゲートと二つの NOT ゲートから構成される．入力信号 A とその否定 $\overline{A}$ はトランスミッションゲートのゲート端子に入力され，入力信号 B とその否定 $\overline{B}$ はソース・ドレイン端子に入力される．複合ゲートを用いた場合と比較して 2 個少ない 8 個のトランジスタで構成できる．

図 4·17 トランスミッションゲートを用いた XOR ゲート

図 4·18 にトランスミッションゲートを用いた XOR ゲートの動作図を示す．入力 A が "0" のとき，TG1 はオン状態となり，TG2 はオフ状態となる．このとき，B の論理が TG1 を介して Y へ伝達される．すなわち，Y = B となる．一方，入力 A が "1" のとき，TG1 はオフ状態となり，TG2 はオン状態となる．したがって，

図 4·18 トランスミッションゲートを用いた XOR ゲートの動作

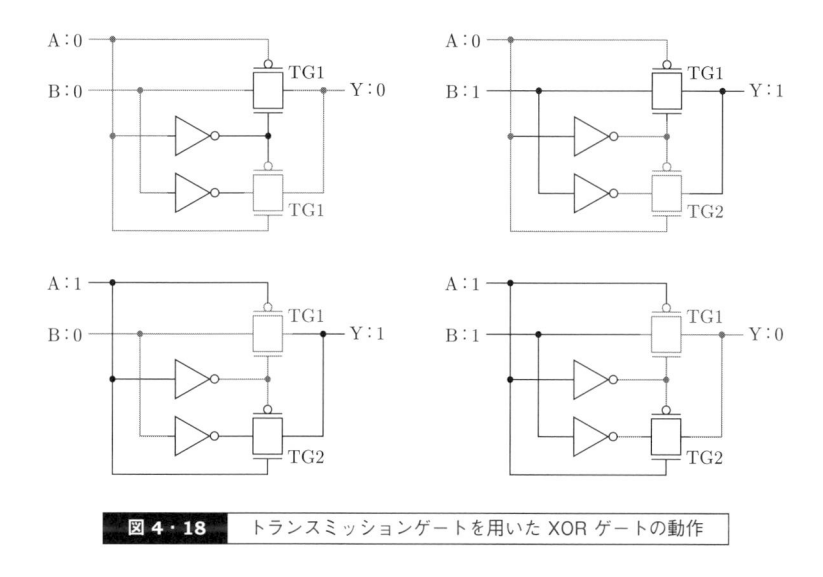

入力 B の否定が TG2 を介して Y へ伝達される．すなわち，$Y = \overline{B}$ となる．したがって，図 4·18 の構成により $Y = \overline{A} \cdot B + A \cdot \overline{B}$ を実現できることがわかる．

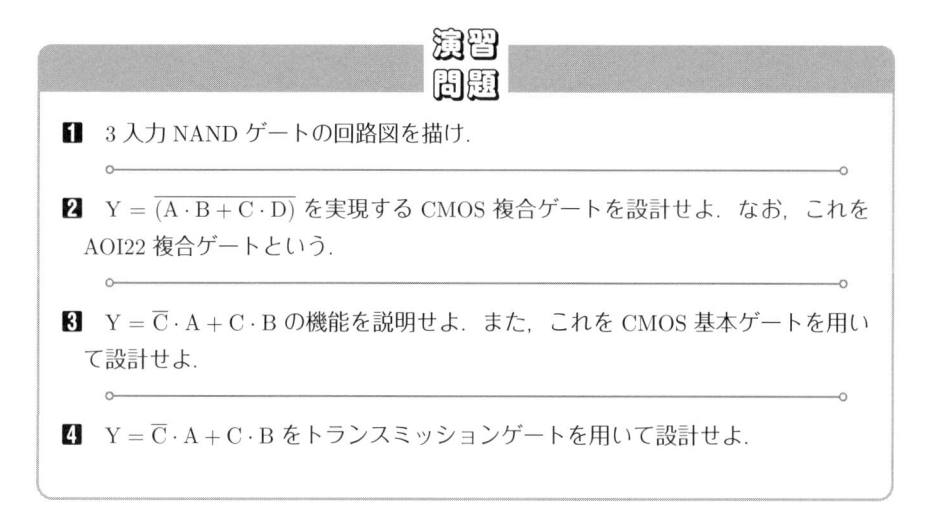

演習問題

1 3入力 NAND ゲートの回路図を描け．

2 $Y = \overline{(A \cdot B + C \cdot D)}$ を実現する CMOS 複合ゲートを設計せよ．なお，これを AOI22 複合ゲートという．

3 $Y = \overline{C} \cdot A + C \cdot B$ の機能を説明せよ．また，これを CMOS 基本ゲートを用いて設計せよ．

4 $Y = \overline{C} \cdot A + C \cdot B$ をトランスミッションゲートを用いて設計せよ．

5章 プロセスフローとCMOSレイアウト設計

半導体集積回路は，半導体プロセス技術によって精密な3次元的な構造を形成して製造される．集積回路設計を行う上で，その製造プロセスフローを把握しておくことが求められる．本章では，CMOS半導体集積回路の製造プロセスフローと各種基本論理ゲート回路のレイアウト設計について説明する．

5・1 半導体プロセスフロー

半導体集積回路は，シリコン基板から始まり，薄膜の堆積，**フォトマスク**を用いた**リソグラフィ**（lithography）によるパターン形成，**エッチング**（etching），熱処理（annealing）などを繰り返し行うことで実現される．複雑なデバイス構成や性能向上のための特殊プロセス工程など様々な技術が導入されるため，同じCMOSデバイス構造を実現する場合であっても詳細なプロセスフローは同じではない．しかし，基本プロセスフローは確立されており，これを理解することが重要となる．

図5・1に，一般的な半導体プロセス工程をまとめた図を示す．半導体集積回路は，洗浄プロセス，酸化プロセス，熱処理プロセス，不純物導入プロセス，薄膜形成プロセス，平坦化プロセスといった各種プロセス工程を繰り返し行うことで製造される．この際，必要なパターンを形成するために，リソグラフィ技術が用いられる．リソグラフィは写真画像を印刷する方法として，印刷出版分野，電子産業分野，精密機械部品分野などの様々な分野で用いられる手法である．半導体集積回路のプロセスフローにおけるリソグラフィ技術では，以下の一連のステップにより実現される．

① 化学的気相成長法（chemical vapor deposition；**CVD**）などの工程で薄膜堆積を終えたウェハ上に**フォトレジスト**を塗布する．
② ウェハ上のフォトレジストに光源でパターンを転写する．
③ フォトレジストを現像してフォトレジストパターンを残す．

```
                           リソグラフィ技術
   ┌─────────────────┐   ┌─────────────────┐
   │ 酸化・熱処理プロセス │ ⇔ │ フォトレジストの塗布 │
   └─────────────────┘   ├─────────────────┤
   │ 不純物導入プロセス  │ ⇔ │      露光       │
   └─────────────────┘   ├─────────────────┤
   │  薄膜形成プロセス  │ ⇔ │      現像       │
   └─────────────────┘   ├─────────────────┤
   │   洗浄プロセス    │   │    エッチング    │
   └─────────────────┘   ├─────────────────┤
   │  平坦化プロセス   │   │ フォトレジストの除去 │
   └─────────────────┘   └─────────────────┘
```

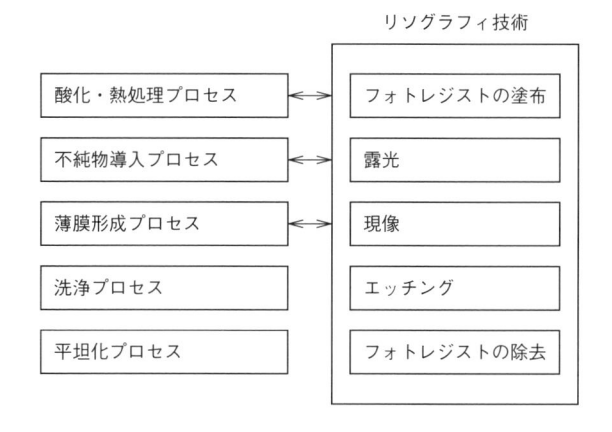

図 5・1　半導体プロセス工程

④　フォトレジストパターンを保護膜として下地をエッチングする．
⑤　フォトレジストを除去する．

　パターンをシリコンウェハに転写する際に，どのようなパターンを転写するかを記録したフォトマスクが用いられる．図 5・2 に，フォトマスクを用いたリソグラフィの様子を示す．光源からの照射光を照明光学系を介してパターン形状が記録されたフォトマスクに照射する．フォトマスクから出力された光は，レンズなどからなる投影光学系を介してシリコンウェハに転写される．

　集積回路の集積度の向上は，リソグラフィ技術の発展によるところが大きい．リソグラフィと各種プロセス工程を組合せることで不純物の注入領域，電極の形成，配線パターンの作成などを実現する．

5・2　CMOS トランジスタのプロセスフロー

　半導体集積回路の製造プロセスは，トランジスタなどのデバイス素子を作りこむためのフロントエンド（front end of line；**FEOL**）プロセスとメタル配線などの配線形成工程のバックエンド（back end of line；**BEOL**）プロセスがある．以下では，一般的な CMOS プロセスにおける FEOL プロセスフローと BEOL プロセスフローについて説明する．

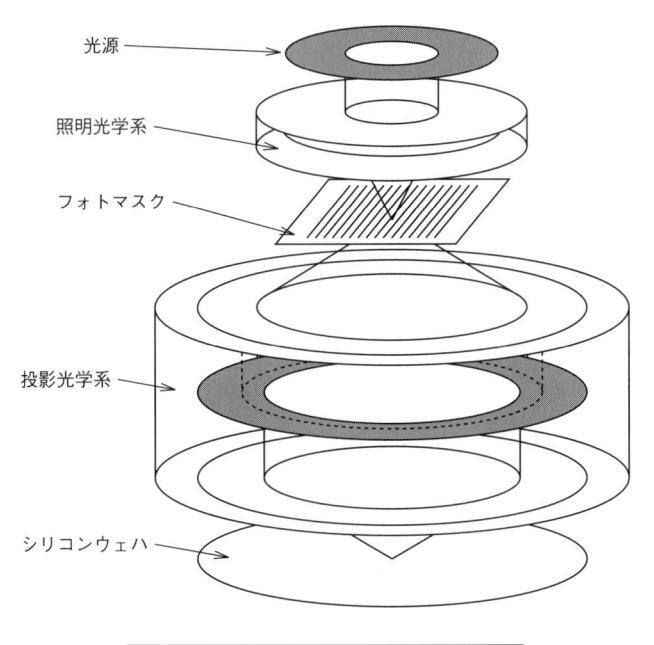

図 5·2 フォトマスクによる露光装置

(1) FEOL プロセスフロー

FEOL プロセスは，NMOS トランジスタや PMOS トランジスタなどのデバイス素子をシリコン基板上に形成するプロセスである．以下では，NMOS，PMOS トランジスタのプロセス工程を例にとり説明を行う．

① シリコン基板

p 型シリコン基板に絶縁膜を成長させる．この上にフォトレジストを堆積する（図 5·3）．PMOS トランジスタを形成する領域の基板を n 型とするために，フォトレジスト部分を除去し，イオン注入によって n ウェル領域を形成する（図 5·4）．

② 拡散領域の指定

トランジスタが形成される領域を拡散領域とよぶ．CVD により，窒化膜を堆積する．この上にフォトレジストを塗布し，拡散領域のレジストを残す（図 5·5）．反応性イオンエッチング（reactive ion etching；**RIE**）を行う．これにより，シリコン中に浅いトレンチ（溝）領域を形成する（図 5·6）．

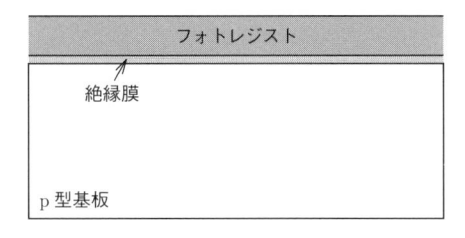

図 5・3 絶縁膜とフォトレジストの堆積

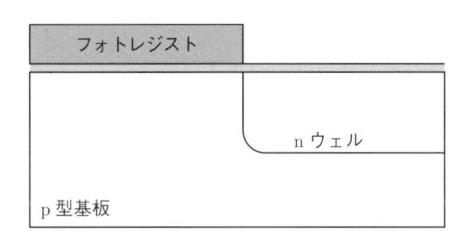

図 5・4 フォトレジストの除去と n ウェル領域の形成

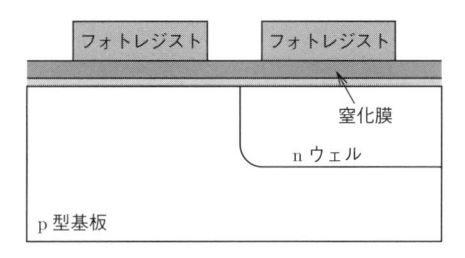

図 5・5 窒化膜とフォトレジストの堆積

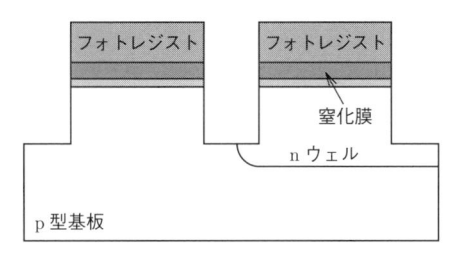

図 5・6 RIE による浅いトレンチの形成

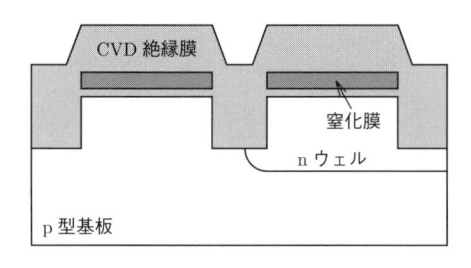

図5・7 絶縁膜の堆積

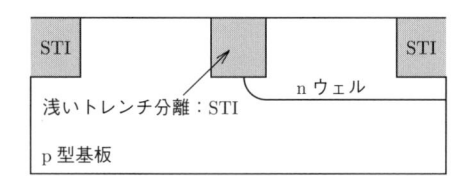

図5・8 CMPによる平坦化

③ 素子分離

　レジストを除去した後，CVDによりトレンチ（溝）部分から絶縁膜を堆積し，トランジスタが形成される拡散領域間を絶縁する絶縁膜を形成する（図5.7）．これを **STI**（shallow trench isolation）という．その後，ウェハ表面の平坦化処理のための化学機械研磨（chemical mechanical polishing；CMP）を行う（図5.8）．

④ チャネル不純物の注入

　n型，p型トランジスタのしきい値電圧制御のために，チャネル領域に不純物を注入し，pドープ領域とnドープ領域を形成する（図5.9）．

⑤ ゲート電極の形成

　ゲート絶縁膜を成長させた後，ゲート電極のためのポリシリコン膜を堆積させる（図5.10）．ゲートリソグラフィを行いポリシリコンゲート電極をエッチングにより形成する（図5.11）．

⑥ ソース・ドレインの形成

　NMOSトランジスタのソース・ドレイン領域にn^+不純物の注入を行う．なお，NMOSトランジスタのゲート電極は不純物注入の際にマスクとして働

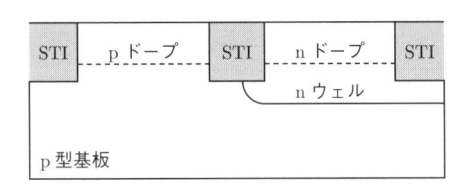

図5・9 チャネル不純物の注入

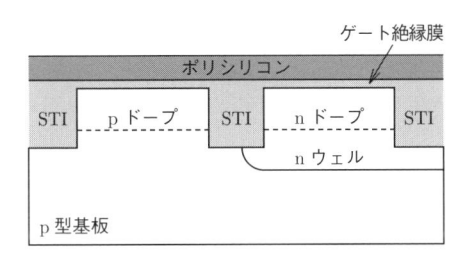

図5・10 ポリシリコン膜の堆積

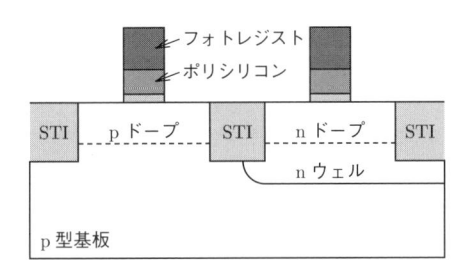

図5・11 ポリシリコンゲートのエッチング

くため、n型不純物はゲート電極直下に注入されることはない．ソース，ドレイン，ゲートの相対位置関係が一致し，これを**自己整合**（self-align）という．同様に，PMOSトランジスタのp^+ソース・ドレイン不純物の注入を行う（**図5·12**）．

⑦ トランジスタの形成

　CVDとRIEを行い，ゲートの横側に絶縁膜（または窒化膜）スペーサを形成する．また，ソース・ドレインに注入した不純物を活性化させるために

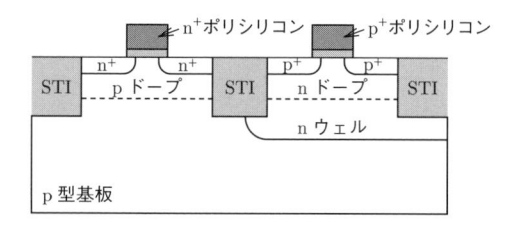

図 5・12 ソース領域, ドレイン領域, ゲートへの不純物注入

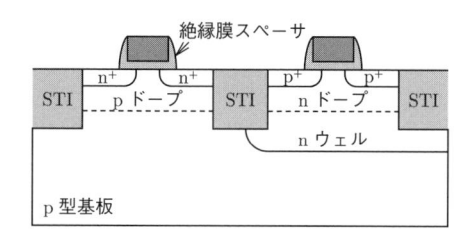

図 5・13 ソース・ドレインの活性化アニール

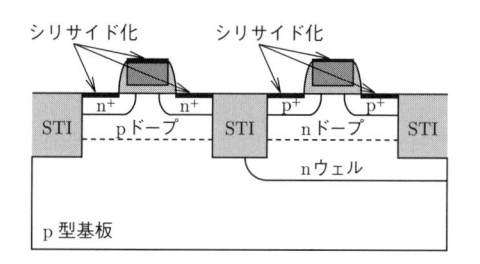

図 5・14 自己整合シリサイド（サリサイド）形成

アニール処理を行う（**図 5・13**）．

⑧ サリサイド

シート抵抗やコンタクト抵抗の低減のため，ソース，ドレイン，ゲートをシリコンと金属の化合物，すなわちシリサイド（silicide）とする．自己整合的にシリサイドを形成できるため，これを**サリサイド**（self-aligned silicide）という（**図 5・14**）．

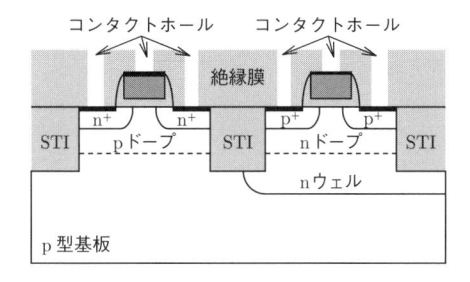

図 5・15 トランジスタ配線のための絶縁膜堆積とコンタクトホールの形成

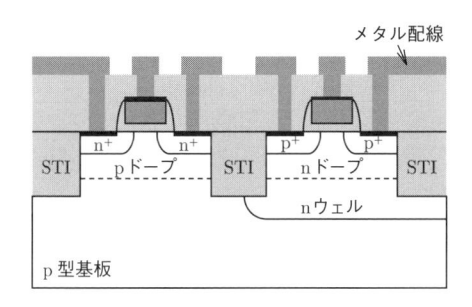

図 5・16 メタル配線

〔2〕BEOL プロセスフロー

BEOL プロセスは，FEOL プロセスで形成されたトランジスタなどのデバイス素子を接続，配線するプロセスである．以下では，メタル第 1 層に関する説明を行うが，第 2 層以上の多層配線についても同様の手順を繰り返して配線が行われる．

① 絶縁膜の堆積とコンタクトホールの形成

   配線のための絶縁膜（層間分離膜）を堆積する．また，ソース端子，ドレイン端子，そしてゲート端子の接続を得るためのコンタクトホールを形成する（図 5・15）．

② メタル配線

   トランジスタの接続のためのメタル配線を形成する（図 5・16）．

5・3 レイアウト

シリコンウェハに設計した回路を転写するために，フォトマスクデータを作成する必要がある．このために，設計者は各デバイスを基板上に配置し，これらを配線で接続したレイアウトデータを作成する．これまでに説明したプロセスフローを意識して，各レイヤを上から俯瞰し，デバイスの形成や配線，コンタクトパターンを配置する．

以下では，基本的な論理ゲートとしてCMOSインバータとNANDゲートのレイアウトについて説明する．

〔1〕CMOSインバータ

図5·17 (a)～(e) にCMOSインバータ（NOTゲート）（図5·17 (f)）のレイアウト工程の流れを示す．CMOSインバータは，図5·17 (f) に示すようにNMOSトランジスタとPMOSトランジスタを配置し，配線することで実現される．レイアウトの詳細は以下のとおりである．

① 図5·17 (a) は，n型不純物を注入する領域（nウェル）を示している．これにより，PMOSトランジスタのためのnウェルが形成される．

② 図5·17 (b) は，不純物の注入領域であるp^+拡散領域とn^+拡散領域を示している．また，ボディコンタクトのための不純物注入領域についても示している．

③ 図5·17 (c) は，ゲート電極領域を示している．

④ 図5·17 (d) は，ソース，ドレイン，ゲート，そしてボディコンタクトを示している．

⑤ 図5·17 (e) は，第1層メタル領域を示している．なお，図5·17 (d) のコンタクト形成領域は，第1層メタル領域により覆われるが，便宜上コンタクト領域を示している．

〔2〕NANDゲート

図5·18 (a)～(e) にNANDゲート（図5·18 (f)）のレイアウト工程の流れを示す．CMOSインバータは，図5·18 (f) に示すようにそれぞれ2個のNMOSトラ

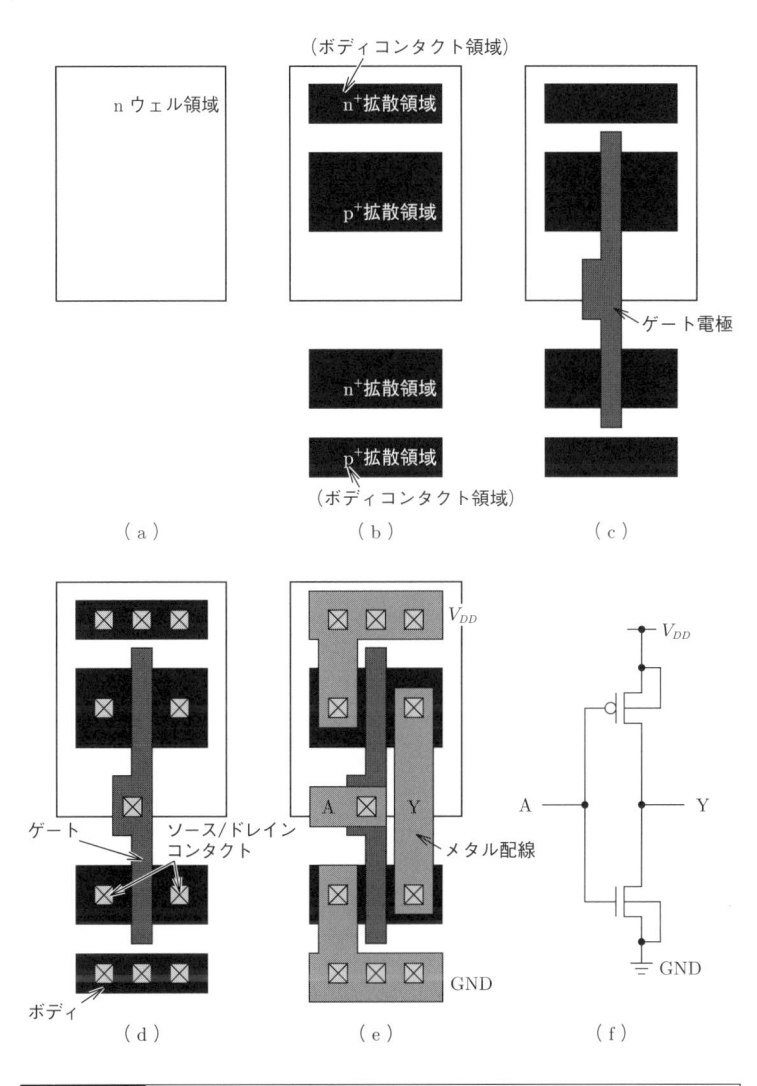

図 5・17 NOT ゲートのレイアウト例．(a) n ウェル領域の形成，(b) 拡散領域の形成，(c) ゲート電極の形成，(d) コンタクトの形成，(e) メタル配線領域の形成，(f) NOT ゲートの回路図．

ンジスタと PMOS トランジスタを配線することで実現される．詳細は以下のとおりである．

① 図 5・18 (a) は，n 型不純物を注入する領域 (n ウェル) を示している．こ

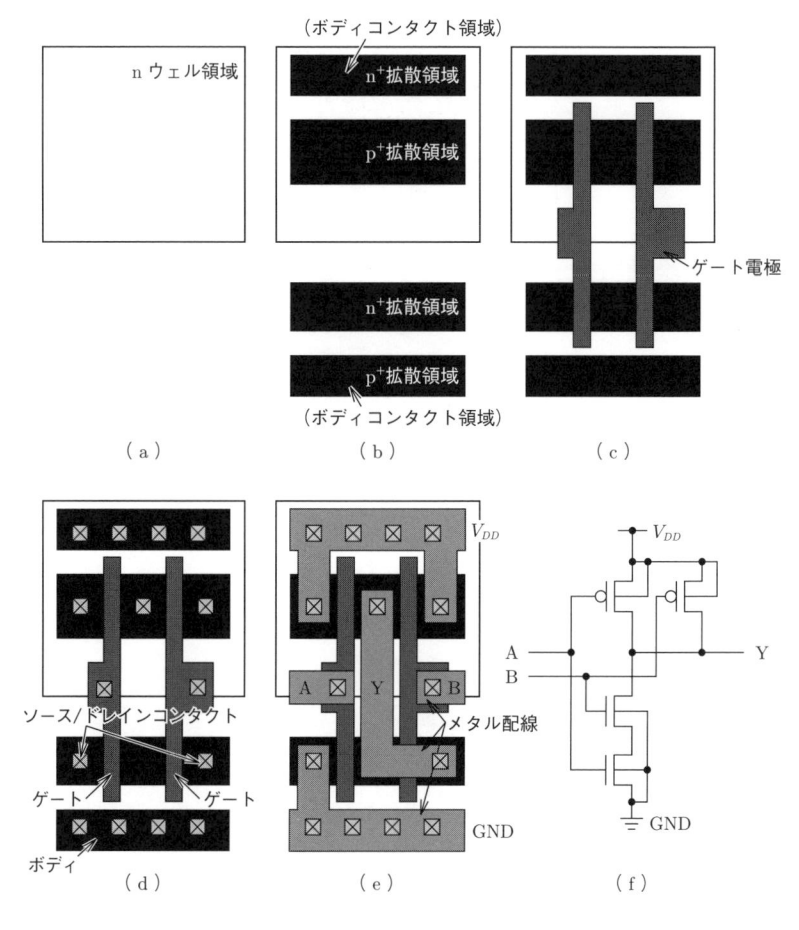

図 5・18 NAND ゲートのレイアウト例．(a) n ウェル領域の形成，(b) 拡散領域の形成，(c) ゲート電極の形成，(d) コンタクトの形成，(e) メタル配線領域の形成，(f) NAND ゲートの回路図．

れにより，PMOS トランジスタのための n ウェルが形成される．

② 図 5・18 (b) は，不純物の注入領域を示している．p$^+$ 拡散領域と n$^+$ 拡散領域を示している．また，ボディコンタクトのための不純物注入領域についても示している．

③ 図 5・18 (c) は，ゲート電極領域を示している．

④ 図 5・18 (d) は，ソース，ドレイン，ゲート，そしてボディコンタクトを示

━○ 演 習 問 題

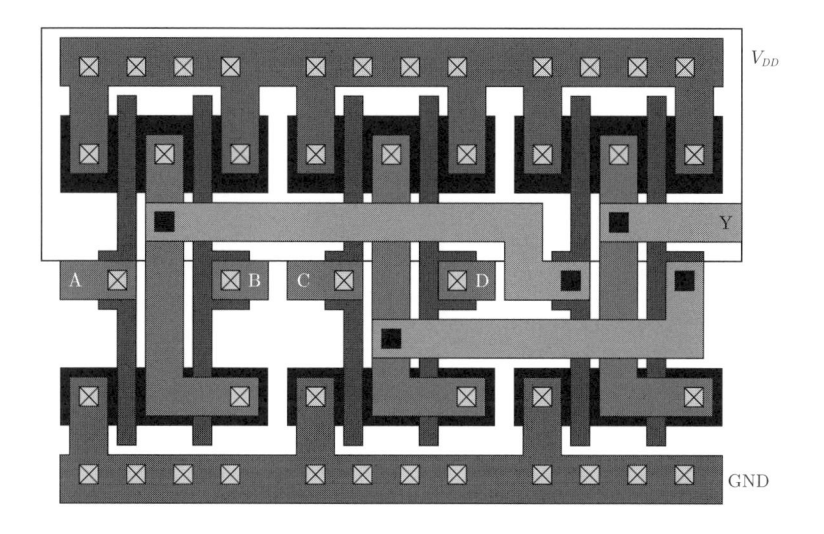

図 5・19 4入力 (A, B, C, D), 1出力 (Y) の組合せ論理回路

している．

⑤ 図 5·18 (e) は，第1層メタル領域を示している．なお，図 5·18 (d) のコンタクト形成領域は，第1層メタル領域により覆われるが，便宜上コンタクト領域を示している．

演習問題

1 NOR ゲートをレイアウトせよ．

2 AOI 複合ゲートをレイアウトせよ．

3 OAI 複合ゲートをレイアウトせよ．

4 図 5·19 の組合せ論理回路の論理式 Y を，A, B, C, D を用いて表現せよ．

6章 CMOS組合せ論理回路

組合せ論理回路とは現時点での変数入力のみによって関数出力が決まる論理回路のことである．一般にインバータ，AND，OR，NAND，NOR，XOR，XNORなどの基本論理ゲートを組み合わせて実装されるが，CMOSプロセスにおいては負論理であるインバータ，NAND，NORを活用するとゲート数を少なくできる場合が多い．

本章では組合せ論理回路としてのよく知られた基本ディジタル回路の機能と設計について述べる．

6・1 デコーダ（k入力・2^k出力）

2進数をコードとして定義し，入力コードに対応した番号を持つ出力を1とするものを**デコーダ**という．例えばA_2，A_1，A_0の3入力とY_7，Y_6，Y_5，Y_4，Y_3，Y_2，Y_1，Y_0の8出力を持つ3入力・8出力デコーダでは$[A_2\,A_1\,A_0]_2 = [1\,0\,1]_2 = 5$のときに$Y_5 = 1$となる．このとき$Y_i = 0\ (i \neq 5)$である．3入力・8出力デコーダの真理値表は**表6·1**で与えられる．

表6·1から3入力・8出力デコーダの論理関数は

表 6・1　3入力・8出力デコーダ真理値表

A_2	A_1	A_0	Y_7	Y_6	Y_5	Y_4	Y_3	Y_2	Y_1	Y_0
0	0	0	0	0	0	0	0	0	0	1
0	0	1	0	0	0	0	0	0	1	0
0	1	0	0	0	0	0	0	1	0	0
0	1	1	0	0	0	0	1	0	0	0
1	0	0	0	0	0	1	0	0	0	0
1	0	1	0	0	1	0	0	0	0	0
1	1	0	0	1	0	0	0	0	0	0
1	1	1	1	0	0	0	0	0	0	0

6・1 デコーダ（k 入力・2^k 出力）

$Y_0 = \overline{A_2} \cdot \overline{A_1} \cdot \overline{A_0}$

$Y_1 = \overline{A_2} \cdot \overline{A_1} \cdot A_0$

$Y_2 = \overline{A_2} \cdot A_1 \cdot \overline{A_0}$

$Y_3 = \overline{A_2} \cdot A_1 \cdot A_0$

$Y_4 = A_2 \cdot \overline{A_1} \cdot \overline{A_0}$

$Y_5 = A_2 \cdot \overline{A_1} \cdot A_0$

$Y_6 = A_2 \cdot A_1 \cdot \overline{A_0}$

$Y_7 = A_2 \cdot A_1 \cdot A_0$

で与えられ，各論理関数をそのまま実装すると回路は**図 6・1**（a）となる．図 6・1（a）ではインバータが三つ（$2 \times 3 = 6$ トランジスタ）と 3 入力 AND ゲート（=3 入力 NAND ゲート + インバータ）が八つ（$8 \times 8 = 64$ トランジスタ）ある．総トランジスタ数は 70 である．

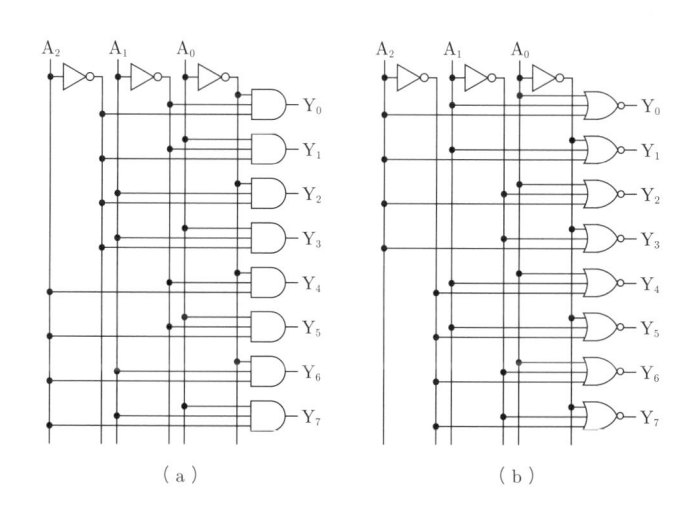

図 6・1 3 入力・8 出力デコーダ回路図：(a) CMOS 回路最適化前，(b) CMOS 回路最適化後

正論理である AND ゲートや OR ゲートは結局負論理である NAND ゲートや NOR ゲートにインバータを縦続接続したものであるので，負論理である NAND ゲートや NOR ゲートを直接用いることが望ましい．つまり負論理で回路を構成

すれば，CMOS 回路ではトランジスタ数を少なくすることができる場合が多い．製造技術に応じて適切な回路形式で実装することをテクノロジマッピングと呼び，CMOS 製造技術の場合には負論理を用いることがふさわしい場合が多い．

ド・モルガンの定理により図 6·1 (a) は図 6·1 (b) に最適化され，省トランジスタ（省面積）で実装でき，同時に高速化と低電力を達成できる．図 6·1 (b) ではインバータが三つ（$2 \times 3 = 6$ トランジスタ），3 入力 NOR ゲートが八つ（$6 \times 8 = 48$ トランジスタ）ある．総トランジスタ数は 54 である．3 入力・8 出力デコーダの記号は**図 6·2** で表現される．

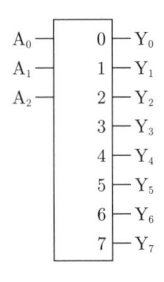

図 6·2　3 入力・8 出力デコーダ記号

6·2 エンコーダ（2^k 入力・k 出力）

デコーダと逆の動作をするものを**エンコーダ**と呼ぶ．一般に一つの入力のみが 1 となり，残りの入力は 0 となることを前提とする．2 進数をコードとして定義し，そのコードに対応した入力のみに 1 が入るとそのコード自身を 2 進数として出力する．例えば A_3, A_2, A_1, A_0 の 4 入力と Y_1, Y_0 の 2 出力を持つ 4 入力・2 出力エンコーダでは，$A_2 = 1$ のとき $[Y_1\ Y_0]_2 = [1\ 0]_2 = 2$ となる．このとき $A_i = 0$ $(i \neq 2)$ とし，そうでなければ組合せ禁止となる．4 入力・2 出力エンコーダの真理値表は**表 6·2** で与えられる．

表 6·2 から 4 入力・2 出力エンコーダの論理関数は

$$Y_0 = A_3 + A_1$$

$$Y_1 = A_3 + A_2$$

で与えられ，その回路は**図 6·3** となる．

表 6・2　4 入力・2 出力エンコーダ真理値表

A_3	A_2	A_1	A_0	Y_1	Y_0
0	0	0	0	X	X
0	0	0	1	0	0
0	0	1	0	0	1
0	0	1	1	X	X
0	1	0	0	1	0
0	1	0	1	X	X
0	1	1	0	X	X
0	1	1	1	X	X
1	0	0	0	1	1
1	0	0	1	X	X
1	0	1	0	X	X
1	0	1	1	X	X
1	1	0	0	X	X
1	1	0	1	X	X
1	1	1	0	X	X
1	1	1	1	X	X

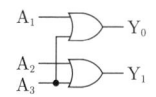

図 6・3　4 入力・2 出力エンコーダ回路図

6・3 プライオリティエンコーダ（2^k 入力・k 出力）

　上記のエンコーダから組み合わせ禁止の前提をなくしたものが**プライオリティエンコーダ**である．入力が 1 であるビットのうち最大に対応するコードを出力する．例えば $A_3 = A_2 = 1$ のとき $[Y_1\ Y_0]_2 = [1\ 1]_2 = 3$ となる．4 入力・2 出力プライオリティエンコーダの真理値表は**表 6・3** で与えられる．

　表 6・3 から 4 入力・2 出力プライオリティエンコーダの論理関数は

$$Y_0 = A_3 + \overline{A_2} \cdot A_1$$

$$Y_1 = A_3 + A_2$$

表 6・3 4 入力・2 出力プライオリティエンコーダ真理値表

A_3	A_2	A_1	A_0	Y_1	Y_0	N
0	0	0	0	0	0	1
0	0	0	1	0	0	0
0	0	1	0	0	1	0
0	0	1	1	0	1	0
0	1	0	0	1	0	0
0	1	0	1	1	0	0
0	1	1	0	1	0	0
0	1	1	1	1	0	0
1	0	0	0	1	1	0
1	0	0	1	1	1	0
1	0	1	0	1	1	0
1	0	1	1	1	1	0
1	1	0	0	1	1	0
1	1	0	1	1	1	0
1	1	1	0	1	1	0
1	1	1	1	1	1	0

で与えられる．なお表 6·3 から $N = \overline{A_3} \cdot \overline{A_2} \cdot \overline{A_1} \cdot \overline{A_0}$ である．N はいずれの入力にも 1 がないことを示し，$[A_3\,A_2\,A_1\,A_0]_2 = [0\,0\,0\,0]_2 = 0$ と $[A_3\,A_2\,A_1\,A_0]_2 = [0\,0\,0\,1]_2 = 1$ を区別するために用いられる．各論理関数をそのまま実装すると 4 入力・2 出力プライオリティエンコーダの回路は**図 6·4** (a) となり，トランジスタ数は 36 である．図 6·4 (a) を CMOS 回路向けに最適化すると図 6·4 (b) となり，トランジスタ数を 24 に削減できる．

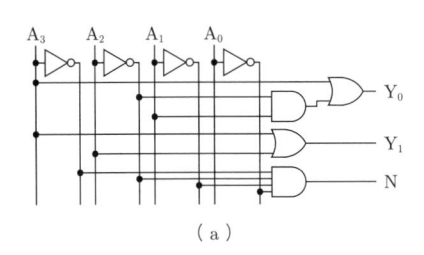

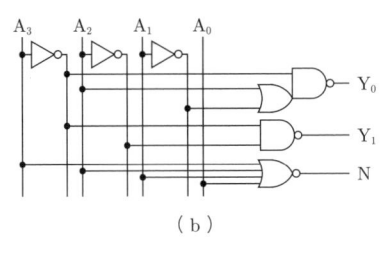

図 6·4 4 入力・2 出力プライオリティエンコーダ回路図：(a) CMOS 回路最適化前，(b) CMOS 回路最適化後

6·4 マルチプレクサ（セレクタ：k 入力・1 出力）

入力 S, A_1, A_0 と出力 Y を持つ 2 入力**マルチプレクサ**では入力 S の値によって，入力 A_1 または A_0 のどちらかを出力 Y として選択する．**セレクタ**ともいう．すなわち S = 0 のとき，Y = A_0 となる．S = 1 のとき，Y = A_1 となる．2 入力マルチプレクサの真理値表は**表 6·4** で与えられる．

表 6·4 2 入力マルチプレクサ真理値表

S	A_1	A_0	Y (S = 0 ⇒ Y = A_0, S = 1 ⇒ Y = A_1)
0	0	0	0
0	0	1	1
0	1	0	0
0	1	1	1
1	0	0	0
1	0	1	0
1	1	0	1
1	1	1	1

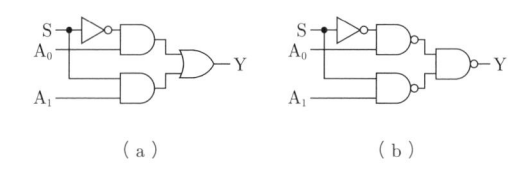

(a)　　　　　　　　(b)

図 6·5 2 入力マルチプレクサ回路図：(a) 論理式をそのまま実装したもの（トランジスタ数 20），(b) CMOS 回路に適した実装をしたもの（トランジスタ数 14）

表 6·4 から 2 入力マルチプレクサの論理関数は

$$Y = \overline{S} \cdot A_0 + S \cdot A_1$$

で与えられ，その回路は**図 6·5** となる．

CMOS トランスミッションゲートを用いると 2 入力マルチプレクサの回路は**図 6·6** となり，トランジスタ数を 6 にまで削減することができる．しかしこの回路は入力 A_0 または A_1 が CMOS トランスミッションゲートを介して出力 Y を駆

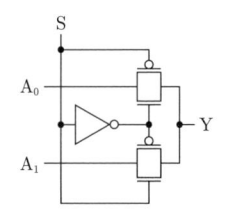

図 6·6 CMOS トランスミッションゲートを用いた 2 入力マルチプレクサ回路図

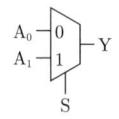

図 6·7 2 入力マルチプレクサ記号

動するので遅延が大きくなり，スタンダードセル（12.3 節参照）などでは一般に使用されない．2 入力マルチプレクサの記号は図 6·7 で表現される．

もちろん 3 以上の入力を持ったマルチプレクサも存在する．例えば 4 入力マルチプレクサは A_3, A_2, A_1, A_0 の 4 入力うちの一つを $S = [S_1\ S_0]_2$ で選択する．4 入力マルチプレクサの論理関数は

$$Y = \overline{S_1} \cdot \overline{S_0} \cdot A_0 + \overline{S_1} \cdot S_0 \cdot A_1 + S_1 \cdot \overline{S_0} \cdot A_2 + S_1 \cdot S_0 \cdot A_3$$

で与えられる．各項 $\overline{S_1} \cdot \overline{S_0}$, $\overline{S_1} \cdot S_0$, $S_1 \cdot \overline{S_0}$, $S_1 \cdot S_0$ は S_1 と S_0 を入力とした 2 入力・4 出力デコーダの出力そのものであるので，4 入力マルチプレクサは 2 入力・4 出力デコーダを用いて図 6·8 のようにも実装できる．

CMOS トランスミッションゲートを用いると 4 入力マルチプレクサの回路は図 6·9 のように実装できる．4 入力マルチプレクサの記号は図 6·10 で表現される．

また 4 入力マルチプレクサの論理関数は

$$Y = \overline{S_1} \cdot (\overline{S_0} \cdot A_0 + S_0 \cdot A_1) + S_1 \cdot (\overline{S_0} \cdot A_2 + S_0 \cdot A_3)$$

としても与えられるので，4 入力マルチプレクサは 2 入力マルチプレクサを三つ用いて図 6·11 のように実装できる．このときの詳細回路図（記号を用いるのではなく，基本論理ゲートレベルまで落とし込んだ回路図）は図 6·12 で与えられる．

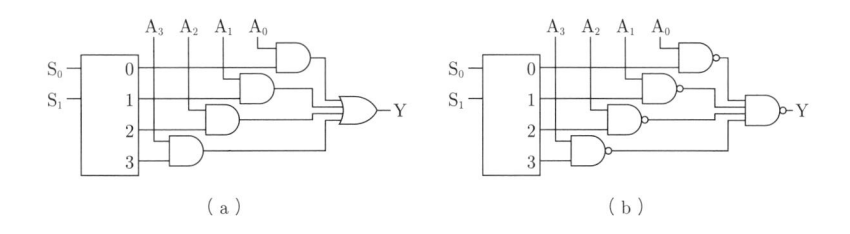

6・4 マルチプレクサ（セレクタ：k 入力・1 出力）

図6・8 2入力・4出力デコーダを用いた4入力マルチプレクサ回路図：(a) 論理式をそのまま実装したもの，(b) CMOS回路に適した実装をしたもの

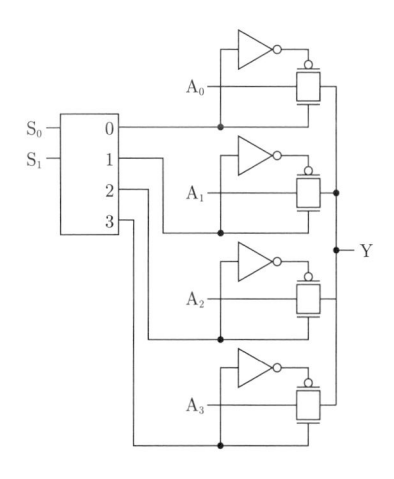

図6・9 CMOSトランスミッションゲートを用いた4入力マルチプレクサ回路図

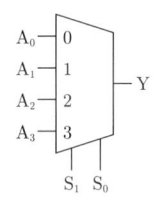

図6・10 4入力マルチプレクサ記号

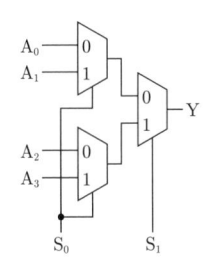

図 6・11 2入力マルチプレクサを用いた4入力マルチプレクサ回路図

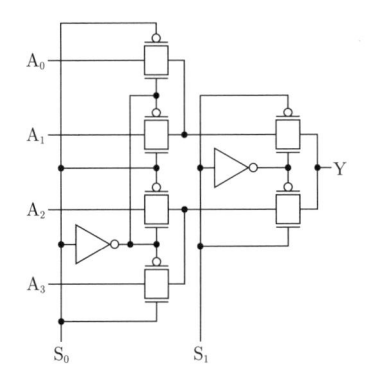

図 6・12 2入力マルチプレクサを用いた4入力マルチプレクサ詳細回路図

6・5 デマルチプレクサ（1入力・k出力）

マルチプレクサとは逆の動作をするものを**デマルチプレクサ**と呼ぶ．複数の出力のうちの一つに入力を接続する．入力 S, A と出力 Y_1, Y_0 を持つ2出力デマルチプレクサは入力 S の値によって出力 Y_1 または Y_0 のどちらかに入力 A を接続する．接続されない出力は0とする．すなわち，$S=0$ のとき，$Y_0 = A$ ($Y_1 = 0$) となる．$S=1$ のとき，$Y_1 = A$ ($Y_0 = 0$) となる．2出力デマルチプレクサの真理値表は**表 6・5** で与えられる．

表 6・5 から2出力デマルチプレクサの論理関数は

$$Y_0 = \overline{S} \cdot A$$

6・5 デマルチプレクサ（1入力・k出力）

表6・5 2出力デマルチプレクサ真理値表

S	A	$Y_1 \ (S=1 \Rightarrow Y_1 = A)$	$Y_0 \ (S=0 \Rightarrow Y_0 = A)$
0	0	0	0
0	1	0	1
1	0	0	0
1	1	1	0

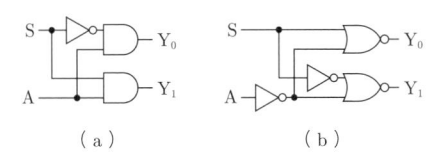

図6・13 2出力デマルチプレクサ回路図：(a) 論理式をそのまま実装したもの，(b) CMOS回路に適した実装をしたもの

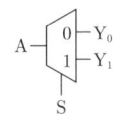

図6・14 2出力デマルチプレクサ記号

$$Y_1 = S \cdot A$$

で与えられ，その回路は図6.13となる．2出力デマルチプレクサの記号は図6・14で表現される．

もちろん3以上の出力を持ったデマルチプレクサも存在する．例えば4出力デマルチプレクサは $S = [S_1 \ S_0]_2$ によって Y_3, Y_2, Y_1, Y_0 の4出力のうちの一つに入力 A を接続する．4出力デマルチプレクサの論理関数は

$$Y_0 = \overline{S_1} \cdot \overline{S_0} \cdot A$$

$$Y_1 = \overline{S_1} \cdot S_0 \cdot A$$

$$Y_2 = S_1 \cdot \overline{S_0} \cdot A$$

$$Y_3 = S_1 \cdot S_0 \cdot A$$

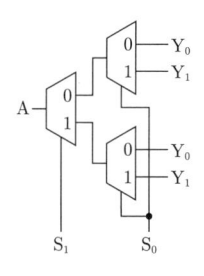

図 6・15　2 出力デマルチプレクサを用いた 4 出力デマルチプレクサ回路図

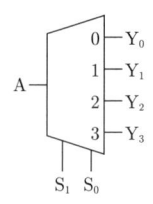

図 6・16　4 出力デマルチプレクサ記号

で与えられるので，4 出力デマルチプレクサは 2 出力デマルチプレクサを三つ用いて**図 6・15** のように実装できる．4 出力デマルチプレクサの記号は**図 6・16** で表現される．

4 出力デマルチプレクサの論理関数の各項 $\overline{S_1} \cdot \overline{S_0}$, $\overline{S_1} \cdot S_0$, $S_1 \cdot \overline{S_0}$, $S_1 \cdot S_0$ は S_1 と S_0 を入力とした 2 入力・4 出力デコーダの出力そのものであるので，4 出力デマルチプレクサは 2 入力・4 出力デコーダを用いて**図 6・17** のようにも実装できる．また $A = 1$ ならば，デマルチプレクサはデコーダと機能的に等価であり，**図 6・18** のようにデコーダとして動作する．

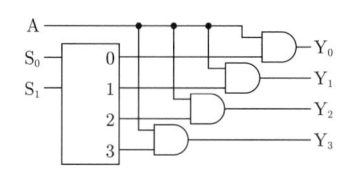

図 6・17　2 入力・4 出力デコーダを用いた 4 出力デマルチプレクサ

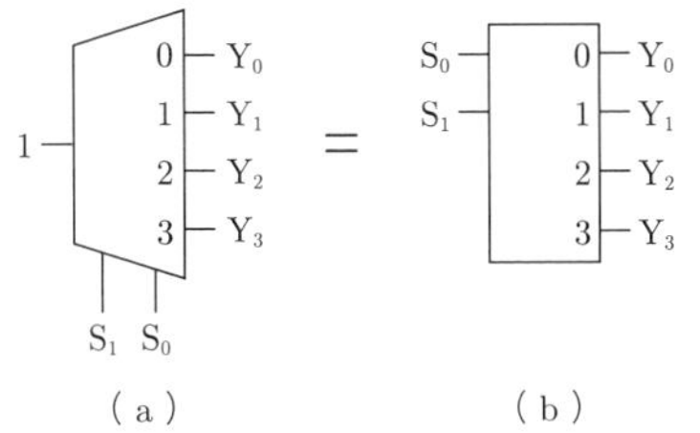

図 6・18 (a) 入力 A = 1 としたデマルチプレクサは，(b) デコーダと機能的に等価

6・6 トライステートインバータとトライステートバッファ

上述の組合せ論理回路の出力は 0（= GND）または 1（= V_{DD}）のいずれかの状態であったが，これ以外にも**ハイインピーダンス状態**というものがある．ハイインピーダンス状態は "Z" と記述され，出力が GND または V_{DD} のいずれにも接続されていないことを示す．

トライステートインバータは入力 OE（Output Enable），A と出力 Y を持ち，出力 Y に 0，1，Z の 3 状態（トライステート）がある．すなわち OE = 1 のとき，Y = $\overline{A}$ となり，インバータとして動作する．OE = 0 のとき，入力 A にかかわらず Y = Z となり，出力 Y はハイインピーダンス状態となる．トライステートインバータはスリーステートインバータと呼ばれることもある．トライステートインバータの真理値表は**表 6・6** で与えられる．

表 6・6 トライステートインバータ真理値表

OE	A	Y (OE = 0 ⇒ Y = Z, OE = 1 ⇒ Y = $\overline{A}$)
0	0	Z
0	1	Z
1	0	1
1	1	0

トライステートインバータの回路図は**図 6・19**（a）と（b）のように二つの回路形式で実装できる．特に図 6・19（b）の最終段の縦積み四つのトランジスタで実装される回路を**クロックトインバータ**と呼ぶ（7 章で詳述する）．出力 Y をしっかりとハイインピーダンス状態にするために，入力 OE で制御される NMOS と入

(a) (b)

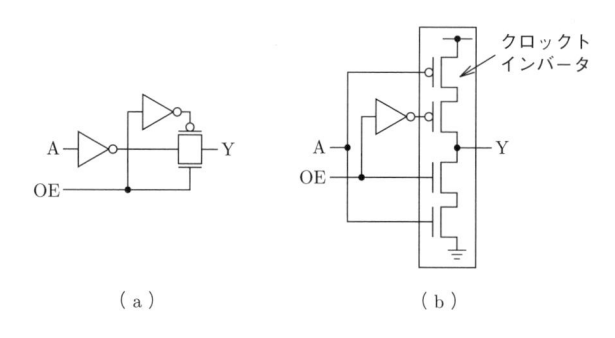

図 6・19 トライステートインバータ回路図：(a) CMOS トランスミッションゲートを用いたもの，(b) クロックトインバータを用いたもの

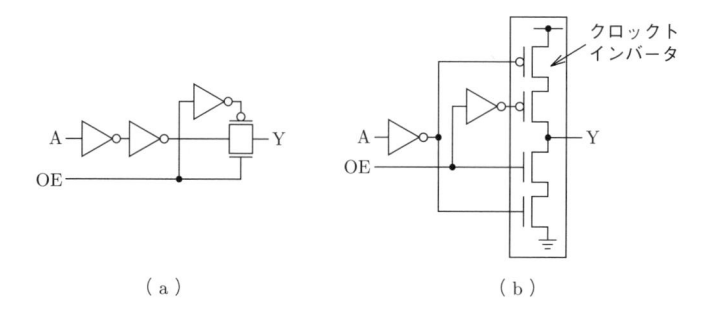

(a) (b)

図 6・20 トライステートバッファ回路図：(a) CMOS トランスミッションゲートを用いたもの，(b) クロックトインバータを用いたもの

力 OE の反転で制御される PMOS は出力 Y に接続される必要がある．

　トライステートインバータの前段にインバータを接続したものが**トライステートバッファ**であり，その回路は**図 6・20** となる．OE ＝ 1 のとき，Y ＝ A となり，バッファとして動作する．OE ＝ 0 のとき，入力 A にかかわらず Y ＝ Z となり，出力 Y はハイインピーダンス状態となる．トライステートインバータとトライステートバッファの記号は**図 6・21** と**図 6・22** で表現される．

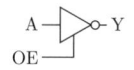

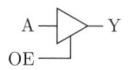

図 6・21 トライステートインバータ記号　　**図 6・22** トライステートバッファ記号

6・7 双方向バッファとバス

トライステートバッファを拡張したものに**双方向バッファ**がある．一般的なバッファは入力から出力に向かって一方的に信号が伝達するものであるが，双方向バッファでは信号伝達の向きを任意の方向にできる．双方向バッファは入力 DIR (Direction) と入出力 A，B を持つ．DIR = 1 のときには信号は A から B に伝達され，DIR = 0 のときには信号は B から A に伝達される．この双方向バッファは入出力 A，B ともに入出力を共用している（入力にも出力にもなる）ため，I/O (Input/Output) コモン双方向バッファと呼ぶ．I/O コモン双方向バッファの機能表は**表 6·7** で与えられる（双方向バッファは入力と出力を厳密に固定できず，真理値表を与えることができないので，ここでは機能表と呼ぶ）．双方向バッファの回路図はトライステートバッファ二つと DIR 制御用インバータ一つを使って，**図 6·23** で与えられる．

表 6・7 I/O コモン双方向バッファ機能表

DIR	機能（信号伝達の向き）
0	B → A
1	A → B

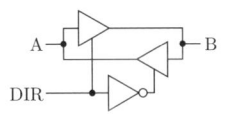

図 6・23 I/O コモン双方向バッファ回路図

対して片側の入出力を入力 A と出力 Y に分離した I/O セパレート双方向バッファの機能表は**表 6·8** で与えられる．I/O セパレート双方向バッファの回路図はトライステートバッファ一つとバッファ（小型インバータと中型インバータを縦続接続することで，入力容量は低負荷であるが適度な出力駆動能力を持ち，信号の伝達遅延を改善する（演習問題**6**と 8·3 節を参照））一つを使って，**図 6·24** で与えられる．I/O コモン双方向バッファにあった DIR 制御用インバータは不要となる．

表6・8 I/Oセパレート双方向バッファ機能表

DIR	機能（信号伝達の向き）
0	B → Y
1	A → B

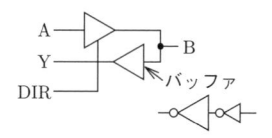

図6・24 I/Oセパレート双方向バッファ回路図

双方向バッファは**バス**と呼ばれる共有信号線に応用される．バスには複数の双方向バッファが接続され，バスを駆動するトライステートバッファをドライバ，バスから信号を受け取るバッファをレシーバと呼ぶ．唯一のドライバがバスの駆動を許され，これを**バスマスタ**と呼ぶ．バスにはバスマスタの出力する信号が現れ，他の双方向バッファに伝達される．複数のバスマスタが存在するとバス上でそれら複数の信号が衝突し，正しい信号を伝達することができないので，バスシステムでは何かしらの回路がバス全体を見て，バスマスタが唯一であるように制御する必要がある．これをバスアービトレーション（バス仲裁またはバス調停という意味）と呼び，その制御回路を**バスアービタ**と呼ぶ．

図6・25は四つのI/Oセパレート双方向バッファが接続されたバスシステムの例である．今，バスアービタによってDIR_0のみが1，他のDIR_1，DIR_2，DIR_3は0となるように制御されている．すなわちバスマスタは回路0に接続されるドライバであり，A_0がバスに現れ，Y_1，Y_2，Y_3に伝達される．つまり1対3の通信である．

バスマスタが存在しない場合，バスに特別な考慮がなければバスはハイインピーダンス状態となる．バスが不安定な電圧になることで各レシーバに貫通電流が流れることを防ぐために，通常は**バスキーパ**（**バスホルダ**）を用いる．バスキーパはバスマスタが存在しない場合にバスの電圧を0または1に安定させる役割を持つ．

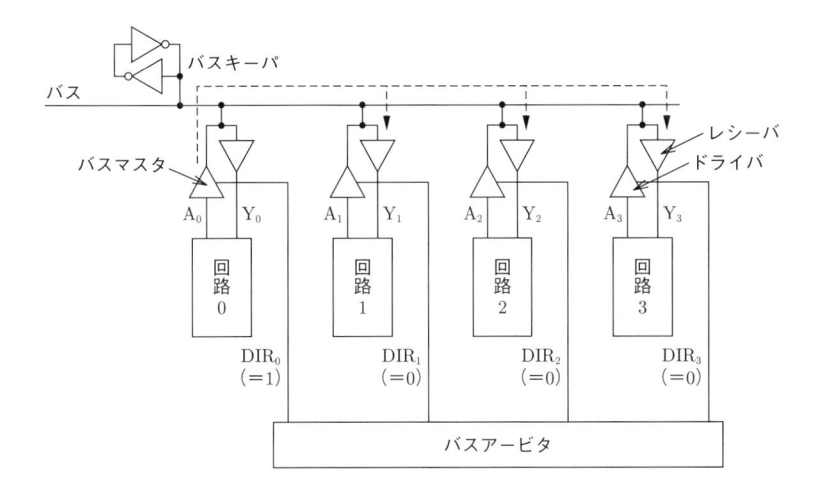

図 6・25 I/O セパレート双方向バッファを用いたバスシステムの例

演習問題

1 2入力・4出力デコーダの真理値表を書きなさい．CMOS 回路に適した形式で設計し，トランジスタ数を数えよ．

2 図 6・3 の 4 入力・2 出力エンコーダ回路図には二つの 2 入力 OR ゲートがある．これらをド・モルガンの定理により二つの 2 入力 NAND ゲートに置き換え，回路を書き換えよ．図 6・3 と書き換えた回路のそれぞれのトランジスタ数を比較せよ．

3 図 6・4 (a) と図 6・4 (b) の CMOS 回路最適化前と CMOS 回路最適化後の 4 入力・2 出力プライオリティエンコーダ回路のトランジスタ数はそれぞれ 36 と 24 である．それらの内訳を述べよ．

4 6・3 節のプライオリティエンコーダは入力が 1 であるビットのうち，"最大" に対応するコードを出力するものであった．これとは逆に入力が 1 であるビットのうち，"最小" に対応するコードを出力するものの真理値表を書き，CMOS 回路に適した形式で設計せよ．ただし $[A_3\ A_2\ A_1\ A_0]_2 = [0\ 0\ 0\ 0]_2 = 0$ のとき，$[Y_1\ Y_0]_2 = [1\ 1]_2 = 3$，$N = 1$ とする．

5 図 6・12 の 4 入力マルチプレクサの入力と出力を逆にすることで図 6・26 のよう

85

に4出力デマルチプレクサを設計した．この回路は正しく動作しないが，その理由を述べよ．

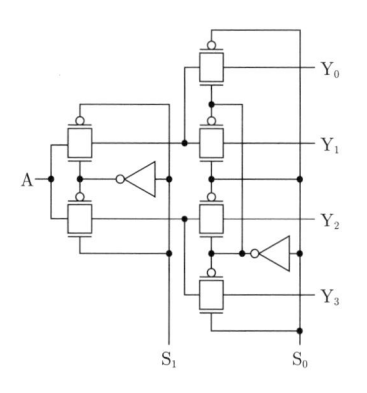

図 6・26

6 I/O セパレート双方向バッファでは入出力 B から出力 Y への経路にバッファが設けられている．論理的にはこのバッファは不要であり，入出力 B と出力 Y を直接配線してもよいが，実装上は必ずバッファを設ける．この理由について述べよ．

7章 ラッチとフリップフロップ

論理回路で用いられる記憶素子はラッチまたはフリップフロップと呼ばれ，組合せ論理回路と違って回路出力が自身の回路入力にフィードバックされる構造を持っており，これが記憶の原理となる．ラッチとフリップフロップは9章で述べられる順序回路を設計するために必要な要素となる．

本章では集積回路におけるラッチとフリップフロップの回路とその動作を説明し，簡単な応用回路を紹介する．より複雑な順序回路設計については9章を参照してほしい．

7・1 ラッチとフリップフロップの分類

ラッチとフリップフロップは表7·1のように分類される．記憶素子の出力変化のタイミングには同期式と非同期式がある．同期式記憶素子においては入力として周期的な"クロック"が存在する．非同期型記憶素子においては周期的なクロック入力の存在がなく，他の入力の変化に応じて出力が変化する．

同期型記憶素子のうちクロックの立上り（または立下り），つまりクロックエッジのみに同期して出力が変化するものがエッジ感知型であり，総称としてフリップフロップと呼ばれる．

クロックのレベル（0または1）によっては他の入力の変化に応じて出力が変化

表 7·1 ラッチとフリップフロップ分類表

同期式	エッジ感知型	D フリップフロップ	クロックエッジのみで出力が変化
	レベル感知型	D ラッチ	クロックのレベルによっては他の入力に応じて出力が変化
非同期式		SR ラッチ	クロック以外の他の入力に応じて出力が変化

するものがレベル感知型である．上述の通り非同期型記憶素子もクロック以外の入力の変化に応じて出力が変化するが，これらの同期式レベル感知型と非同期式の記憶素子の総称を広義のラッチと呼ぶ．つまりラッチはクロック以外の入力に応じて出力が変化するものをいう．

7・2 クロスカップルドラッチの双安定性

二つのインバータの入出力をお互いに接続した**図 7・1** の回路を**クロスカップルドラッチ**と呼ぶ．単にラッチと呼ばれることもあり，この場合には狭義のラッチである．6・7 節のバスキーパも実はクロスカップルドラッチである．

図 7・1 のクロスカップルドラッチには二つの安定状態が存在する．クロスカップルドラッチの右側を保持ノード Q と定義した場合，**図 7・2**（a）は 0 を保持し，安定している．同様に図 7・1（b）は 1 を保持し，安定している．0 を保持しても，1 を保持しても，クロスカップルドラッチは安定しており，これを**双安定性**と呼ぶ．つまり二つのインバータからなるフィードバック構造を持った回路は 0 または 1 を安定的に保持することができ，この双安定性が記憶の原理となる．クロスカップルドラッチが最も基本的な記憶素子となる．

図 7・1　クロスカップルドラッチ回路図

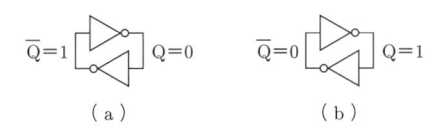

図 7・2　ラッチの双安定性：(a) 保持ノード Q が 0 の場合，(b) 保持ノード Q が 1 の場合

7·3 D ラッチ

　図7·3はインバータとCMOSトランスミッションゲートで実装された**Dラッチ**と呼ばれる回路の基本形である．図7·4のようにインバータとCMOSトランスミッションゲートの縦続接続は，6章で触れた**クロックインバータ**と機能的に等価であるがレイアウト面積が異なる．

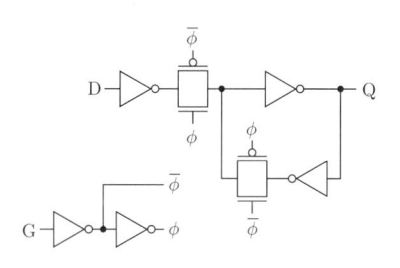

図7·3 インバータとCMOSトランスミッションゲートで実装されたDラッチ回路図

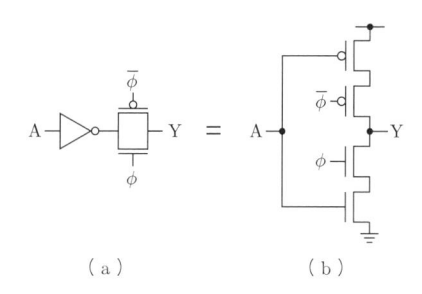

図7·4 (a) インバータとCMOSトランスミッションゲートの縦続接続は，
(b) クロックインバータと機能的に等価

　図7·5にインバータとCMOSトランスミッションゲートの縦続接続とクロックインバータのレイアウト面積を比較する．クロックインバータの方が面積が小さい．インバータとCMOSトランスミッションゲートの縦続接続では拡散領域中央にコンタクトを打つ必要があり，ゲート間隔が広がってしまう．しかしクロックインバータでは拡散領域中央のコンタクトは不要でゲート間隔を縮める

7章 ラッチとフリップフロップ

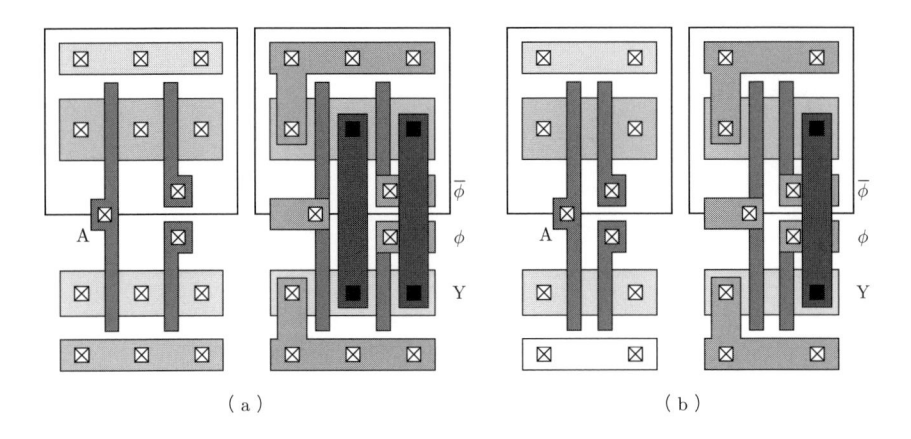

図7・5 レイアウト：(a) インバータと CMOS トランスミッションゲートの縦続接続，(b) クロックインバータ．それぞれは n ウェル領域・拡散領域・ゲート電極・コンタクトを示しており，右はそれらにビア・メタル配線を形成している．

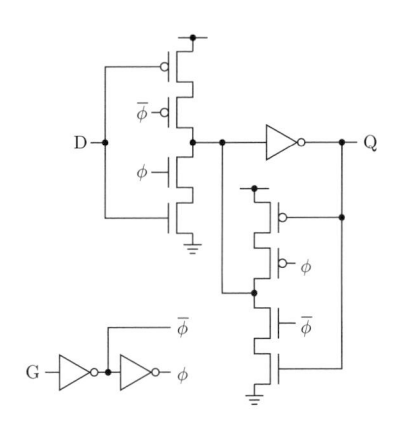

図7・6 クロックインバータで実装された D ラッチ回路図

ことができ，それだけ面積を小さくすることができるので，コストの観点からはインバータと CMOS トランスミッションゲートの縦続接続よりクロックインバータを採用することが望ましい．**図7.6** はクロックインバータを用いて書きなおした D ラッチである．

なおクロックインバータの記号は**図7.7**で表現される．**図7.8**はクロックト

図7・7 クロックトインバータ記号

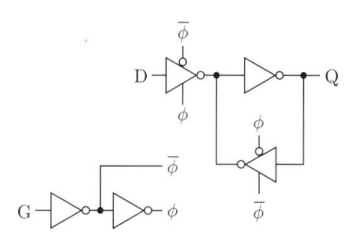

図7・8 クロックトインバータ記号を用いたDラッチ回路図

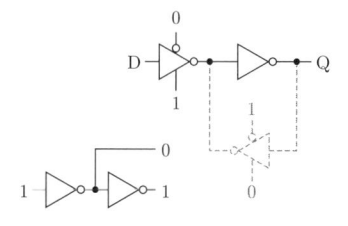

図7・9 Dラッチ：G＝1のときにつながるパス（透過）

インバータの記号を用いて書きなおしたDラッチである．

Dラッチの入力G（＝Gate）はゲートを意味する．G＝1のときにつながるパスを**図7.9**に黒実線で示す．入力Dから出力Qにつながるパスにあるゲート（扉＝入力段のクロックトインバータ）が開かれているイメージであり，Dがそのまま Q に透過（トランスペアレント）する．なおDラッチのことを**トランスペアレントラッチ**とも呼ぶ．G＝1のときにはDによりQを0でも1でも任意の値に設定できる．次にG＝0にし，このときにつながるパスを**図7.10**に黒実線で示す．DからQにつながるパスにあるゲート（扉＝入力段のクロックトインバータ）は閉じる．G＝0になる直前，つまりGが1から0に立下る直前のQの値（Q_- と定義する）が保持される．Q_- はGが1から0に立下る直前のDの値（D_-）に等しいので，結局 D_- が保持されることになる．G＝0のときはQとし

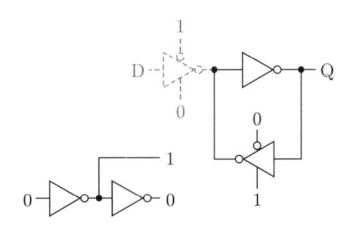

図 7・10 D ラッチ：G = 0 のときにつながるパス（保持）

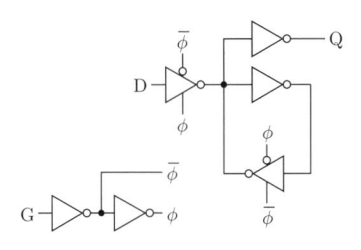

図 7・11 スタンダードセルとして多用されている D ラッチ回路図

表 7・2 D ラッチ機能表

G	D	Q
0	X	D_-（= G が立下る直前の D の値）を保持
1	0	0（= D）
1	1	1（= D）

て現在の D の値を出力するわけではなく D_- を出力するので，Q には遅延された D が現れることになる．これが D ラッチ（Delayed ラッチ）の名前の由来である．

図 7・11 に実際にスタンダードセル（12.3 節参照）として多用されている D ラッチの回路図を示す．クロスカップル部（インバータとクロックトインバータ）とは別のインバータで Q を出力することでファンアウト（8.3 節参照）を抑制する．

D ラッチの機能表を**表 7・2** に示す．組合せ論理回路における真理値表に似ているが，記憶素子を含む順序回路の場合には機能表と呼ぶ．D ラッチの動作波形例を図 7・12 に示す．D ラッチの記号は図 7・13 で表現される．

図 7・12 Dラッチ動作波形例

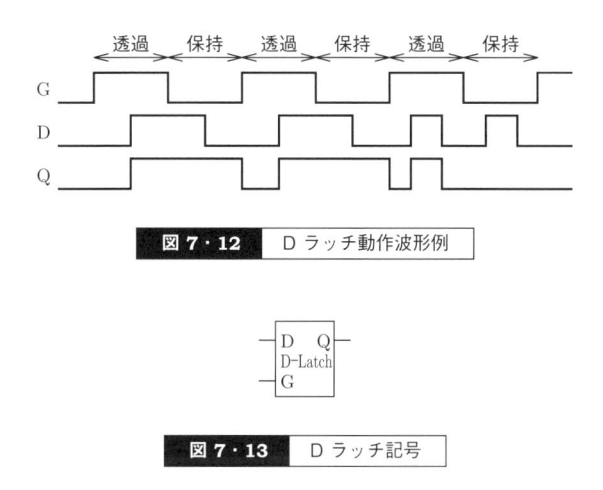

図 7・13 Dラッチ記号

7・4 Dフリップフロップ

Dラッチを縦続接続したものがDフリップフロップであり，回路は図7·14で与えられる．前段のDラッチをマスタ，後段のDラッチをスレーブと呼び，マスタスレーブ型Dフリップフロップとも呼ばれる．入力CLKはクロックを意味する．

図 7・14 Dフリップフロップ回路図

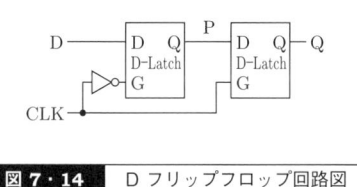

図7·15は図7·8のDラッチを縦続接続したDフリップフロップである．トランジスタ数は24である．CLK = 0のときにつながるパスを図7·16 (a) に，CLK = 1のときにつながるパスを図7·16 (b) にそれぞれ黒実線で示す．CLK = 0のときにはマスタは透過，スレーブは保持である．CLK = 1のときにはマスタは保持，スレーブは透過である．CLKが0から1に立上る直前，その立上りエッジ直前のDの値（D_-）がマスタの出力Pに現れている．そしてCLKが0から1に立上っ

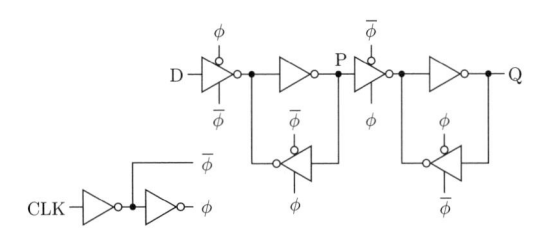

図 7·15 クロックトインバータ記号を用いた D フリップフロップ回路図

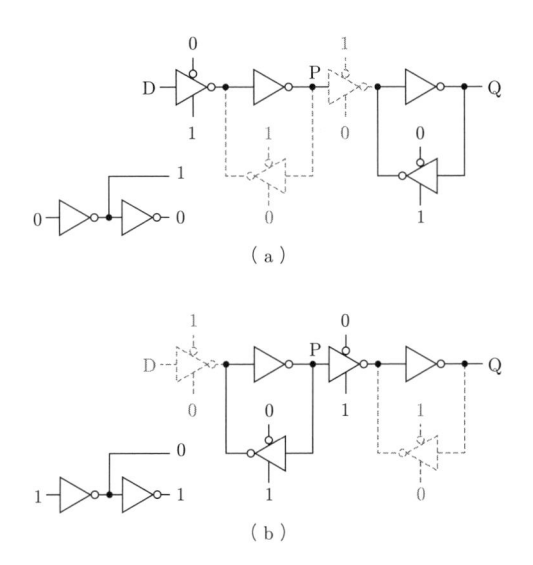

図 7·16 D フリップフロップ：(a) CLK = 0 のときにつながるパス，(b) CLK = 1 のときにつながるパス

た直後，P の値はスレーブに転送され，スレーブの出力 Q として保持される．Q の値は CLK が 1 から 0 に立下るときにもスレーブによって保持される．つまりクロック入力の立上りエッジのみで Q が変化する．この機能を持ったフリップフロップを特にポジティブエッジトリガ型フリップフロップと呼ぶ．

図 7·17 に実際にスタンダードセルとして多用されているポジティブエッジトリガ型 D フリップフロップの回路図を示す．スタンダードセルとして用いられている D ラッチ（図 7·11）と同様に最終出力 Q と $\overline{Q}$ のために別のインバータが必要である．スレーブ側の D ラッチがインバータと CMOS トランスミッションゲー

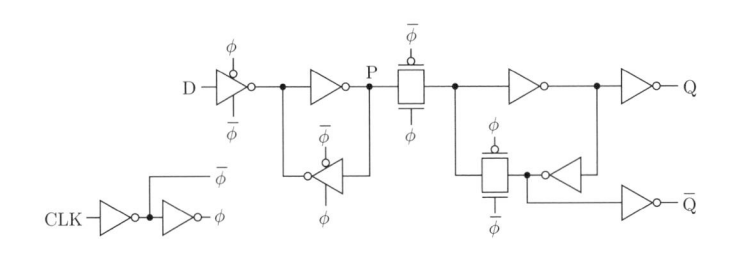

図 7・17 スタンダードセルとして多用されている D フリップフロップ回路図

トで実装されているが，こうすることで非同期リセットつき D フリップフロップ（7・6 節参照）に拡張しやすい回路構成となる．

D フリップフロップの機能表を**表 7・3** に示す．D フリップフロップの動作波形例を**図 7・18** に示す．D フリップフロップの記号は**図 7・19** で表現される．">" はクロック入力を示す．

表 7・3 D フリップフロップ機能表

CLK	D	Q
⤴	0	0 を保持
⤴	1	1 を保持

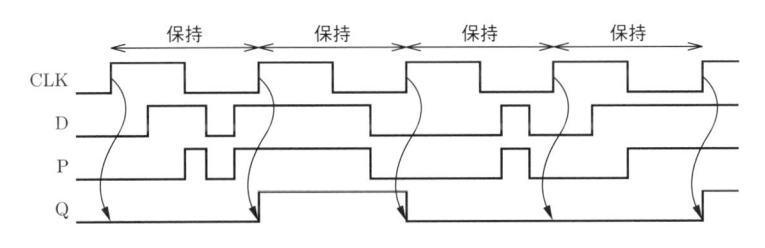

図 7・18 D フリップフロップ動作波形例

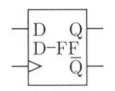

図 7・19 D フリップフロップ記号

7・5 SRラッチ

SR ラッチ（セットリセットラッチ）は非同期型ラッチであり，その回路は**図7.20**で与えられる．現在の出力 Q にかかわらず，S = 1 かつ R = 0 で Q = 1 になる．Q を 1 にすることをセットという．S = 0 かつ R = 1 で Q = 0（リセット）となる．このように任意に Q をセット，リセットできるので SR ラッチと呼ばれる．セットまたはリセットされたのち，S = R = 0 とすると Q の直前の値（Q_- と定義）が保持される．つまり SR ラッチも双安定性を持ち，S = R = 0 のとき，Q = 1（$\overline{Q}$ = 0）または Q = 0（$\overline{Q}$ = 1）の二つの状態で安定する．S = R = 1 にすると Q = $\overline{Q}$ = 0 になり，論理矛盾を生じるので，S = R = 1 は入力禁止である．SR ラッチの特性表を**表7.4**に示す．SR ラッチの記号は**図7.21**で表現される．

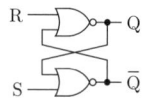

図 7・20 SR ラッチ回路図

表 7・4 SR ラッチ機能表

S	R	Q
0	0	Q_-（= Q の直前の値）を保持
0	1	0（= リセット）
1	0	1（= セット）
1	1	X（= 入力禁止）

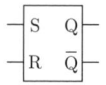

図 7・21 SR ラッチ記号

図7.22は SR ラッチの動作波形を示している．セットされた直後に S = R = 0 とすると，Q は 1 を保持する．リセットされた直後に S = R = 0 とすると，Q は 0 を保持する．S = R = 0 とする直前の Q の状態を保持し，記憶している．

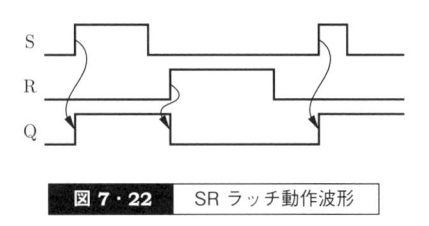

7・6 ■ D フリップフロップ応用：非同期リセットつき D フリップフロップ

図7・22 SR ラッチ動作波形

7・6 D フリップフロップ応用：非同期リセットつき D フリップフロップ

　フリップフロップおよびラッチとも双安定性を持つが，電源投入時に保持される初期値は 0 と 1 のどちらになるかはわからない．D フリップフロップの初期値を 0 にする，つまり出力 Q を 0 とするには非同期リセットつき D フリップフロップを用いる．リセット入力は負論理を使い，$\overline{\mathrm{RST}}$ とする（$\overline{\mathrm{RST}} = 0$ のときにリセット）．非同期リセットというのはクロック入力 CLK にかかわらず，$\overline{\mathrm{RST}} = 0$ となればリセットされるという意味である．$\overline{\mathrm{RST}}$ に負論理を用いる理由は電源投入時の不安定な状態において最も安定的な電位は GND だからであり，歴史的に $\overline{\mathrm{RST}} = \mathrm{GND} = 0$ を初期化信号として用いている．クロックト NAND を用いた非同期リセットつき D フリップフロップの回路および機能表を図 7・23 と表 7・5 に

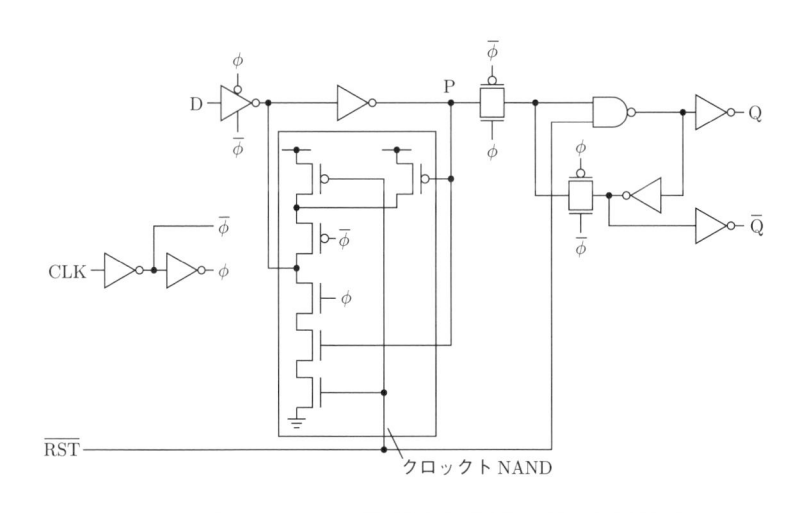

図 7・23 非同期リセットつき D フリップフロップ回路図

7章 ラッチとフリップフロップ

表 7・5 非同期リセットつき D フリップフロップ機能表

$\overline{\text{R}}$	CLK	D	Q
0	X	X	0（＝リセット）
1	⤴	0	0 を保持
1	⤴	1	1 を保持

示す．クロックト NAND はクロックトインバータを NAND に拡張したものである．すなわち $\phi = 1$ のときは NAND として動作する．$\phi = 0$ のときは入力にかかわらず出力はハイインピーダンス状態となる．

クロックト NAND の記号は**図 7・24** で表現され，それを用いて書きなおした非同期リセットつき D フリップフロップの回路は**図 7・25** で与えられる．$\overline{\text{RST}} = 0$ になればスレーブラッチの NAND により直ちに Q＝0 にリセットされる．その後 $\overline{\text{RST}} = 1$ となってもそのときが CLK＝1 すなわち $\phi = 1$ の場合にはマスタラッチのクロックト NAND により Q＝0 のリセットは継続し，CLK＝0 すなわち $\phi = 0$ の場合にもスレーブラッチにより Q＝0 のリセット状態は継続する．いずれの場合にも次の CLK の立上りまでは Q＝0 のリセット状態となる．これはつまりクロックと同期しない $\overline{\text{RST}}$ 信号による非同期リセットを意味している．非

図 7・24 クロックト NAND 記号

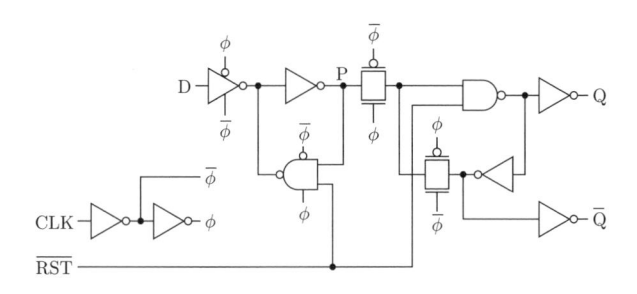

図 7・25 クロックト NAND 記号を用いた非同期リセットつき D フリップフロップ回路図

図 7・26 非同期リセットつき D フリップフロップ記号

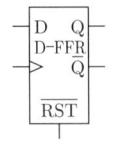

同期リセットつき D フリップフロップの記号は図 7·26 で表現される．

7・7 D フリップフロップ応用：レジスタ

クロック入力は周期的であり，D フリップフロップの出力すなわち保持情報はクロックの立上りごとに入力に従って書き変えられてしまう．これを避けるために任意のタイミングで選択的に書込みを可能とする記憶素子を**レジスタ**と呼ぶ．図 7·27 はレジスタの回路であり，入力 E（Enable）が 1 のときに入力 D の値は D フリップフロップに記憶される．$E=0$ のときには記憶された値は保持され，変化しない．図 7·27 はイネーブルつき D フリップフロップとも呼ばれる．レジスタの機能表を表 7·6 に示す．レジスタの記号は図 7·28 で表現される．

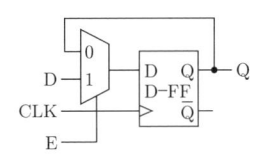

図 7・27 レジスタ（イネーブルつき D フリップフロップ）回路図

表 7・6 レジスタ（イネーブルつき D フリップフロップ）機能表

E	CLK	D	Q
0	↑	X	Q_-（= CLK が立上る直前の Q の値）を保持
1	↑	0	0 を書込み
1	↑	1	1 を書込み

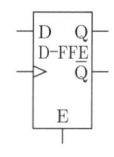

図 7・28　レジスタ（イネーブルつき D フリップフロップ）記号

7・8 D フリップフロップ応用：カウンタ

クロック入力 CLK に同期して，記憶している値を 1 ずつ増やす回路をアップカウンタという．図 7.29 は 4 ビット出力 $[Q_3\ Q_2\ Q_1\ Q_0]_2$ が $[0\ 0\ 0\ 0]_2\ (0) \to [0\ 0\ 0\ 1]_2\ (1) \to \cdots \to [1\ 1\ 1\ 1]_2\ (F) \to [0\ 0\ 0\ 0]_2\ (0) \to \cdots$ とカウントアップする動作波形を示している．

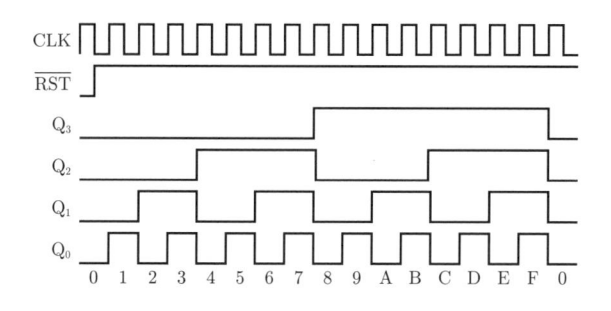

図 7・29　4 ビットアップカウンタ動作波形

Q_0 はクロックサイクル毎に反転する．つまり今のクロックサイクルで D_0 に入力すべき値（次のクロックサイクルで Q_0 から出力すべき値）は今のクロックサイクルにおける Q_0 の反転である．いいかえると $D_0 = \overline{Q_0}$ である．

$Q_0 = 1$ の次のクロックサイクルで Q_1 は反転する．つまり今のクロックサイクルの D_1 に入力すべき値は $D_1 = Q_0 \oplus Q_1 = \overline{Q_0} \oplus \overline{Q_1}$ である．

$Q_1 = Q_0 = 1$ の次のクロックサイクルで Q_2 は反転する．$D_2 = (Q_1 \cdot Q_0) \oplus Q_2 = \overline{Q_1 \cdot Q_0} \oplus \overline{Q_2}$ である．

$Q_2 = Q_1 = Q_0 = 1$ の次のクロックサイクルで Q_3 は反転する．$D_3 = (Q_2 \cdot Q_1 \cdot Q_0) \oplus Q_3 = \overline{Q_2 \cdot Q_1 \cdot Q_0} \oplus \overline{Q_3}$ である．

一般に k ビットアップカウンタにおいて $D_{k-1} = \overline{Q_{k-2} \cdot Q_{k-3} \cdots Q_0} \oplus \overline{Q_{k-1}}$ である．

4 ビットアップカウンタの回路は図 7·30 で与えられる．非同期リセットつき D フリップフロップを用いると $\overline{\text{RST}} = 0$ を入力後，0 からカウントアップを開始する．

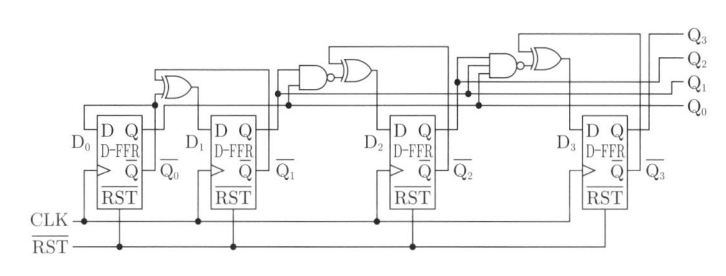

図 7·30 4 ビットアップカウンタ回路図

Column ダイナミック D フリップフロップ

D フリップフロップは論理回路で多用されるものの，最も大きなスタンダードセル（予め用意された回路ライブラリのこと．基本ゲートから記憶素子，中大規模の論理回路まで様々な大きさのものが通常数 100 種類以上，ファウンドリによって用意される：12·3 節参照）の一つである．セルサイズはチップコストに影響する．それでは最も小さな D フリップフロップはどんな回路なのか．

図 7·31 は最も少ないトランジスタ数で実装できる D フリップフロップであり，ダイナミック D フリップフロップと呼ばれる．トランジスタ数 12 である．本章で紹介した D フリップフロップはクロック入力が止まっても出力を保持することができ，スタティック動作が可能であるが，トランジスタ数は倍の 24 も必要である．ダイナミック D フリップフロップはラッチで値を保持するのではなく，寄生容量（意図的に付加した容量ではなく，副作用的に持っている余計な容量：14·1 節参照）で値を保持する．そのためクロックが停止すると保持している値が揮発する．DRAM（11·5 節参照）に似たダイナミック動作となる．これがどうしてフリップフロップ動作をするのか，考えて欲しい．

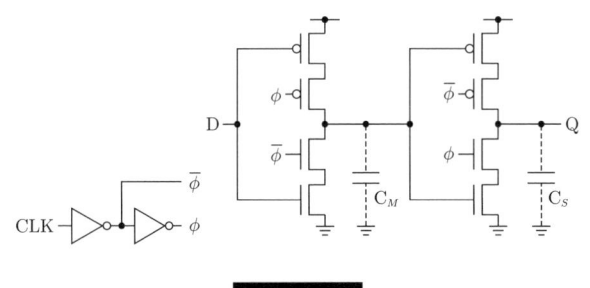

図 7・31

演習問題

1 D ラッチの入力 G と D の波形が以下で与えられたときの出力 Q の波形を描け.ただし Q の初期値は 0 とする.

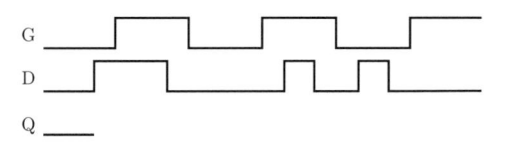

図 7・32

2 D フリップフロップの入力 CLK と D の波形が以下で与えられたときの出力 Q の波形を描け.ただし Q の初期値は 0 とする.

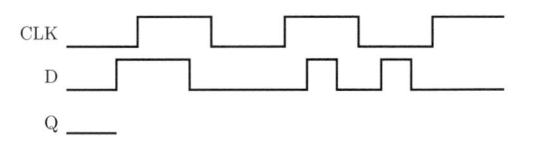

図 7・33

3 SR ラッチの入力 S と R の波形が以下で与えられたときの出力 Q の波形を描

け．ただし Q の初期値は 0 とする．

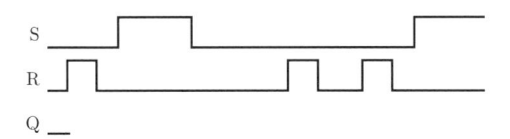

図 7・34

4 NAND ゲートとインバータを用いて SR ラッチを設計せよ．

5 図 7·25 を参考にして，$\overline{SET} = 0$ でセットされる非同期セットつき D フリップフロップを設計せよ．

6 4 ビットダウンカウンタの動作波形を描き，回路を設計せよ．

7 ネガティブエッジトリガ型 D フリップフロップを設計せよ．

8章 スイッチング特性

　LSI の最大動作周波数は，内部回路における，信号の伝搬に必要なスイッチング時間により決定される．スイッチング時間とは，入力電圧が変化してから出力が規定の電位に達するまでの時間のことである．このスイッチング時間は，回路に使用されているトランジスタのサイズ，電源電圧，出力端子に接続された負荷容量の大きさによって変化する．本章では CMOS インバータ回路のスイッチング時間を解説し，LSI の最大動作周波数がどのようにして決定されているかを述べる．

8・1 インバータ回路動作の簡易解析

　図 8・1 にインバータの出力に負荷容量 C が接続された回路の解析を示す．初期状態 (a) においてはインバータの入力 $V_{IN} = 0V$ であり，NMOS が遮断状態 PMOS が導通状態であるため，出力 $V_{OUT} = V_{DD}$ となり，負荷容量 C には電荷 $Q = C \cdot V_{DD}$ が充電されている．時刻 $t = 0$ において，$V_{IN} = 0V$ から $V_{IN} = V_{DD}$ に変化すると，PMOS がオフして NMOS がオンした状態となるため，充電され

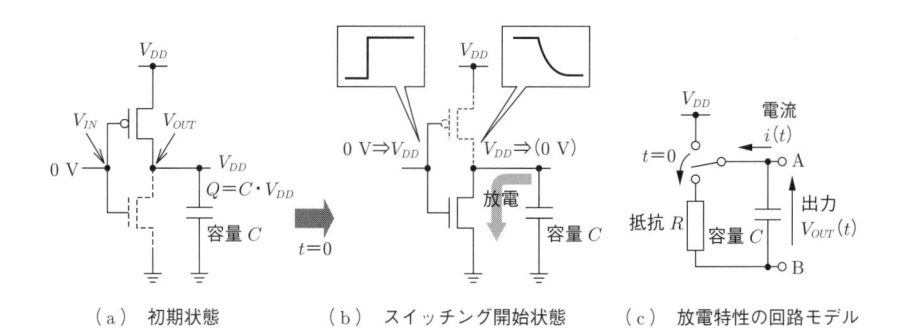

（a）初期状態　　（b）スイッチング開始状態　　（c）放電特性の回路モデル

図 8・1　インバータのスイッチング特性（簡易モデル）

ていた電荷 Q が NMOS を経由して接地電位に放電される．NMOS を抵抗 R の抵抗素子と考えると，電荷 Q の放電特性は (c) に示す簡易回路モデルで解析することが可能である．

図 8·2 (a) に示すインバータの簡易回路モデルを用いて，出力電圧 $V_{OUT}(t)$ の過渡特性を以下解析する．負荷容量 C に蓄積された電荷 $Q(t)$ と出力電圧 $V_{OUT}(t)$ の間には

$$Q(t) = C \cdot V_{OUT}(t) \tag{8·1}$$

という関係がある．またキルヒホッフの電圧則により，

$$V_{OUT}(t) = R \cdot i(t) \tag{8·2}$$

電荷と電流の関係は（図の電流 $i(t)$ の矢印の方向を正とする．）

$$i(t) = -\frac{dQ(t)}{dt} \tag{8·3}$$

なので，解くべき微分方程式は次式で表される．

$$V_{OUT}(t) = -RC \cdot \frac{dV_{OUT}(t)}{dt} \tag{8·4}$$

式 (8·4) は，$V_{OUT}(t)$ の微分に同じ $V_{OUT}(t)$ が表れており，このような微分方程式の一般解としては

$$V_{OUT}(t) = A \cdot e^{Bt} \tag{8·5}$$

が知られている．ここで A, B は定数である．式 (8·5) を式 (8·4) に代入し初期条件

$$V_{OUT}(t = 0) = V_{DD} \tag{8·6}$$

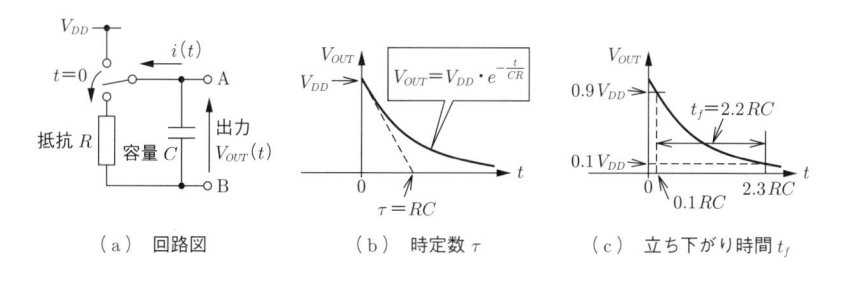

(a) 回路図 (b) 時定数 τ (c) 立ち下がり時間 t_f

図 8·2 インバータ出力の過渡特性（時定数と立ち下がり時間）

で定数 A，B を決定すると，微分方程式の解は次式となる．

$$V_{OUT}(t) = V_{DD} \cdot e^{-\frac{t}{RC}} \tag{8・7}$$

図 8·2 に式 (8·7) を図示する．出力 V_{OUT} が V_{DD} の $1/e$ になるときの時間 $\tau = RC$ を**時定数**という．図 8·2 (b) に示すように，式 (8·7) の $t = 0$ における接線が $V_{OUT} = 0$ と交わるまでの時間も τ となる．また，図 8·2 (c) に示すように，出力電圧が電源電圧の 90% から 10% に低下するまでの時間を**立ち下がり時間**（fall time）t_f と呼ぶ．

t_f は以下の式 (8·8) の計算により，式 (8·9) で表すことができる．

$$0.9V_{DD} = V_{DD} \cdot e^{-\frac{t_1}{RC}}, \quad 0.1V_{DD} = V_{DD} \cdot e^{-\frac{t_2}{RC}} \tag{8・8}$$

$$t_f = t_2 - t_1 = \ln 9 \cdot RC \approx 2.2 \cdot RC \tag{8・9}$$

8・2 インバータ回路における負荷容量とトランジスタのオン抵抗

前節では，インバータの出力端子 OUT に容量 C の負荷を接続する場合に関して解析結果を示したが，インバータ出力が次段のインバータに接続された場合の負荷容量 C_{OUT} の内訳を図 8·3 に示す．負荷容量 C_{OUT} は駆動しているトランジスタのゲートおよびドレイン容量 $C_{FET} = C_{GDN} + C_{GDP} + C_{DBN} + C_{DBP}$ と，次段のトランジスタゲート容量 $C_L = C_{GSN} + C_{GSP}$ およびインバータ間を接続している配線寄生容量 C_W の和として式 (8·10) で表すことができる．C_{GDN} 等の寄生容量の詳細に関しては 14 章で説明する．

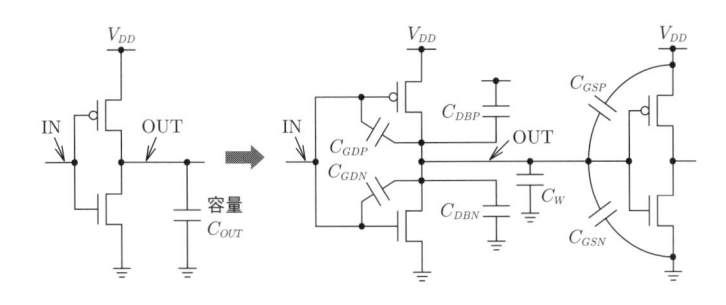

図 8・3 インバータ回路の寄生容量

8・2 インバータ回路における負荷容量とトランジスタのオン抵抗

(a) 線形抵抗

(b) トランジスタの抵抗

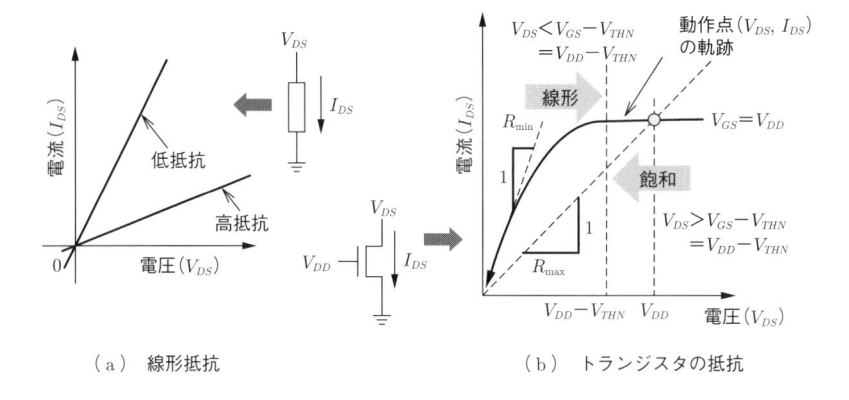

図8・4 NMOS トランジスタの抵抗近似

$$C_{OUT} = C_{FET} + C_L + C_W \tag{8・10}$$

NMOS トランジスタのドレイン・ソース間電流 I_{DS} は 2 章で解説したようにゲート・ソース間電圧 V_{GS} およびドレイン・ソース間電圧 V_{DS} を用いて次式で表される．

$$I_{DS} = \begin{cases} \beta_N \left[(V_{GS} - V_{THN})V_{DS} - \dfrac{V_{DS}^2}{2} \right] & (V_{DS} \leq V_{DSAT} : 線形領域) \quad (8・11) \\ \dfrac{\beta_N}{2}(V_{GS} - V_{THN})^2 & (V_{DS} > V_{DSAT} : 飽和領域) \quad (8・12) \end{cases}$$

上式に従う場合のトランジスタのドレイン・ソース間の電圧 V_{DS} と電流 I_{DS} の特性を線形抵抗素子の場合と比較した様子を，図8・4 に示す．線形抵抗素子（a）の場合は，オームの法則により $V = R \cdot I$ の比例定数 R は一定値となるが，トランジスタ（b）の場合はドレイン・ソース間に印加される電圧により抵抗値 R は変化する．

トランジスタの場合，動作点 (V_{DS}, I_{DS}) と原点 0 を結ぶ直線の傾きの逆数が抵抗値 R と考えることができる．したがって，飽和領域にある初期状態の $V_{DS} = V_{DD}$ の時もっとも大きな値 $R_{\max}$ である．V_{DS} の減少とともに動作点は矢印の向きに移動し，R は小さくなる．最終的に $V_{DS} = 0V$ においては抵抗値 $R_{\min}$ となるが，このときの抵抗値は**オン抵抗** R_{ON} とよばれ，線形電流の式 (8・11) を微分し，式 (8・13) のように計算することにより式 (8・14) のように導出できる．

$$\left. \frac{dI_{DS}}{dV_{DS}} \right|_{V_{GS}=V_{DD}, V_{DS}=0} = \beta_N(V_{DD} - V_{THN}) = \frac{1}{R_{\min}} \tag{8・13}$$

$$R_{\min} = \frac{1}{\beta_N(V_{DD} - V_{THN})} \equiv R_{ON} \tag{8・14}$$

オン抵抗 R_{ON} は，トランジスタを抵抗近似する際に使用され，ドレイン・ソース間の電圧 V_{DS} が小さいときは良い近似モデルとなっているが，V_{DS} が大きい場合には，この抵抗値の数倍の抵抗値になっていることに注意しなければならない．

この近似モデルを使用して，前節の立ち下がり時間（fall time）t_f を以下計算する．一般的にトランジスタのしきい値電圧は電源電圧 V_{DD} の 20%程度に設定することが多いので $V_{THN} = 0.2V_{DD}$ とすると，この場合の NMOS トランジスタのオン抵抗 R_{ON} は次式のように変形できる．

$$R_{ON} = \frac{1.25}{\beta_N \cdot V_{DD}} \tag{8・15}$$

このオン抵抗 R_{ON} を用いると，出力の立ち下がり時間 t_f は式 (8・9) の R に R_{ON} を代入して，次式で表すことができる．（負荷容量 C を C_{OUT} と表した）

$$t_f = 2.75 \frac{C_{OUT}}{\beta_N \cdot V_{DD}} \tag{8・16}$$

上式で，インバータ回路における出力ノードの立ち下がり時間 t_f を見積もることができたが，導出の過程からわかるように，トランジスタの抵抗値として，過渡特性中でもっとも抵抗値の小さい $R_{\min}$ を使用している．実際には，トランジスタがオンした当初の，$V_{DS} = V_{DD}$ の状態ではトランジスタの抵抗はより高い値になっているので立ち上がり時間は大きくなる．出力端子 OUT の電圧に応じて飽和電流式，線形電流式を使用して詳細に解析する（詳細は 8.5 節にて導く）と，式 (8・16) は以下のように補正される．

$$t_f \approx 3.7 \frac{C_{OUT}}{\beta_N \cdot V_{DD}} \tag{8・17}$$

すなわち，立ち下がり時間 t_f は負荷容量 C_{OUT} に比例し，電源電圧 V_{DD} およびトランジスタの β_N に反比例していることがわかる．

上記の説明では，立ち下がり時間 t_f に対して解析をおこなったが，**立ち上がり時間**（rise time）t_r に関しても**図 8.5** に示すように解析を行うことができる．

式 (8・17) に示したように，ノード OUT の立ち下がり時間 t_f は NMOS トランジスタの β_N に依存するが，立ち上がり時間は PMOS トランジスタの駆動電流に依存する．PMOS トランジスタの β_P を用いると，立ち下がり時間（rise time）t_r は式 (8・18) で表される．

$$t_r \approx 3.7 \frac{C_{OUT}}{\beta_P \cdot V_{DD}} \tag{8・18}$$

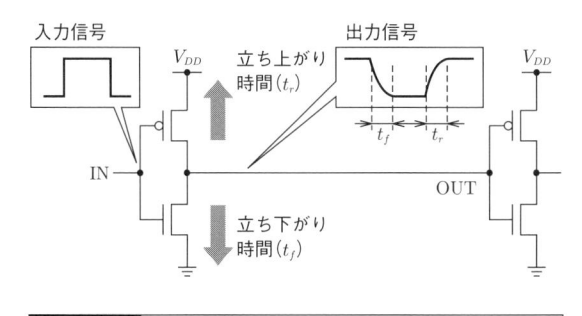

図 8・5 インバータ回路の立ち上がり/立ち下がり時間

8・3 伝搬遅延時間とファンアウト

前節で述べたように，出力負荷容量 C_{OUT} を充電するためには立ち上がり時間 t_r，放電するためには立ち下がり時間 t_f が必要である．したがって，インバータの入力信号が変化してから追随して出力信号が変化し，信号が伝搬するまでに，**伝搬遅延時間**（propagation delay time）t_p が発生する．伝搬遅延時間は図 8・6 に示すように，入力が電源電圧 50%に遷移してから出力電圧の 50%に遷移するまでの時間で定義される．

一般に，t_r と t_f の大きさが異なるのと同様に，伝搬遅延時間も出力信号が立ち下がる場合の立ち下がり伝搬遅延時間 t_{pf} と立ち上がる場合の立ち上がり伝搬遅延時間 t_{pr} は異なり，式 (8・7) と同じ式を用いて，下記のように導かれる．

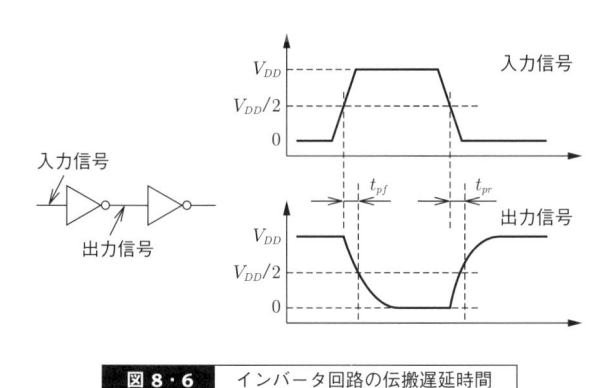

図 8・6 インバータ回路の伝搬遅延時間

$$t_{pf} = \ln 2 \cdot R_{ON,N} \cdot C_{OUT} \approx 0.69 \cdot R_{ON,N} \cdot C_{OUT} \tag{8・19}$$

$$t_{pr} = \ln 2 \cdot R_{ON,P} \cdot C_{OUT} \approx 0.69 \cdot R_{ON,P} \cdot C_{OUT} \tag{8・20}$$

ただし，$R_{ON,N}$ は式 (8·14) で示されるインバータを構成している NMOS のオン抵抗であり，$R_{ON,P}$ は次式 (8·21) で示されるインバータを構成している PMOS のオン抵抗である．

$$R_{ON,P} = \frac{1}{\beta_P(V_{DD} - |V_{THP}|)} \tag{8・21}$$

立ち上がりと立ち下がりを区別しないで，一般的に伝搬遅延時間 t_p を考える場合には，t_{pf} と t_{pr} の平均である式 (8·22) を用いる．

$$t_p = \frac{t_{pf} + t_{pr}}{2} \tag{8・22}$$

以上インバータの出力が次段の一つのインバータに入力されることを考えたが，実際には，さまざまな論理ゲートが接続されており，かつ，一つの論理ゲートからは複数の論理ゲートへ入力が行われていることも多い．図 8·7（左）に示すように，一つの論理ゲートの出力から接続されている次段の論理ゲート数を**ファンアウト**（F.O.；Fan-Out）と呼ぶ．ある論理ゲートに接続される，ゲート負荷 1 個当たりの入力容量（配線寄生容量 C_W を含む）を C_{IN} とおくと，ファンアウト数 n の場合の駆動トランジスタの負荷容量 C_{OUT} は式 (8·10) が変形されて式 (8·23) が得られる．

$$C_{OUT} = C_{FET} + C_L + C_W = C_{FET} + n \cdot C_{IN} \tag{8・23}$$

この C_{OUT} の式を式 (8·19) に代入すると式 (8·24) が得られる．

$$t_{pf} = 0.69 \cdot R_{ON,N} \cdot C_{FET} + n \cdot 0.69 \cdot R_{ON,N} \cdot C_{IN} \tag{8・24}$$

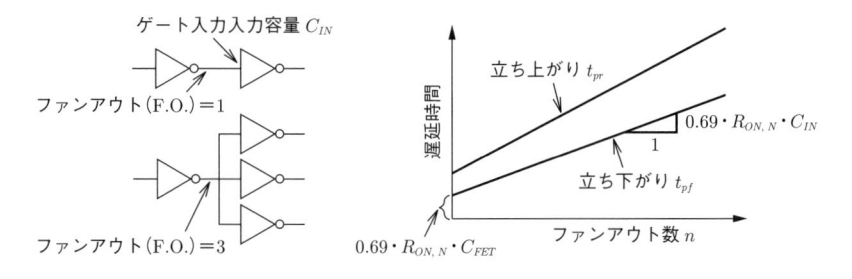

図 8·7 ファンアウト数と伝搬遅延時間(t_p)の関係

上式を使用して，ファンアウト数 n と立ち下がり伝搬遅延時間 t_{pf} と，立ち上がり伝搬遅延時間 t_{pr} の関係をプロットしたグラフを図 8·7（右）に示す．このグラフに示されている通り，ファンアウト数が増大するほど比例して伝搬遅延時間が大きくなる．

理論上は，小さなトランジスタから大きな負荷容量を駆動する場合には，ファンアウトを e（≈ 2.72）として順次インバータのサイズを大きくして設計することが最も高速であることが知られている．実用的には高速な LSI を設計する際には，ファンアウト数を 4 以下にするなどの工夫が行われている．また，ファンアウトが大きい場合に伝搬遅延時間を小さくするためには，トランジスタのオン抵抗 R_{ON} を小さくすればよい．具体的にはトランジスタの β_N，β_P を大きくするために，ゲート幅 W を大きくすればよい．一方で，駆動トランジスタのゲート幅 W を増加させると，同時に C_{FET} も増加することに注意しなければならない．また，トランジスタのゲート幅 W の増加は入力容量 C_{IN} の増加となり，前段トランジスタの出力負荷容量の増大となるため，回路全体として見た場合には，ゲート幅 W を 2 倍にしたからといって，伝搬遅延時間が 1/2 にまで小さくなることはなく，伝搬遅延時間の短縮には限界がある．

8·4 リングオシレータの発振周波数

図 8·8 (a) に示すように 2 個のトランジスタを縦続接続し，2 段目の出力を 1 段目の入力に接続する．初期状態として，入力端子に論理 "1" を与えると，1 段目の出力は入力を反転した論理 "0" となる．さらに，2 段目の出力は 1 段目の出力を反転した論理 "1" となるため，安定状態となる．すなわち，7 章で説明した

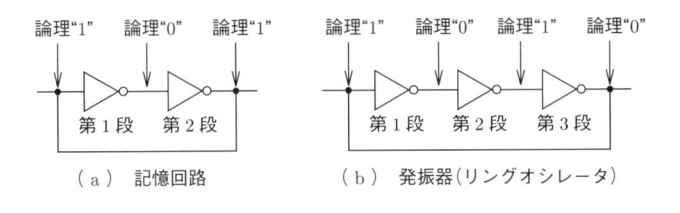

図 8·8 インバータ回路の縦列接続

(a) 記憶回路
(b) 発振器(リングオシレータ)

クロスカップルドラッチとなる．縦続接続される，インバータの段数が偶数個であった場合には2段の場合と同様安定状態となり記憶素子として機能する．

一方，図 8·8 (b) に示すようにインバータが3段接続された時を考える．1段目の入力に論理 "1" を与えるとインバータごとにデータ値が反転されながら伝搬され，3段目のインバータは論理 "0" を出力する．この論理が第1段のインバータに入力されると，入力論理が反転する．反転された入力論理 "0" が入力されると，今度は3段目の論理出力が "1" を出力し，再び最初の状態に戻る．すなわち，出力が論理 "1"，論理 "0" の状態を際限なく繰り返し発振器として動作する．このように奇数段のインバータを縦続して発振器として動作させる回路を**リングオシレータ**と呼ぶ．

3段のリングオシレータの第1段〜第3段のインバータの出力波形を図 8·9 に示す．時刻 $t = t_0$ において第1段インバータの出力が立ち上がり，$V_{DD}/2$ の電位を超えたとすると，立ち下がり伝搬遅延時間 t_{pf} だけ遅延した $t = t_0 + t_{pf}$ の時刻に，第2段インバータの出力が $V_{DD}/2$ の電位より小さくなる．

同様にして，第2段インバータの出力は，$t = t_0 + t_{pf} + t_{pr}$ の時刻に $V_{DD}/2$ の電位を超える．したがって，発振している波形の周期 T は $T = 3t_{pf} + 3t_{pr}$ となり，さらに式 (8·22) の伝搬遅延時間 t_p を用いると，発振周期 T を表す以下の式が導かれる．

$$T = 3t_{pf} + 3t_{pr} = 6t_p \tag{8・25}$$

リングオシレータの発振周期は，インバータの段数に依存する．インバータの段数が n 段である場合には，発振周期 T およびその逆数で表される発振周波数 f

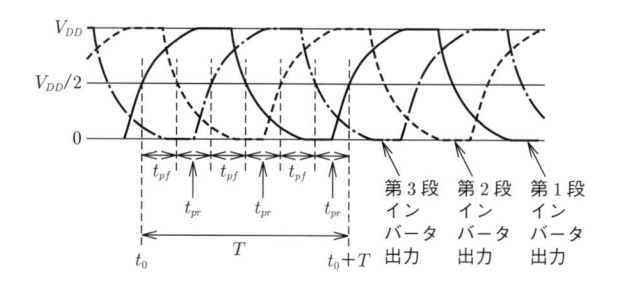

図 8·9 リングオシレータの発振波形

は式 (8·26)(8·27) で表される.

$$T = 2 \cdot n \cdot t_p \tag{8·26}$$

$$f = \frac{1}{T} = \frac{1}{2 \cdot n \cdot t_p} \tag{8·27}$$

上式のように，同じ駆動力のインバータを奇数段接続したリングオシレータの波形を取得し，発振周波数 f を計測すると，トランジスタの β 値や V_{TH} に依存するインバータの伝搬遅延時間 t_p を簡単に求めることができる．このため，リングオシレータはトランジスタを用いる LSI 製造プロセスの管理や，新しいトランジスタプロセスの開発用評価回路としてよく用いられる．

8·5 立ち上がり時間，立ち下がり時間の詳細特性解析と遅延時間

8·2 節においてインバータのスイッチング動作時の立ち下がり時間 t_f は，駆動トランジスタをオン抵抗で近似した簡易解析において式 (8·16) であらわされるが，詳細な解析では式 (8·17) を使用すると述べた．本節では式 (8·17) の導出を行う．

図 8·10 にインバータの入力 V_{IN} が $t=0$ において $0V$ から V_{DD} にスイッチング動作し，出力電位 V_{OUT} が V_{DD} から $0V$ に変化する際の NMOS トランジスタの動作点を示す．$t=0$ においては，NMOS の $V_{GS}=V_{DD}$ となりトランジスタがオンする．この動作点 A においては $V_{DS}=V_{DD}$ であるため，トランジスタは飽

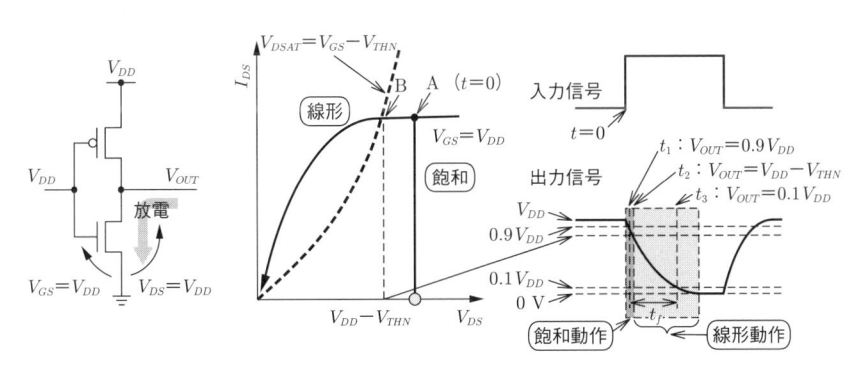

（a） 入力が V_{DD} になった時の NMOS トランジスタの電位　（b） 立ち下がり時の NMOS トランジスタ動作点の軌跡　（c） インバータの入出力波形

図 8·10 出力の立ち下がり時における NMOS トランジスタの動作点

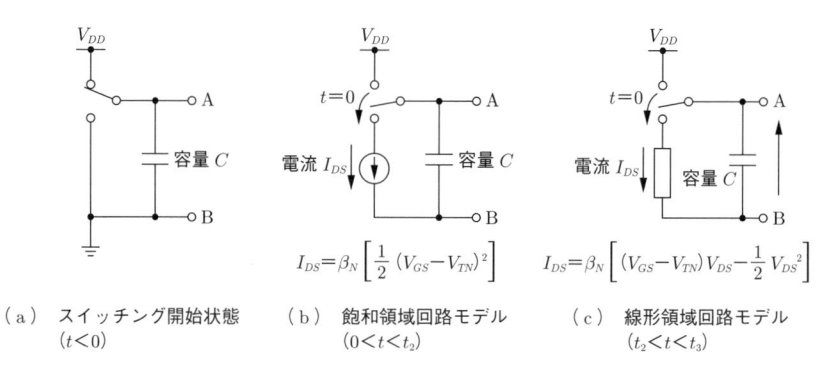

| (a) スイッチング開始状態 $(t<0)$ | (b) 飽和領域回路モデル $(0<t<t_2)$ $I_{DS}=\beta_N\left[\frac{1}{2}(V_{GS}-V_{TN})^2\right]$ | (c) 線形領域回路モデル $(t_2<t<t_3)$ $I_{DS}=\beta_N\left[(V_{GS}-V_{TN})V_{DS}-\frac{1}{2}V_{DS}^2\right]$ |

図 8・11 波形の立ち上がり/立ち下がり時間解析の回路モデル

和領域で動作している.

NMOS に一定の飽和ドレイン電流 I_{DS} が流れることにより,出力電位 V_{OUT}(すなわち NMOS の V_{DS})は時間とともに減少する.$V_{DS}=V_{DD}-V_{THN}$ となる動作点 B において,NMOS は線形領域になり,その後出力電位 $V_{OUT}=0V$ に至るまで線形領域のドレイン電流 I_{DS} が流れる.インバータの出力電位 V_{OUT} の立ち下がり時間 t_f は,図 8・10(c)において,出力 $V_{OUT}=0.9V_{DD}$ の時刻 $t=t_1$ から出力 $V_{OUT}=0.1V_{DD}$ の時刻 $t=t_3$ までの経過時間に一致するため $t_f=t_3-t_1$ となる.この経過時間を求めるためには,**図 8・11** のような,波形の立ち下がり時間のモデルを考えるとよい.時刻 $t=t_2$ の前後において,NMOS トランジスタが飽和領域から線形領域に変化することからそれぞれの領域における電流式を使用して以下の計算を行う.

出力ノードの負荷容量を C とおくと $t=t_1$ から時刻 $t=t_2$ において飽和領域の電流式を用いて式 (8・28) が,時刻 $t=t_2$ から時刻 $t=t_3$ において線形領域の電流式を用いて式 (8・29) が成立する.

$$C\frac{dV_{OUT}(t)}{dt}+\frac{\beta_N}{2}(V_{DD}-V_{THN})^2=0 \qquad (8・28)$$

$$C\frac{dV_{OUT}(t)}{dt}+\beta_N\left\{(V_{DD}-V_{THN})\cdot V_{OUT}(t)-\frac{V_{OUT}(t)^2}{2}\right\}=0 \qquad (8・29)$$

式 (8・28) を変数分離法によって $t=t_1$ から $t=t_2$ まで積分すると

$$C\int_{V_{OUT}=0.9V_{DD}}^{V_{OUT}=V_{DD}-V_{THN}}dV_{OUT}=-\frac{\beta_N}{2}(V_{DD}-V_{THN})^2\int_{t=t_1}^{t=t_2}dt \qquad (8・30)$$

8・5 立ち上がり時間，立ち下がり時間の詳細特性解析と遅延時間

これより

$$t_2 - t_1 = \frac{2C(V_{THN} - 0.1V_{DD})}{\beta_N(V_{DD} - V_{THN})^2} \tag{8・31}$$

式 (8・29) を変数分離法によって $t = t_2$ から $t = t_3$ まで積分すると

$$C \int_{V_{OUT}=V_{DD}-V_{THN}}^{V_{OUT}=0.1V_{DD}} \frac{1}{V_{OUT}^2 - 2(V_{DD} - V_{THN}) \cdot V_{OUT}} dV_{OUT}$$

$$= \frac{\beta_N}{2} \int_{t=t_2}^{t=t_3} dt \tag{8・32}$$

これより

$$t_3 - t_2 = \frac{C}{\beta_N(V_{DD} - V_{THN})} \ln\left(\frac{19V_{DD} - 20V_{THN}}{V_{DD}}\right) \tag{8・33}$$

式 (8・31)，式 (8・33) を用いると，立ち下がり時間 t_f は下式で求まる．

$$\begin{aligned}t_f &= t_3 - t_1 \\ &= \frac{C}{\beta_N(V_{DD} - V_{THN})} \left\{ \frac{2(V_{THN} - 0.1V_{DD})}{V_{DD} - V_{THN}} + \ln\left(\frac{19V_{DD} - 20V_{THN}}{V_{DD}}\right) \right\}\end{aligned} \tag{8・34}$$

ここで，$\nu = \dfrac{V_{THN}}{V_{DD}}$，飽和電流 $I_{DSAT} = \dfrac{\beta_N}{2}(V_{DD} - V_{THN})^2$ とおくと，式 (8・34) は次式のように変形される．

$$t_f = \frac{C \cdot V_{DD}}{I_{DSAT}} \left\{ \nu - 0.1 + \frac{1-\nu}{2} \ln(19 - 20\nu) \right\} \tag{8・35}$$

$V_{THN} = 0.2V_{DD}$ すなわち $\nu = 0.2$ という典型的な条件の場合には，立ち下がり時間 t_f は

$$t_f = \frac{C}{0.8\beta_N \cdot V_{DD}} \left(\frac{1}{4} + \ln 15\right) \approx 3.7 \frac{C}{\beta_N \cdot V_{DD}} \tag{8・36}$$

となり，式 (8・17) が導かれた．立ち上がり時間 t_r に関しても，同様に式 (8・18) を導くことができる．

以上，立ち上がり/立ち下がり時間や遅延時間の導出を行ったが，電源電圧と，遅延時間の関係を表す際に，よく使われる式を以下に紹介する．式 (8・35) において，$C \cdot V_{DD}$ はスイッチング容量 C に蓄積された電荷量であることから，回路の立ち上がりおよび立ち下がり時間，すなわち動作速度は，スイッチングされる容量に蓄えられた電荷を飽和電流 I_{DSAT} で充放電する時間に比例すると考えること

もできる．この考え方を用いて，式 (8·22) で定義した伝搬遅延時間 t_P は式 (8·35) の I_{DSAT} に式 (8·12) の飽和電流式が適用されると考え，次式で示すことができる．

$$t_P \propto \frac{C \cdot V_{DD}}{(V_{DD} - V_{TH})^\alpha} \tag{8·37}$$

ただし，$V_{TH} = V_{THN} = |V_{THP}|$ としている．また α は，原理的には 2 であるが，最近のプロセスでは飽和電流が低下しているため，1.1〜1.5 が使用されている．

演習問題

1 図 8·12 のように出力負荷容量 C_{OUT} が接続された 2 段のインバータがある．$V_{THN} = |V_{THP}| = 0.2V_{DD}$ として，以下の問いに答えよ．

(1) 1 段目および 2 段目のトランジスタのゲート幅が，NMOS 側は W_{N1} と W_{N2}，PMOS 側は W_{P1} と W_{P2} であるとき，入力ノード容量 C_{IN} および中間ノードの容量 C_M を式で表せ．ただし，トランジスタのゲート長は L，単位面積当たりのゲート容量を C_{OX} とし，ノードの容量は次段のトランジスタのゲート容量だけであるとして答えよ．

(2) それぞれのトランジスタの β 値を図中に示すように β_{N1}, β_{P1}, β_{N2}, β_{P2} であるとする．入力ノードが，0 V から V_{DD} に変化したとき，中間ノードを放電するトランジスタのオン抵抗 R_{ON} を β および V_{DD} を用いて表せ．

(3) 中間ノードの立ち下がり時間 t_f，出力ノードの立ち上がり時間 t_r を β および C を用いた式で表せ．

(4) 中間ノードの容量 C_M をできるだけ正確に見積もるためには，次段のトランジスタのゲート容量以外には，どのような物理量を考慮に入れなければいけないか答えよ．

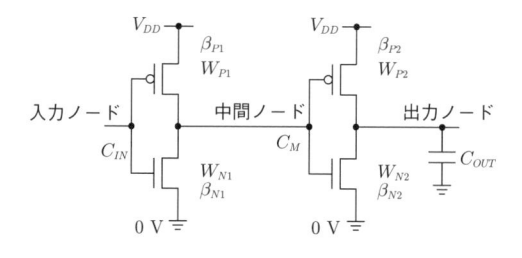

図 8・12

演習問題

2 インバータを縦列接続してリングオシレータを作製した．次の記述は正しいか間違っているか答えよ．
   (1) リングオシレータを構成しているインバータの段数を15段から30段に変更すると発振周波数は約1/2に低下する．
   (2) リングオシレータの発振周波数を低くするために，インバータの出力のファンアウトを3とした．
   (3) リングオシレータを構成しているトランジスタのゲート幅をNMOS，PMOS共2倍にすると，発振周波数は約2倍となる．
   (4) 製造ばらつきでNMOSトランジスタのしきい値電圧が低くなってしまった時には，リングオシレータの発振周波数は高くなる．（その他のトランジスタや配線のばらつきはなかったものとして考えること）

3 電源電圧 $V_{DD} = 1.2\,\mathrm{V}$ において，最高動作クロック周波数 $1\,\mathrm{GHz}$ で動作する同期式論理回路がある．電源電圧を $V_{DD} = 1\,\mathrm{V}$ としたとき，最高動作クロック周波数は，どのぐらい低下するかを，式 (8·37) を用いて計算せよ．ただし，式 (8·37) における $\alpha = 1.5$，$V_{THN} = |V_{THP}| = 0.3\,\mathrm{V}$ とする．また，最高動作クロック周波数の定義は9·4節を参照し，本問題は式 (9·6) の $T_{\mathrm{CLKmin}} \propto t_p$ であるとして考えよ．

9章 同期設計

クロックという周期信号に同期して動作する同期回路は，ディジタル回路の基本となる回路である．本章では，状態遷移図，状態遷移表，カルノー図を用いた同期回路の設計手法を概説する．後半では，同期回路に焦点を当て，同期信号であるクロック，フリップフロップのセットアップ時間とホールド時間，同期回路の最高動作クロック周波数，クロックスキューとその対策について述べる．

9・1 順序回路の設計法

ここでは，カルノー図を用いたクロックに同期して動作する順序回路の設計法を概説する．順序回路を設計するには，次のステップを踏む．
(1) 状態遷移図を作成する．
(2) 状態遷移表を作成する．
(3) カルノー図を書き，論理の簡単化を行う．
(4) フリップフロップと論理ゲートからなる回路を作成する．

ここではまず，カルノー図について説明を行い，0 から 5 まで数えて 0 まで戻る Module6 カウンタを例題に設計方法を説明する．

〔1〕カルノー図による論理の簡単化

カルノー図とは，ディジタル回路の入力と出力の関係を表した表である．論理の簡単化のために用いる都合上，隣接列間，隣接行間のハミング距離が 1 となるように並べる．ハミング距離とは二つの 2 進数を桁（ビット）ごとに比較したさいの異なる桁の合計である．たとえば，0011 と 1101 のハミング距離は 3，1101 と，1100 のハミング距離は 1 となる．図 9·1（左）に，A, B, C, D の 4 入力を持つ論理関数 F のカルノー図を示す．AB を 2 進数の昇順に並べると，上から 00,

9・1 順序回路の設計法

	CD			
AB	00	01	11	10
00	1	0	0	0
01	0	1	1	1
11	0	1	1	1
10	1	1	0	0

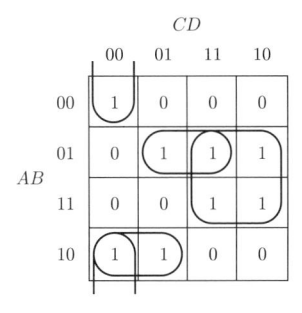

	CD			
AB	00	01	11	10
00	1	0	0	0
01	0	1	1	1
11	0	1	1	1
10	1	1	0	0

図 9・1 論理関数 F を表すカルノー図(左)とすべての1を矩形で覆ったカルノー図(右)

01, 10, 11 となるが, 隣接行間のハミング距離が1とならない. これを上から 00, 01, 11, 10 とすると, 隣接行間のハミング距離はすべて1となる. また, 最上行 00 と最下行 10 のハミング距離も1となる.

簡単化する前の論理関数 F は, すべての1となる部分を論理積で表し, それを論理和で結んだ標準積和形(もしくは加法標準形)を用いて式 (9・1) で表される.

$$F = \overline{A} \cdot \overline{B} \cdot \overline{C} \cdot \overline{D} + \overline{A} \cdot B \cdot \overline{C} \cdot D + \overline{A} \cdot B \cdot C \cdot D + \overline{A} \cdot B \cdot C \cdot \overline{D} +$$
$$A \cdot B \cdot C \cdot D + A \cdot B \cdot C \cdot \overline{D} + A \cdot \overline{B} \cdot \overline{C} \cdot \overline{D} + A \cdot \overline{B} \cdot \overline{C} \cdot D \quad (9・1)$$

カルノー図を用いて, 論理を簡単化するには, 1だけを含む最大の矩形(正方形もしくは長方形)で図 9・1(右)の通りに, すべての1を囲む. ただし, 囲んだ矩形がそれよりも大きな矩形に完全に包含されてはならない. ドントケア(0でも1でも良い場合, x もしくは - で表される)は, 矩形に含んでも良いが, 含まなくても良い. **図 9・2** にカルノー図の囲い方を示す. 2×2 のカルノー図の最大の矩形は 16 個の1を囲む正方形であるが, すべての値が1ではないので囲えない. 同様に, 8 個の1で構成される縦方向と横方向の長方形で囲われる領域は存在しない. 最初に探すのは, 4個の1を囲む図形である. その後, 2個, 1個と囲む1を減らしていき, すべての1を囲ったところで終了する.

囲った領域を用いて論理の最適化を次の通り行う. 最初に囲った4個の1を含む領域に対応する A, B, C, D の値を上下に並べる.

	CD			
	00	01	11	10
AB 00	1	0	0	0
01	0	1	1	1
11	0	1	1	1
10	1	1	0	0

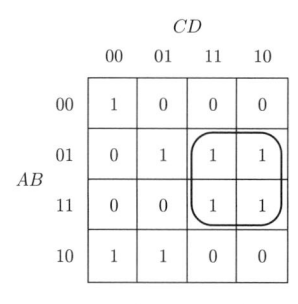

1. 4個の1を囲む矩形

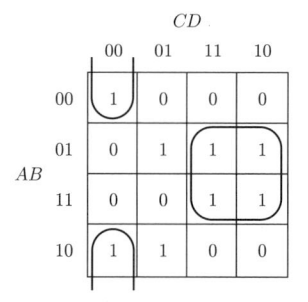

	CD			
	00	01	11	10
AB 00	1	0	0	0
01	0	1	1	1
11	0	1	1	1
10	1	1	0	0

2. 縦向きに2個の1を囲む矩形

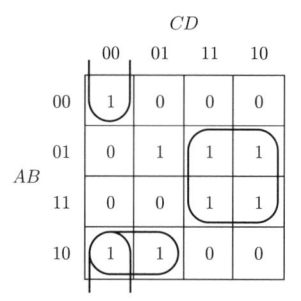

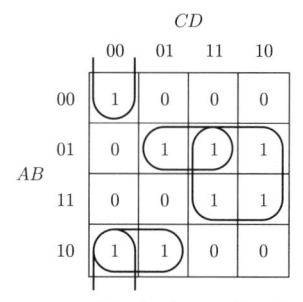

	CD			
	00	01	11	10
AB 00	1	0	0	0
01	0	1	1	1
11	0	1	1	1
10	1	1	0	0

3. 横向きに2個の1を囲む矩形をマーク

	CD			
	00	01	11	10
AB 00	1	0	0	0
01	0	1	1	1
11	0	1	1	1
10	1	1	0	0

4. マークしていない1がないので終了

図9・2 カルノー図の囲い方

A	B	C	D	論理式
0	1	1	1	$\overline{A} \cdot B \cdot C \cdot D$
0	1	1	0	$\overline{A} \cdot B \cdot C \cdot \overline{D}$
1	1	1	1	$A \cdot B \cdot C \cdot D$
1	1	1	0	$A \cdot B \cdot C \cdot \overline{D}$

4個の1を囲む領域の論理式は,下記の通り簡単化できる.

$$F = \overline{A} \cdot B \cdot C \cdot D + \overline{A} \cdot B \cdot C \cdot \overline{D} + A \cdot B \cdot C \cdot D + A \cdot B \cdot C \cdot \overline{D}$$
$$= (A + \overline{A}) \cdot B \cdot C \cdot (D + \overline{D}) = B \cdot C \tag{9・2}$$

他の領域も同様に考えて,

$$F = B \cdot C + \overline{B} \cdot \overline{C} \cdot \overline{D} + A \cdot \overline{B} \cdot \overline{C} + \overline{A} \cdot B \cdot D \tag{9・3}$$

式 (9・3) はマークした順に論理積を並べているが,論理和は交換則が成り立つので,論理積をどの順番に書いても正解となる.式 (9・1) と式 (9・3) を比べると論理

積の項が 8 個から 4 個に減っており，それぞれの積項も 4 項の積から，2 項，3 項の積と大幅に簡単化ができていることがわかる．

〔2〕状態遷移図の作成

状態遷移図とは，各状態の遷移の様子を図にしたものである．カウンタの場合はカウンタの各値を一つの状態とする．クロックが来るたびに，Modulo6 カウンタは 1 ずつ値を増やし，5 までいくと次に 0 となる．図 9·3 に状態遷移図を示す．

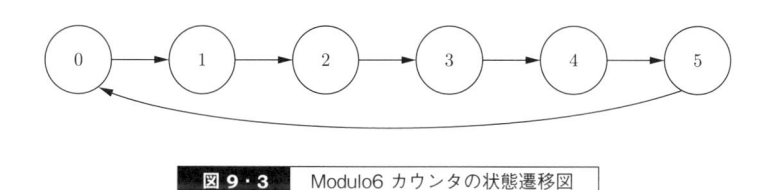

図 9・3 Modulo6 カウンタの状態遷移図

〔3〕状態遷移表の作成

状態遷移表とは，現在の状態から次にどの状態に遷移するかを表した表であり，左側に現状態と条件，右側に次状態を書く．状態遷移図から状態遷移表を作成するには，状態をどのようにフリップフロップ（FF）に割り当てるかを決めなければならない．ここでは，0（000）から 5（101）までの 2 進数の各ビットを一つの FF に割り当てることとし，3 個の FF を用いる．表 9·1 に，状態遷移表を示す．

表 9・1 状態遷移表

現状態 $Q_2\ Q_1\ Q_0$	次状態 $Q_2'\ Q_1'\ Q_0'$ $(D_2\ D_1\ D_0)$	
0 0 0	0 0 1	0 の次は 1
0 0 1	0 1 0	1 の次は 2
0 1 0	0 1 1	
0 1 1	1 0 0	
1 0 0	1 0 1	
1 0 1	0 0 0	5 の次は 0
1 1 0	x x x	6，7 は存在しないので
1 1 1	x x x	ドントケア

3個のFFで作成するカウンタの値は6, 7も取りうるが，このカウンタでは使用しない．使用しない値の次状態は0でも1でもどちらでもかまわないため，ドントケアとなる．D-FFで回路を実現する場合，次状態 $(Q_2' Q_1' Q_0')$ はFFの入力と等しく，$(D_2 D_1 D_0)$ となる．

〔4〕カルノー図の作成

次に，カルノー図を作成する．**図9.4**に (Q_2', Q_1', Q_0') のカルノー図を示す．

$Q_0' = (D_0)$ のカルノー図

Q_2Q_1	Q_0	
	0	1
0 0	1	0
0 1	1	0
1 1	x	x
1 0	1	0

$Q_1' = (D_1)$ のカルノー図

Q_2Q_1	Q_0	
	0	1
0 0	0	1
0 1	1	0
1 1	x	x
1 0	0	0

$Q_2' = (D_2)$ のカルノー図

Q_2Q_1	Q_0	
	0	1
0 0	0	0
0 1	0	1
1 1	x	x
1 0	1	0

図9・4 カルノー図

カルノー図の大きさが2行×1列となっているが，簡単化の方法は同じである．たとえば，Q_0 はドントケアのxを含めると $Q_0 = 0$ の列がすべて矩形で囲える．この表の囲い方については章末問題**2**の解答を参照せよ．

〔5〕入力論理式の作成

カルノー図により簡単化を行うと，D-FFの入力の論理式は次の通りとなる．

$$D_0 = \overline{Q_0}$$
$$D_1 = \overline{Q_0} \cdot Q_1 + Q_0 \cdot \overline{Q_1} \cdot \overline{Q_2} = \overline{\overline{(\overline{Q_0} \cdot Q_1)} \cdot \overline{(Q_0 \cdot \overline{Q_1} \cdot \overline{Q_2})}}$$
$$D_2 = \overline{Q_0} \cdot Q_2 + Q_0 \cdot Q_1 = \overline{\overline{(\overline{Q_0} \cdot Q_2)} \cdot \overline{(Q_0 \cdot Q_1)}}$$

〔6〕回路の作成

入力論理式が求まったら，D-FFと論理ゲートを用いて，回路全体を設計する．

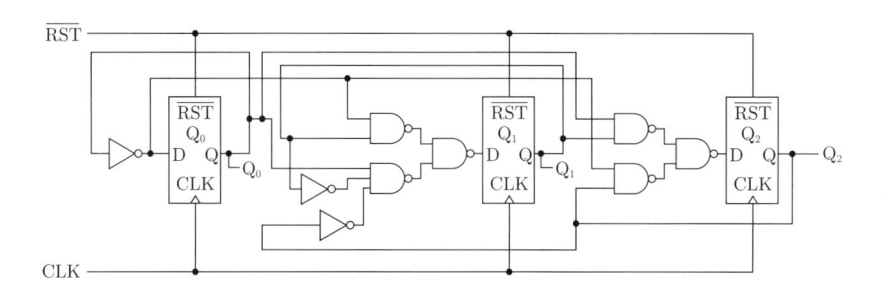

図9・5 Modulo6 カウンタの全体の回路図

図9·5 に回路図を示す．

CMOS 論理ゲートは負論理のゲートを使うとトランジスタ数が少なくなるため，負論理のゲートを用いて作成する．D_1 を正論理と負論理のゲートを用いて用いて作成すると，**図9·6（左）**となる．負論理のみで構成した図9·6（右）と論理ゲート数は変わらないが，AND ゲートは "NAND＋インバータ" となるため，トランジスタ数は正論理の方が多くなる．正論理から負論理への変換は，ド・モルガンの定理を用いる．

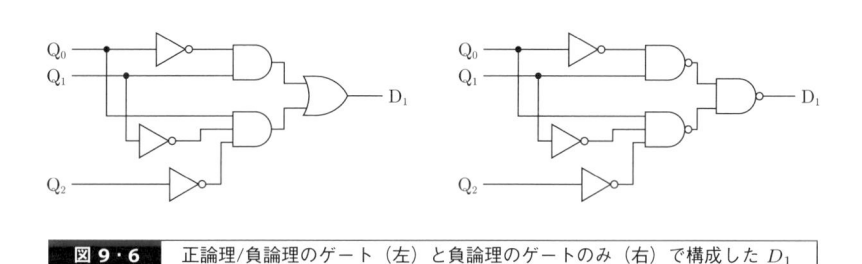

図9・6 正論理/負論理のゲート（左）と負論理のゲートのみ（右）で構成した D_1

〔7〕条件分岐がある場合の状態遷移図と状態遷移表

入力値により，動作を切り替える回路の場合には，状態遷移表にその条件を含める．図9·7 に，modulo6 アップダウンカウンタの状態遷移図を示す．入力 S により，アップカウンタ (S=0) とダウンカウンタ (S=1) を切り替える．

この場合の状態遷移表を，**表9·2** に示す．S が条件として加わるため，表の大きさが2倍になる．本書では，順序回路は，現在の状態のみで出力が決まる Moore

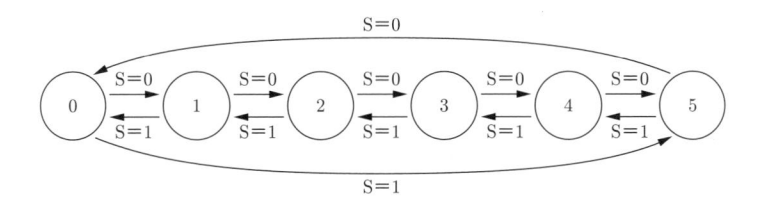

図9・7 modulo6 アップダウンカウンタの状態遷移図（条件により遷移先が異なる場合の状態遷移図）

表9・2 modulo6 アップダウンカウンタの状態遷移表

条件，現状態 S, Q_2, Q_1, Q_0	次状態 Q_2', Q_1', Q_0' (D_2, D_1, D_0)	条件，現状態 S, Q_2, Q_1, Q_0	次状態 Q_2', Q_1', Q_0' (D_2, D_1, D_0)
0 0 0 0	0 0 1	1 0 0 0	1 0 1
0 0 0 1	0 1 0	1 0 0 1	0 0 0
0 0 1 0	0 1 1	1 0 1 0	0 0 1
0 0 1 1	1 0 0	1 0 1 1	0 1 0
0 1 0 0	1 0 1	1 1 0 0	0 1 1
0 1 0 1	0 0 0	1 1 0 1	1 0 0
0 1 1 0	x x x	1 1 1 0	x x x
0 1 1 1	x x x	1 1 1 1	x x x

型ステートマシンであるとする．現在の状態と入力値で出力が決まる Mealy 型ステートマシンも存在する．Moore 型ステートマシンの場合，入力値は表の左側に追加する．

9・2 クロックと同期設計

クロック（CLOCK，CLK）とは，集積回路においては，一定の周期で 0 と 1 を繰り返す信号のことを指す．クロックに同期して動作する回路のことを同期回路と呼ぶ．同期回路においてすべてのフリップフロップは，1 本のクロック信号を通じてクロックが供給され，同時に動作を行う．クロックにより，回路の動作を時間に離散化することにより，設計が簡単になる．12 章で述べるように，テキス

ト記述から自動的に同期回路を生成する論理合成を利用することも可能となる．クロックを用いない非同期回路も存在するが，設計が非常に難しく，現在使われているプロセッサやメモリなどはほとんどすべて同期回路である．図9·8に同期回路の構造を示す．入出力ピン，非同期リセットつきDフリップフロップ（D-FFR），D-FFR間の組合わせ回路からなる．D-FFRのクロックはすべて1本のクロックピンと接続されており，同時にクロックが供給される．

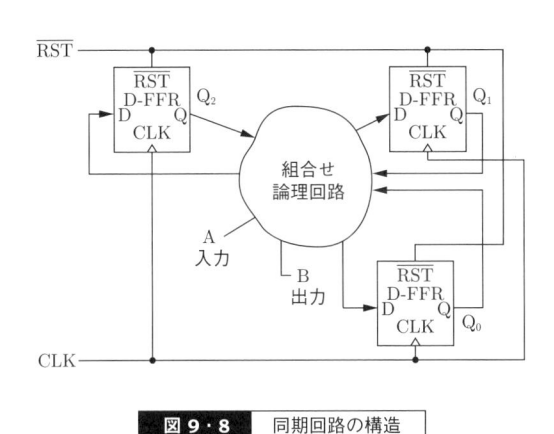

図9·8 同期回路の構造

9·3 セットアップ時間とホールド時間

D-FFは，クロック（CLK）の前後で，データ入力（D）が変化してはならない時間がある．

セットアップ（Setup）時間：クロックが立ち上がる前にデータ信号の確定に必要な時間 (T_s)

ホールド（Hold）時間：クロックが立ち上がってからデータの保持に必要な時間 (T_h)

図9·9にセットアップ時間とホールド時間を示す．セットアップ時間，ホールド時間の違反が起こるとD-FFのマスターラッチが不安定な状態のままで，トランスペアレント（透過）状態からラッチ（記憶）状態に遷移する．最悪の場合，出力がしばらくの間，中間電位（電源とグラウンドの間の電圧）となり誤動作を起

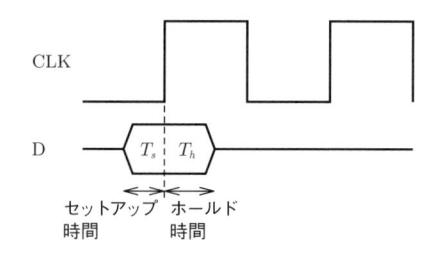

図9·9　セットアップ時間とホールド時間

こすことになる．フリップフロップが不安定な状態になることを，**メタステーブル**と呼ぶ．

9·4 同期回路の最高動作クロック周波数

パソコンに搭載されている CPU のクロック周波数は，1.8 GHz や 2 GHz などとなっている．このクロック周波数の上限は何で決まるのだろうか？

図 9·10 の 2 ビットカウンタの最高動作クロック周波数の算出方法を述べる．具体的な算出は演習問題にて行う．図 9·10 の右側に示す通り，XOR ゲートは，NAND とインバータで構成されているとする．各論理ゲート，D-FF の遅延特性は表 9·3 の通りとする．

D-FF の遅延時間とは，クロックが立ち上がってから出力が変化するまでの時間である．クロック周期 T_{CLK} を含め，次の制約を満たせば良い．

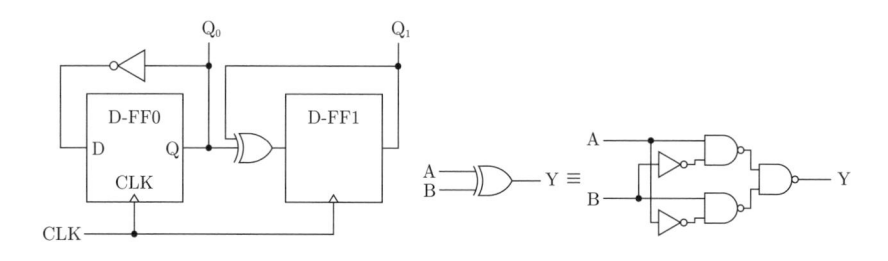

$$\text{セットアップ制約} \quad T_{\mathrm{CLK}} \geq T_d + T_{\mathrm{INV}} + 2T_{\mathrm{NAND2}} + T_s \tag{9·4}$$

図9·10　2 ビットカウンタと XOR ゲートの構造

表 9·3 各ゲートの遅延時間

定義	記号	値
インバータの遅延時間	T_{INV}	10 ps
2 入力 NAND ゲートの遅延時間	T_{NAND2}	20 ps
D-FF の遅延時間	T_d	5 ps
D-FF のセットアップ時間	T_s	5 ps
D-FF のホールド時間	T_h	1 ps

$$\text{ホールド制約} \quad T_h \leq T_d + T_{\text{INV}} \tag{9·5}$$

　セットアップ制約はフリップフロップ間の最大遅延信号経路（ロンゲストパス，Longest Path）で決まる．最大遅延信号経路を**クリティカルパス**（Critical Path）と呼ぶことが多い．セットアップ時間は固定値のため，式 (9·4) を満たす最小のクロック周期 (T_{CLKmin}) は，クリティカルパス遅延により決まる．この最小のクロック周期の逆数がその回路の最高動作クロック周波数 (F_{max}) となる．

$$F_{\text{max}} = 1/T_{\text{CLKmin}} \tag{9·6}$$

　ホールド制約は，フリップフロップ間の**最小遅延信号経路**（ショーテストパス，Shortest Path）で決まる．図 9·10 のクリティカルパスとショーテストパスがどこになるかは，章末問題の回答を参照せよ．

　論理ゲートの遅延やセットアップ時間などは，製造時のばらつきや，動作時の電源電圧などにより変動する．変動しても正しく動作するように，設計時には様々な条件でタイミング制約を満たすかを検証する．通常は，トランジスタの動作速度をもっとも遅く ($\mu+3\sigma$[*1]) し電源電圧が -10% の最悪条件と，トランジスタの動作速度をもっとも速く ($\mu-3\sigma$) し電源電圧が $+10\%$ の最良条件でタイミング制約を満たすように設計を行う．さらに，タイミング制約はギリギリではなくある程度の余裕を持たせる．この余裕のことをタイミング余裕（スラック；slack）と呼ぶ．

9·5 クロックスキューとその対策

　クロックが同時に供給されることが，同期回路が正常に動作する前提条件であ

[*1] 遅延ばらつきの平均値 (μ) と標準偏差 (σ)

(a) クロックツリー　　　　(b) クロックメッシュ

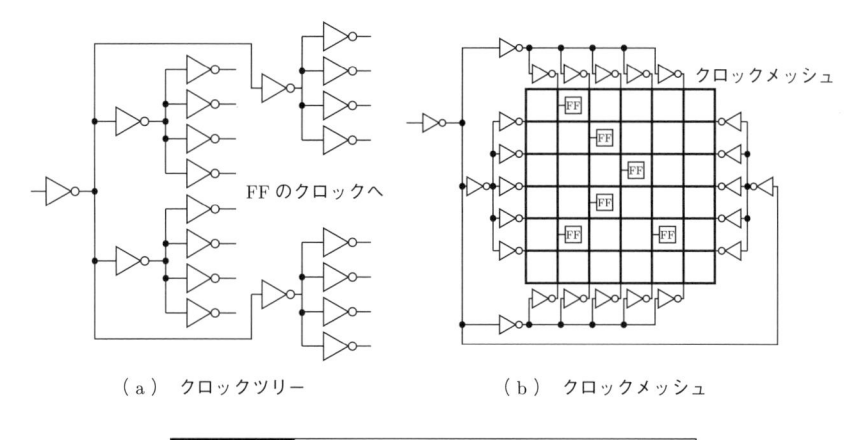

図 9・11　(a) クロックツリーと (b) クロックメッシュ

る．集積回路中には多数のフリップフロップが存在し，同時にクロックを届けるためには，ツリー状にドライバ（バッファもしくはインバータ）を並べる**クロックツリー**（図 9・11 左）と，クロック信号をメッシュ状に張り巡らせ，四方に並べたドライバにより駆動するクロックメッシュ（図 9・11 右）の二つの方法が主に使われる．低消費電力が必須の民生機器向け集積回路では，クロックを一時的に停止するゲーティッドクロック方式が使え，自動設計も簡単なことから，クロックツリーを使ったクロック供給法が一般的に用いられる．クロックメッシュは，**クロックスキュー**（クロックのずれ）を小さくすることができるため，一部の高性能プロセッサに用いられていた．しかし微細化の進行とともに，下がるはずの電源電圧が下がらなくなり，電力密度の上昇が問題となってきた．高性能マイクロプロセッサと言えども，電力密度の観点から，低電力としなければならず，近年ではクロックメッシュはほとんど用いられていない．

　クロックツリーやクロックメッシュなどにより，クロックを供給するため，FFが多くなると，クロックが完全に同時に供給される保障はない．同じドライバからクロック信号が供給されても，配線遅延によりクロックにずれが生じる．このクロックのずれのことをクロックスキューと呼ぶ．

　図 9・12 に 2 個の D-FF をインバータで接続した回路を示す．FF 間のクロックスキューを T_{skew} とする．FF 間の組合せ回路の最大遅延を T_{max}，最小遅延を T_{min} とすると，次の関係を満たす必要がある．

9・5 クロックスキューとその対策

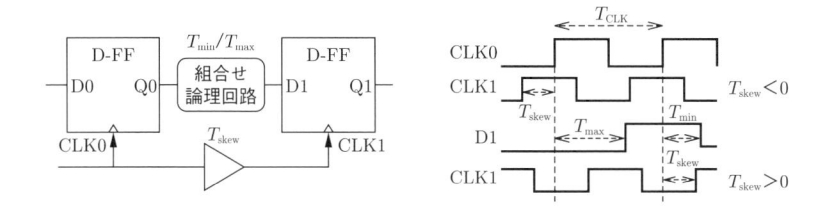

図9・12 クロックスキューを考慮したセットアップ，ホールド制約

セットアップ制約　　$T_{\text{CLK}} + T_{\text{skew}} \geq T_{\max} + T_s$ 　　　　　　(9・7)

ホールド制約　　　　$T_h \leq T_{\min} - T_{\text{skew}}$ 　　　　　　　　　　(9・8)

前段のD-FFのクロックが後段のD-FFのクロックよりも後に到着する場合 ($T_{\text{skew}} < 0$) に，セットアップ制約を満たさなくなる恐れがある．逆に前段のD-FFのクロックが後段のD-FFのクロックよりも先に到着する場合 ($T_{\text{skew}} > 0$) に，ホールド制約を満たさなくなる恐れがある．

集積回路中のフリップフロップは，ホールド時間 T_h は0より小さいことが一般的である．$T_{\text{skew}} = 0$ であれば，FF同士を直接つないでも正しく動作する．しかし $T_{\text{skew}} > 0$ となる可能性を考えて，FF間の最小遅延 $T_{\min}$ を一定以上にしておく必要がある．セットアップ制約はクロック周波数を下げる（クロック周期 T_{CLK} を長くする）ことにより，解消されるため，回路の動作周波数を変更することで動作する．ホールド制約はクロック周波数には関係なく，設計時に決まる $T_{\min}$ と，設計時のクロックの供給方法，製造時のばらつきにより大きく変動する T_{skew} により決まる．製造後の調整でホールド違反を解消することは難しい．

非同期セットもしくはリセットつきのFFの場合，セット，リセット信号がクロックの立ち上がりもしくは立ち下がり付近で変化した場合，データ信号と同様のメタステーブルが起きる．セットアップ時間と同じくクロックの立ち上がりより前の余裕を**リカバリ**（Recovery）**時間**，ホールド時間と同じく立ち上がりより後の余裕を**リムーバル**（Removal）**時間**と呼ぶ．この余裕が小さくなると，FFは正常にセット，リセットできなくなる．図9・13にリカバリーとリムーバル時間の概念を示す．

先に述べた通り，セットアップ制約の違反は，クロック周波数を下げる（クロック周期を長くする）ことにより解消する．クロック周波数を100 MHz として設計

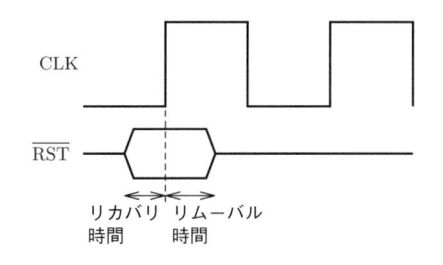

図 9・13 リカバリ時間とリムーバル時間

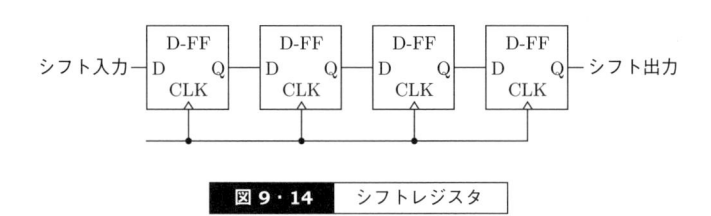

図 9・14 シフトレジスタ

した回路が 100 MHz で動作しない場合，たとえば 50 MHz に下げれば動作する可能性がある．しかし，ホールド制約の違反は解消できない．集積回路の動作時のパラメータ設定や，測定値の保存のために，図 9・14 に示すシフトレジスタを使用することがある．また，集積回路の動作検証のためのスキャン設計時にも，内部のフリップフロップをシフトレジスタ構造とする．シフトレジスタとは，フリップフロップの入出力を数珠繋ぎにした構造であり，フリップフロップの間には何も論理が存在しなくても良い．式 (9・8) の $T_{\min}$ はフリップフロップ内の遅延だけのときもっとも小さくなり，少しのクロックスキューで，ホールド違反が起こる．ホールド違反を避けるためには，$T_{\min}$ を大きくすればよく，フリップフロップ間にバッファを挿入する．その他の集積回路でも，フリップフロップ間の遅延が短い場合は，ホールド違反を防ぐために，バッファを挿入することがある．

Column 同期回路はオーケストラ

　同期設計により，すべての信号はクロックを基準にその動作を考えれば良くなる．一方，非同期設計ではクロックはなく，すべての信号の組み合わせでその動作を考えなければならない．例えて言うなら，図 9·15 のようにクロック信号はオーケストラの指揮者であり，クロックにしたがって動く同期回路の各回路要素を演奏者と見ることができる．指揮者なしにオーケストラはきれいなハーモニーを奏でることはできない．つまり指揮者のいない（クロックのない）非同期回路を正常に動作させることは非常に困難である．集積回路も同期設計としてクロックに同期することで，正常に動作することができるのである．

図 9·15　同期回路は指揮者のいるオーケストラ

演習問題

1　式 (9·3) を NAND ゲートとインバータを用いて表せ．簡単化する前の式 (9·1) とゲート数を比べよ．ただし，NAND ゲートの入力数に制限はないものとする．

2　図 9·4 の Modulo6 カウンタのカルノー図を矩形で囲め．

3　$5 \to 4 \to 3 \to 2 \to 1 \to 0 \to 5$ と数えていく Modulo6 ダウンカウンタを D-FF，インバータ，NAND ゲートで設計せよ．

4 図 9·7 に状態遷移図を示した，Modulo6 アップダウンカウンタを D-FF，インバータ，NAND ゲートで設計せよ．

---

5 図 9·10 に示した．2 ビットカウンタのクリティカルパス（最大遅延信号径路），ショーテストパス（最小遅延信号径路）はどこか？ また，最大動作周波数を表 9·3 を元に求めて，最高動作クロック周波数 ($F_{\max}$) を求めよ．

---

6 図 9·6 に示した正論理と負論理の回路のトランジスタ数をそれぞれ求めよ．

---

7 図 9·16 に示すシフトレジスタでは，$T_h > T_d + T_Q - T_{\text{skew}}$ となるときにホールド違反が起こる．この条件を満たすときにどのような動作が起こるかを考えよ．二つの D-FF の初期状態は 0 であるとし，IN を 1 としておき，CLK を 0 から 1 に変化させる．この時，FF の出力 Q_0, Q_1 はどのような値になるかを考えよ．

またホールド違反を防止するために，どのような対策を行えば良いか．ただし，T_d と，T_h は変更できないものとする．

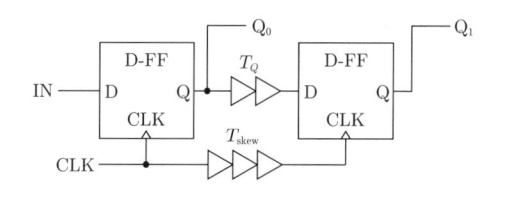

| 図 9・16 | シフトレジスタにおけるホールド違反 |

10章 演算回路

演算回路は，ディジタル回路で実行される様々な処理を行うために必須の回路である．コンピュータ上での映像，音声処理やグラフィックス処理を実行する際にも，論理演算や加減乗除算などを組合せて処理が行われている．本章では，数値の表現方法，2進数による加減算，乗算の方法とその回路，さらに高速に加減算，乗算を行う手法について概説する．

10·1 数値データの表現方法

数の表現方法を**基数** (radix) と呼ぶ．我々が通常使っている基数は10進数である．ディジタル回路では，0と1で数を表現する2進数を用いて数値を表現する．通常は0を0V，1を電源電圧 (V_{DD}) とする．ただし，2進数で表すと桁が多くなるため，2のべき乗の基数で表現する場合が多い．ディジタル回路では2進数のほかに，8進数と16進数が良く使われる．**表10·1**に各基数で表した数値の比較を示す．16進数では，10から15を表すのに，aからfまでのアルファベットを用いる．例えばffは，10進数では $255(=15 \times 16 + 15 \times 1)$ となる．C言語では，8進数は頭に0，16進数は0xをつけて表現する．たとえば，011は，10進数

表10·1　各基数による数値表現

2進	0000	0001	0010	0011	0100	0101	0110	0111
8進	0	1	2	3	4	5	6	7
10進	0	1	2	3	4	5	6	7
16進	0	1	2	3	4	5	6	7
2進	1000	1001	1010	1011	1100	1101	1110	1111
8進	10	11	12	13	14	15	16	17
10進	8	9	10	11	12	13	14	15
16進	8	9	a	b	c	d	e	f

では9，0xffは10進数では先ほど同様255となる．

10·2 2の補数を使った加減算

　加減算は，小学校の低学年で習うもっとも単純な算術演算であり，加算は数を増やすことで減算は数を減らすことである．ディジタル回路においても同様のアルゴリズムで加減算を行うことが可能であるが，回路規模を減らすために，減算の定義を変更し，加算と同じく数を増やすことで減算を行えるようにする．このための数値表現の方法を**補数表現**と呼ぶ．補数表現には1の補数と2の補数があるが，1の補数は0を表す方法が2種類存在し，数値演算に不向きであるため，2の補数が利用される．2の補数は全ビット反転と定義される1の補数に1を足すことで得られる．例を下記に示す．

$$010110 \text{の2の補数} = \overline{010110} + 1 = 101001 + 1 = 101010$$

　2の補数を使うことで，加減算が同じ方法で実行できるため，条件の判断が不要となり，大幅に回路規模を減らすことができる．2の補数では**最上位ビット**（Most Significant Bit；**MSB**）は符号と等しく，MSBが0の時，正の値，1の時は逆に負の値となる．

　2の補数を定義するにはその数を表現するビット幅を定義しなければならない．ここでは例として4ビットで2の補数を表現する．0010は10進数で2である．この2の補数は1110である．この両者の加算を行ってみよう．

```
     0010     (2)
+    1110    (−2)
　　─────
   1 0000
```

　最上位桁に現れる1は桁あふれであり，無視すると答えは0となる．$2+(-2) = 2-2 = 0$となり，1100が−2と等しいことがわかる．これが2の補数による減算のアルゴリズムである．魔法を見ているように思うかも知れないが，トリックはいたって簡単である．**図10·1**に3ビットで表現した場合の2の補数表現を示す．3ビットでは，−4から3までが表現可能である．桁あふれを無視すると図10·1のように数は循環している．たとえば上から2行目の2から3下がると，−1となるが，下から3行目の2から5上がると同様に−1となる．つまり　3（3下がる）

```
10進(符号無視)    2進    2の補数
    3(11)      1011      3
    2(10)      1010      2
    1( 9)      1001      1
    0( 8)      1000      0      桁あふれは無視
    7          111      −1
    6          110      −2
    5          101      −3
    4          100      −4
    3          011       3
    2          010       2
    1          001       1
    0          000       0
```

図 10・1　循環する 2 進数

と +5（5 上がる）が同じ演算となる．符号を無視すると 10 進数では 5 となる 2 進数の 101 が −3 と同じ意味となる．010 + 101 = 111 となり，結果は −1 となる．

10・3 加減算回路

〔1〕半加算器（Half Adder；HA）

2 の補数による算術演算を行うために用いるもっとも単純な回路が**図 10.2** に示す半加算器である．半加算器は二つの 1 ビット 2 進数を入力とし，2 ビットの 2 進数を出力とする．その真理値表を**表 10.2** に示す．C は桁上げ，S は和である．

〔2〕全加算器（Full Adder；FA）

半加算器では二つの 1 ビット 2 進数の加算を行うことができるが，多ビットの加算を行う場合，**桁上げ**（Carry）も考慮しなければならない．桁上げまで含めた三つの 1 ビット 2 進数を加算する回路を**全加算器**と呼ぶ．全加算器は**表 10.3** で表される真理値表で表現できる．CI は入力側の桁上げ，CO は出力側の桁上げである．全加算器は**図 10.3** に示す通り，2 個の半加算器と 1 個の OR で構成することができる．

〔3〕多ビットの全加算器

2 個の多ビット 2 進数の加算を行う全加算器を**図 10.4** に示す．先に示した半加算器と全加算器を単に直列につないだだけである．この構造の加算器を**桁上げ伝**

表 10・2		半加算器の真理値表		
入力		出力		和
A	B	C	S	
0	0	0	0	$(0)_{10}$
0	1	0	1	$(1)_{10}$
1	0	0	1	$(1)_{10}$
1	1	1	0	$(2)_{10}$

表 10・3			全加算器の真理値表		
入力			出力		和
A	B	CI	CO	S	
0	0	0	0	0	$(0)_{10}$
0	0	1	0	1	$(1)_{10}$
0	1	0	0	1	$(1)_{10}$
0	1	1	1	0	$(2)_{10}$
1	0	0	0	1	$(1)_{10}$
1	0	1	1	0	$(2)_{10}$
1	1	0	1	0	$(2)_{10}$
1	1	1	1	1	$(3)_{10}$

図 10・2 半加算器

図 10・3 全加算器

$A = (A_{n-1}, \cdots A_1, A_0)_2$ 等と定義

図 10・4 多ビットの全加算器

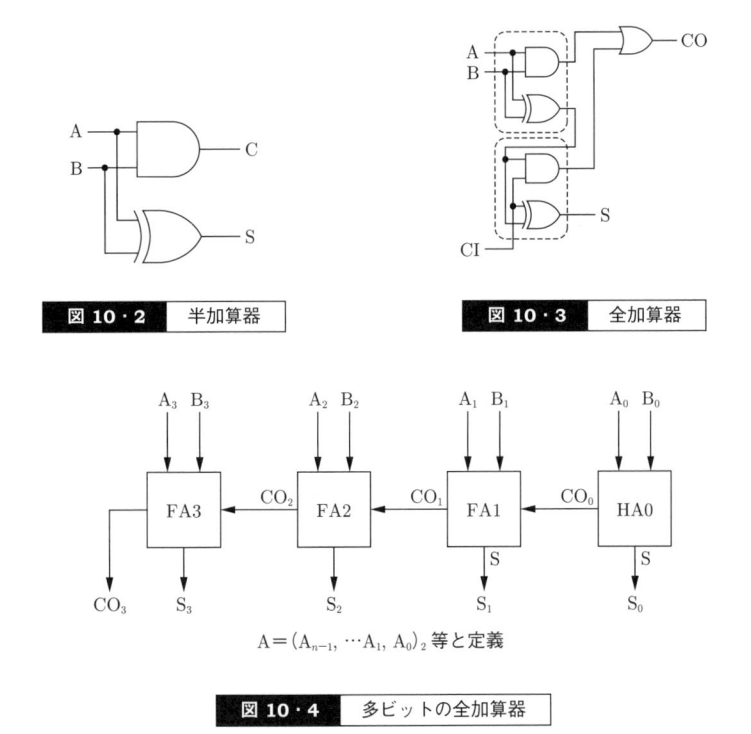

搬加算器(Ripple Carry Adder；**RCA**,もしくは Carry Propagate Adder；CPA)と呼ぶ.**最下位ビット**(Least Significant Bit；**LSB**)の A_0, B_0 の加算には,2個の入力しか必要としないため,半加算器を用いる.

RCAは回路構造が簡単であるが，桁上げ伝搬に時間がかかるという欠点がある．図10·5は，8ビットの加算を行った場合の最悪の桁上げ伝搬を示す．LSBからMSBまで8ビット分キャリーが伝搬する．キャリー伝搬がクリティカルパス（もっとも遅い信号伝送経路）となる．

A		1	1	1	1	1	1	1	1	
+A		0	0	0	0	0	0	0	1	
$A \oplus B$		1	1	1	1	1	1	1	0	
CO		0	0	0	0	0	0	0	1	最初の時点
CO		0	0	0	0	0	0	1	1	CO_0が1ビット目に伝わると
CO		1	1	1	1	1	1	1	1	最終の時点
CO_8, S	1,	0	0	0	0	0	0	0	0	

図 10·5 最悪の桁上げ伝搬

〔4〕補数器

図10·6に1の補数器と2の補数器を示す．1の補数は単に論理否定をとるだけであるので，インバータで構成できる．2の補数器は論理否定に1を足す必要がある．1を足すための回路を**インクリメンタ**（incrementor）と呼ぶ．インクリメンタは半加算器を図10·4に示す多ビットの全加算器のように接続することで構成できる．

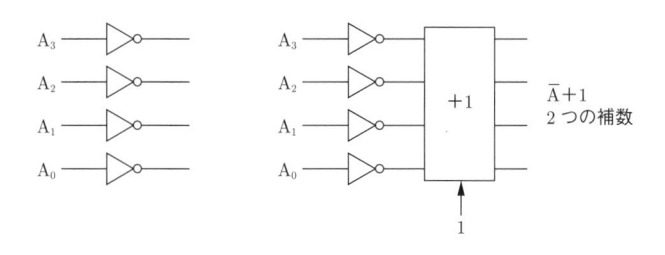

図 10·6 1の補数器（左）と2の補数器（右）

〔5〕加減算器

2の補数を用いれば,加算と減算が同じアルゴリズムで実現できることを先に述べた.図 10·7 に 2 の補数を用いた加減算器を示す.2 の補数を用いることで図 10·4 に示した多ビットの全加算器の LSB 部分を全加算器に置き換え,入力に XOR ゲートを追加するだけで加減算器を実現することができる.セレクタの入力を切り替える信号 SEL により下記の演算を実行する.

SEL $= 0$ のとき　$S = A + B$

SEL $= 1$ のとき　$S = A + \overline{B} + 1 = A + (B の 2 の補数)$

SEL $= 1$ の時は,XOR ゲートにより B をビット反転し,全加算器の LSB のキャリー入力を 1 とすることで 2 の補数を加算する.

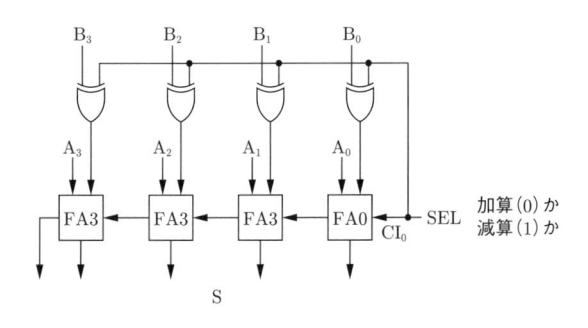

図 10·7　加減算器

10·4 高速加算回路

〔1〕桁上げ先見加算器

桁上げ伝搬加算器はビット幅の線形に比例してクリティカルパスが長くなるため,高速に演算を実行することができない.この欠点を解消するために利用されるのが**桁上げ先見加算器**(Carry Look-ahead Adder;CLA)である.CLA では,キャリー伝搬の条件が「その桁の二つ (A_i,B_i) の入力がともに 1 であるか,どちらかが 1 で,一桁下のキャリー出力 (CI_i) が 1 のとき」であることを利用して桁上げ伝搬段数を減らす.式 (10·1)〜(10·3) はこのことを利用した演算方法を示

している．G_i は Carry Generate と呼ばれ，P_i は Carry Propagate と呼ばれる．

$$CI_{i+1} = CO_i = A_i \cdot B_i + (A_i + B_i) \cdot CI_i$$
$$= G_i + P_i \cdot CI_i \tag{10・1}$$
$$G_i = A_i \cdot B_i \tag{10・2}$$

　　$G_i = 1$ なら，必ずその桁でキャリーが発生する

$P_i = A_i + B_i$

　　$P_i = 1$ なら，下の桁よりキャリーが伝搬する可能性がある

CI_{i+1}, G_i, P_i を利用した CLA の原理を式 (10·3)～(10·6) に示す．

$$CI_1 = G_0 + P_0 \cdot CI_0 \tag{10・3}$$
$$CI_2 = G_1 + P_1 \cdot CI_1$$
$$= G_1 + P_1 \cdot G_0 + P_1 \cdot P_0 \cdot CI_0 \tag{10・4}$$
$$CI_3 = G_2 + P_2 \cdot CI_2$$
$$= G_2 + P_2 \cdot G_1 + P_2 \cdot P_1 \cdot G_0 + P_2 \cdot P_1 \cdot P_0 \cdot CI_0 \tag{10・5}$$
$$CI_4 = G_3 + P_3 \cdot CI_3$$
$$= G_3 + P_3 \cdot G_2 + P_3 \cdot P_2 \cdot G_1 + P_3 \cdot P_2 \cdot P_1 \cdot G_0 + P_3 \cdot P_2 \cdot P_1 \cdot P_0 \cdot CI_0$$
$$\tag{10・6}$$

図 10·8 は CI_4 を実現する組合せ回路である．4 ビット ($n = 4$) で，3 段 ($1 + \log_2 4$)

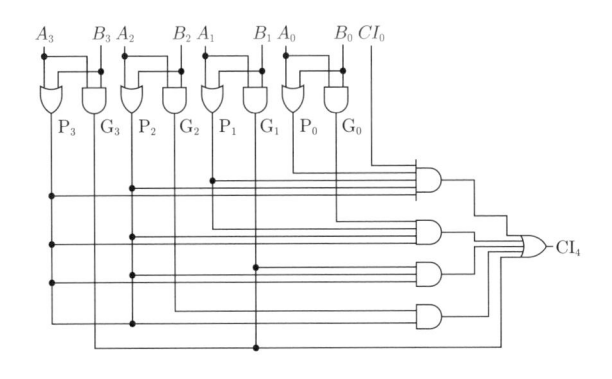

図 10・8　CI_4 を実現する組み合わせ回路

のゲート段数となる．CPA では，n に線形比例して論理段数が増えていくが，CLA の場合は $\log n$ に比例して論理段数が増えていくため，多ビットの加算でもクリティカルパスが長くならない．

〔2〕桁上げ選択加算器

桁上げ選択加算器（Carry Select Adder）では，多ビットの加算を数ビット毎に個別に行う．下位ビットからのキャリー伝搬の有無が先にわからないため，キャリー伝搬がある場合と無い場合との両方を計算しておき，キャリーが伝搬した段階でどちらかを選択する．たとえば $3n$ ビットの加算を n ビット毎に行った場合，キャリー伝搬は $n+2$ となり，大きく桁上げ段数を減らすことができる．図 10·9 に $2n$ ビットの加算を n ビット毎に行う桁上げ選択加算器を示す．

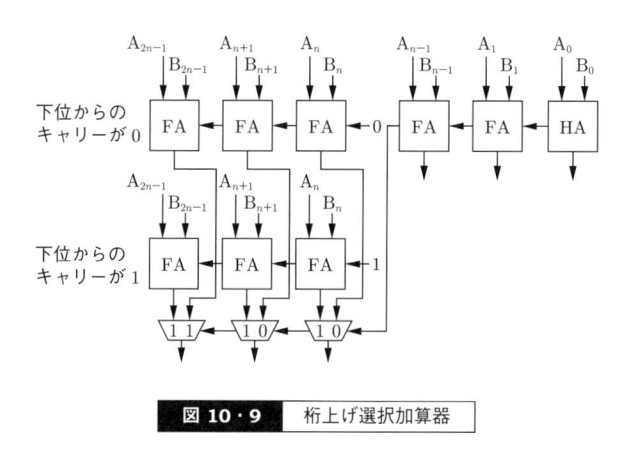

図 10·9 桁上げ選択加算器

〔3〕桁上げ保存加算器

桁上げ保存加算器（Carry Save Adder；CSA）は，多項の加算のさいに複数ビットの桁上げ伝搬を 1 回とする場合に用いられる加算器である．乗算器の部分積の加算に用いられることが多く，10·7 節の乗算回路で詳しく紹介する．図 10·10 に CPA と CSA による多項の加算例を示す．ここでは，$S = A + B + E + F$ という 4 項の加算を行っている．左側の CPA のみを用いた回路ではキャリー伝搬はすべての段で起こる．一方，右側の CSA を用いた回路ではキャリー伝搬は最終段に置かれた CPA のみで起こる．

10・5 シフト回路

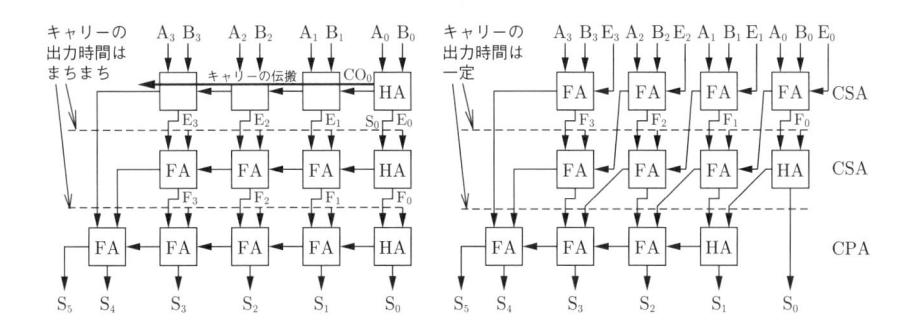

図 10・10 CPA のみを用いた多項の加算（左）と CSA も用いた多項の加算（右）

10・5 シフト回路

C 言語では，`A<<4` で，A を 4 ビット左シフトさせることができる．レジスタ A に格納されている値を 4 ビット左シフトして 8 ビットのレジスタ B に格納するには，図 10・11（左）に示すように，単に，4 ビット左方向にずらして接続すれば良い．固定されたビット幅だけシフトする回路はこのように配線だけで実現することができる．

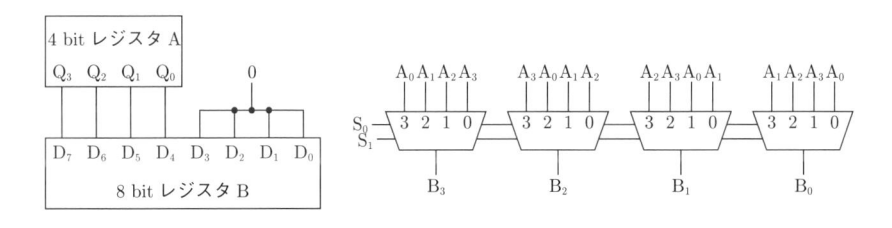

図 10・11 4 ビットシフトするためのレジスタ間の接続（左）と，4 ビットバレルシフタ（右）

m ビットの左シフトは，2^m の乗算に等しく，逆に m ビットの右シフトは，2^m の除算に等しい．マイクロプロセッサでは，2^m の乗算を m ビットのシフトに置き換えて実行することがある．

任意のビット幅分シフトできる回路を**バレルシフタ**と呼ぶ．例えば，(A3, A2, A1, A0) で表される 4 ビットの入力 A を 0 から 3 ビットまで，左シフトして，

(B3, B2, B1, B0) の 4 ビットに出力することのできるバレルシフタは，図 10·11（右）の通り，4 入力マルチプレクサを使って実現することができる．バレルシフタでのシフトは通常，循環シフトであり，左シフトしてあふれたビットは右から戻される．

10·6 算術論理演算ユニット（ALU）

プロセッサ内で様々な演算を行う回路を，**算術論理演算ユニット**（Arithmetic Logic Unit；**ALU**）と呼ぶ．**図 10·12** に加減算器と論理ゲートからなる単純な ALU と S_1，S_0 による機能を示す．選択信号（S_1, S_0）により，加算，減算，論理積，論理和と演算の種類を切り替える．図 10·7 で紹介した加減算器であり，SEL により，加算と減算を切り替える．図 10·12（右）に示した真理値表より，SEL=S_0 とすれば良いことがわかる．

高性能な CPU では，このあとに説明する乗算回路などの複雑な演算器を ALU に組込んでいる．

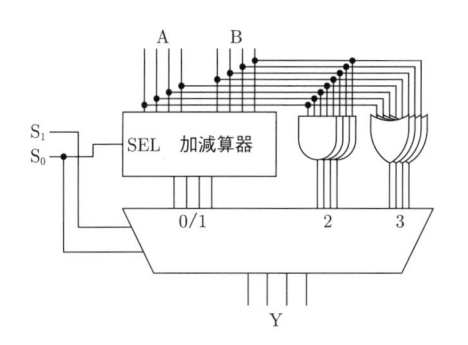

S_1	S_0	機能	SEL
0	0	加算	0
0	1	減算	1
1	0	論理積	x
1	1	論理和	x

図 10·12 算術論理演算ユニット（ALU）（左）と，S_1，S_0 による機能と SEL への入力値

10·7 乗算回路

〔1〕2 進数の乗算法

図 10·13 に 2 進数の乗算法を示す．10 進数での ×10 は，2 進数では ×2 であり

```
    x     1 5 1 2           x       1 0 1 1   (11)₁₀
    y  ×  2 0 4 3           y   ×   1 1 0 1   (13)₁₀
          ─────                     ─────
          4 5 3 6                   1 0 1 1     部分積
        6 0 4 8                   0 0 0 0       部分積
      0 0 0 0                   1 0 1 1         部分積
    + 3 0 2 4                 + 1 0 1 1         部分積
      ───────                 ───────────
      3 0 8 9 0 1 6           1 0 0 0 1 1 1 1   (143)₁₀
```

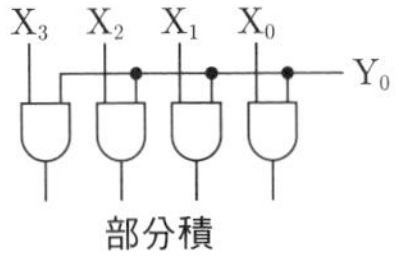

図 10・13　2進数の乗算法（左）と部分積発生回路（右）

単なるシフト演算となり，計算は非常に簡単である．被乗数と1桁の乗数と乗算結果を**部分積**（Partial Product；PP）と呼ぶ．乗数の該当ビットが0のときにPPは0となる．一方，乗数の該当ビットが1のときに，PPは被乗数を乗数の該当ビット分シフトした値となる．部分積の発生回路を図10·13（右）に示す．シフトは配線をずらして接続すれば良いため，回路としては単なる論理積のみとなる．

〔2〕**繰り返し乗算法**

先に示した通り，乗算は下の桁から順にPPを求めてそれを順次加算することを繰り返していけばよい．この単純なアルゴリズムにより行う乗算を**繰り返し乗算法**と呼ぶ．図10·14に繰り返し乗算法のアルゴリズムを示す．繰り返し乗算法は，乗算器を搭載しない回路で行われている乗算方法である．しかし，乗数のビット数分だけ繰り返す必要があるため，遅くなる．

```
P = 0; (乗算結果を初期)
for(i=0; i<n; i++){

  1. if(Yᵢ==0) PP=0; // 乗数の第iビット(Yᵢ)が0なら，部分積は0
  2. eles PP=X; // 乗数の第iビットが1なら，部分積はX
  3. P += (PP<<i); // 部分積をiビットシフトさせて積に加える

}
```

図 10・14　繰り返し乗算法のアルゴリズム

図10·15に，4ビットの繰り返し乗算器を示す．シフトレジスタ，部分積発生回路，4ビット-7ビットシフタ，8ビット加算器，8ビットレジスタからなる．クロック（CLK）により，シフトレジスタは1ビットずつ被乗数を部分積発生回路

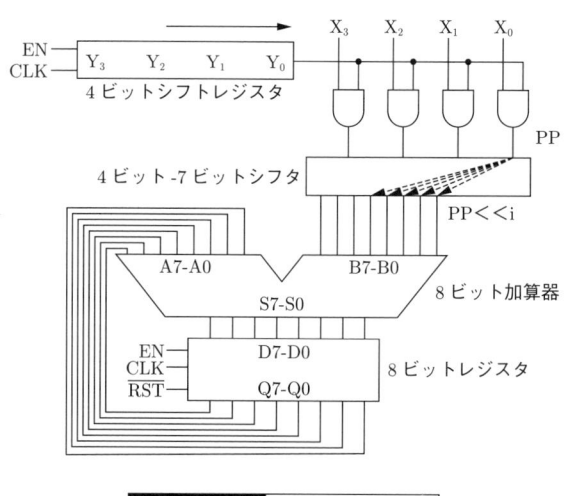

図 10・15 繰り返し乗算器

に送り込む．生成された部分積は，4ビット-7ビットシフタにより，必要なだけシフトされ，8ビット加算器に送られる．4ビット-7ビットシフタは，4ビットの部分積を最大3ビットシフトさせることのできるシフタである．8ビット加算器はこれまでの加算結果とシフトされた部分積を加算して，8ビットレジスタに送る．

〔3〕高速乗算法：ワレスツリー

繰り返し乗算では，桁上げを繰り返しごとに行っており繰り返しごとに時間を要する．一方，ワレスツリーは，各ビットごとに部分積の加算を行い，桁上げは最後に行うことで，高速化を行う手法である．**図 10・16**（左）は，先ほど図 10・13 に示した 2 進数の乗算である．図 10・16（右）に 4 ビットの 2 進数を乗算するワレスツリー乗算器の構造を示す．

xi, yi は，被乗数と乗数の i ビット目を表す．HA，FA は，半加算器と全加算器を示し，箱の左から伸びる配線はキャリー（C），箱の下から伸びる配線は和（S）となる．ワレスツリーでは，部分積を列毎に縦に加算していく．初段目，2段目はそれぞれ3個の HA，FA から構成され，図 10・10（右）に示した CSA の構造と同様に桁上げは次段に送る．HA，FA を用いて最終的に 6 ビットの加算器で加算できるまで部分積を減らし，最後に全ビットの加算を CPA を使って行う．例に

10・7 乗算回路

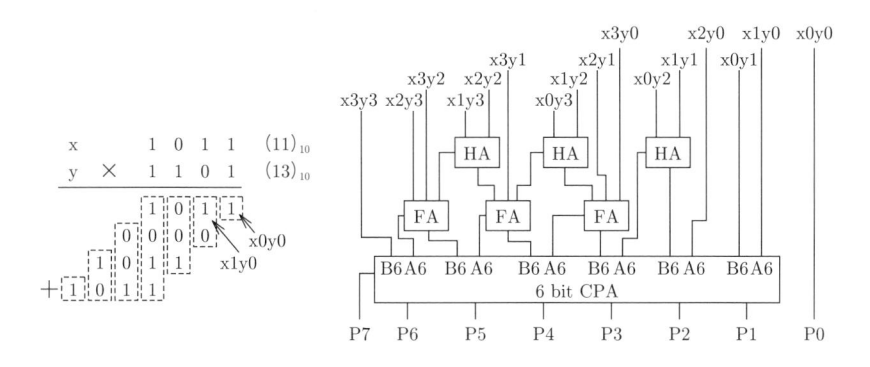

```
 x      1 0 1 1   (11)₁₀
 y  ×   1 1 0 1   (13)₁₀
        ─────────
        1 0 1 1      
        0 0 0 0   ← x0y0
      1 0 1 1      ← x1y0
+   1 0 1 1
```

図 10・16 2進数の乗算における部分積（左）とワレスツリー乗算器（右）

示した4ビット×4ビットの乗算の場合の部分積は16個となる．最下位ビットは桁上げに関与しないため，残りの15個の部分積を各桁毎に半加算器と全加算器を用いてビット幅を減らし，最終的に各桁2個にする．これを6ビットCPA（6 bit CPA）を用いて一気に加算する．

ワレスツリーでは各列毎に計算を行う．一方，通常の乗算方法では，各行毎に加算を行い，その結果の加算をさらに行う．各行の加算とその後の加算の両方で桁上げ伝搬が発生する．ワレスツリーでは桁上げは最後の加算器を除いて1ビット上に伝搬するのみである．桁上げ伝搬は伝搬する桁数に比例する時間がかかるため，回路の速度を落とす主要因となる．

Column 除算回路

ここまでで，四則演算のうち除算以外の回路を紹介した．除算は，小学校でも最後に習う通り，もっとも複雑な演算であり，乗算，加減算が必要となる．

$$98 \div 9$$

を例題として，2進数による除算の方法を下記に示す．

$$(98)_{10} \div (9)_{10} = (10)_{10} \cdots (8)_{10}$$
$$(01100010)_2 \div (1001)_2 = (1010)_2 \cdots (1000)_2$$

$$
\begin{array}{r}
0\ \ 1\ \ 0\ \ 1\ \ 0 \quad PQ_0, PQ_1, PQ_2, PQ_3, PQ_4 \\
1001\,)\,0\ \ 1\ \ 1\ \ 0\ \ 0\ \ 0\ \ 1\ \ 0 \\
-0\ \ 0\ \ 0\ \ 0 \\
\hline
1\ \ 1\ \ 0\ \ 0 \qquad\qquad PR_0 \\
-\ 1\ \ 0\ \ 0\ \ 1 \\
\hline
0\ \ 1\ \ 1\ \ 0 \qquad\qquad PR_1 \\
-\ 0\ \ 0\ \ 0\ \ 0 \\
\hline
1\ \ 1\ \ 0\ \ 1 \qquad\qquad PR_2 \\
-\ 1\ \ 0\ \ 0\ \ 1 \\
\hline
1\ \ 0\ \ 0\ \ 0 \qquad\qquad PR_3 \\
-\ 0\ \ 0\ \ 0\ \ 0 \\
\hline
1\ \ 0\ \ 0\ \ 0 \qquad\qquad R
\end{array}
$$

被除数 (DD),除数 (DS),部分商 (PQ_i),剰余 (R) の関係は次の通りとなる.

$$DD = DS \times (PQ_0, PQ_1, PQ_2, PQ_3, PQ_4) + R$$

除算を繰り返すことに行う繰り返し除算器のブロック図を**図 10·17** に示す.主要な回路ブロックでは,PR_i(部分剰余)と DS(除数)の比較を行い,その比較結果により,次のビット部分剰余 (PR_{i+1}) と,現在のビットの部分商 (PQ_i) を生成する.

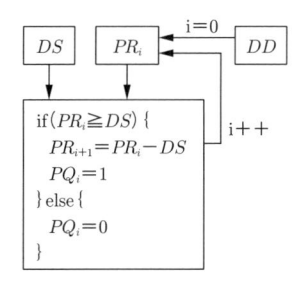

```
         i=0
  ┌──┐ ┌──┐  ←  ┌──┐
  │DS│ │PRᵢ│     │DD│
  └─┬┘ └─┬┘     └──┘
    ↓    ↓
  ┌──────────┐
  │if(PRᵢ≧DS){│
  │ PRᵢ₊₁=PRᵢ−DS│  i++
  │ PQᵢ=1     │
  │}else{     │
  │ PQᵢ=0     │
  │}          │
  └──────────┘
```

図 10·17 繰り返し除算器のブロック図

○ 演 習 問 題

演習問題

1 8ビットの2の補数表現を用いて，次の10進数を表現せよ．また8ビットの2の補数表現を用いて表すことのできる最大値，最小値を求めよ．

$$100, -100, -1$$

2 4ビットの2の補数表現を使って，次の加減算を行ない結果を確認せよ．桁あふれが起こるのはどの演算か？

$$2+3, \quad 4-5, \quad 5-7, \quad 5+4, \quad 7-5, \quad 6-3, \quad -4-7$$

3 C言語におけるunsigned char型のビット幅を調べ，unsigned char型で表すことのできる整数の範囲を求めよ．また，char型で表すことのできる整数の範囲も求めよ．

4 図10·3に示した1ビットの全加算器に含まれるAND，ORゲートをド・モルガンの法則を用いて，NANDゲートに置き換えよ．

11章 メモリ回路

記憶機能の総称をメモリと言う．メモリ回路は大量のビットデータ（0または1のいずれかの値）を記憶する集積回路である．7章で述べたラッチとフリップフロップも広義のメモリ回路であるが，それらは1ビット単位で単独で動作するので論理回路の中で任意に配置される．対して狭義のメモリ回路はメモリセルと呼ばれる数トランジスタ程度の回路の配列として実装される．メモリセル配列は単独で動作できないので周辺回路が必要であるが，メモリセル配列と周辺回路はともに規則正しい回路構成を持つので，メモリは高集積化に最も適した集積回路といえる．この章では特にCMOS標準プロセスに適したマスクROM（Read Only Memory）とSRAM（Static Random Access Memory）について述べる．その他のメモリ回路についても触れる．

11·1 メモリの分類

計算機は図11·1に示すようなメモリ階層を持ち，各階層に適した半導体メモリが利用されている．7章で述べた通り論理回路における記憶素子にはフリップフロップが用いられる．プロセッサ内部の論理回路と直接の接続が必要でかつ高速性が求められるキャッシュメモリには現在SRAMが利用されている．DRAMはプ

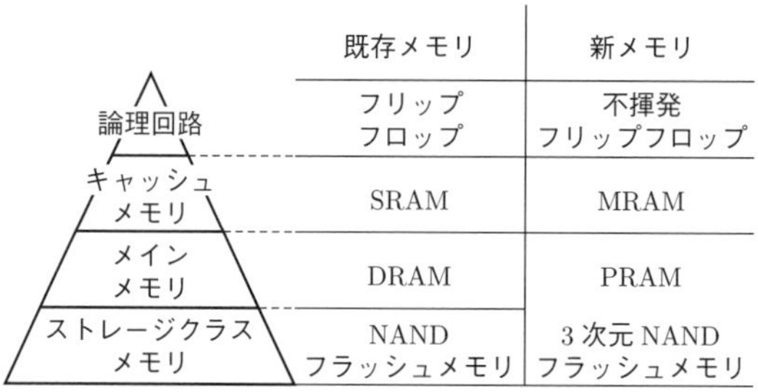

	既存メモリ	新メモリ
論理回路	フリップフロップ	不揮発フリップフロップ
キャッシュメモリ	SRAM	MRAM
メインメモリ	DRAM	PRAM
ストレージクラスメモリ	NANDフラッシュメモリ	3次元NANDフラッシュメモリ

図 11·1　計算機におけるメモリ階層

ロセッサ外部に主記憶として置かれる．ストレージクラスメモリとしてはNANDフラッシュメモリを大量に搭載したSSD（Solid State Drive）がハードディスクドライブ（Hard Disk Drive；HDD）からその役割を奪いつつある．さらにこれら各階層における既存半導体メモリの置換えを狙って将来性のある不揮発メモリ（新メモリ）の開発が進んでいる．既存メモリと新メモリの分類表を**表 11·1** に示す．用途・特性・必要な製造プロセス技術などによって分類される．

表 11·1 メモリ分類表

ROM	不揮発性メモリ	CMOS 標準プロセス	マスク ROM
		特殊プロセス （浮遊ゲート）	NOR フラッシュメモリ NAND フラッシュメモリ
RAM	揮発性メモリ	CMOS 標準プロセス	SRAM
		特殊プロセス （高誘電体絶縁膜）	DRAM
	不揮発性メモリ	特殊プロセス （強誘電体絶縁膜）	FeRAM
		特殊プロセス （磁気トンネリング接合）	MRAM
		特殊プロセス （相変化膜）	PRAM

ROM とは Read Only Memory を意味し読出し専用メモリである．**RAM** は Random Access Memory を意味し読み書きともにランダムアクセス可能（任意の時間に任意の場所に格納されたデータに直接アクセスできること）である．

電源を切ってもデータを保存する特性，すなわちデータが消えない特性を "**不揮発性**" と言い，ROM は本質的に不揮発性を有している．マスク ROM（11·2 節参照）は純粋な読出し専用メモリであり設計時に内容を決定すると二度と変更ができない．フラッシュメモリには NOR 型と NAND 型がある．フラッシュメモリは純粋な読出し専用メモリではなく実際には再書込み（書換え）可能である．近年 ROM の定義は "読出し専用" というより "書換え可能回数が少ない" という意味が強くフラッシュメモリは書換え可能回数がその他の書換え可能メモリより極端に少ない．なお NOR フラッシュメモリは読出しに関しては高速ランダムアクセスが可能でありマスク ROM と同様に組込みプロセッサにおけるプログラムメモリとして多用される．NAND フラッシュメモリについては読出し・書換えともに

ランダムアクセスはできずシーケンシャルアクセス（逐次的に連続アドレスにアクセスすること）しなければならない．そのために NAND フラッシュメモリはそれほど高速性の要求されないストレージクラスメモリに採用されている（またストレージクラスメモリは書換え可能回数が少なくてすむ）．

SRAM（11·3 節参照）や DRAM（11·4 節参照）は揮発性であり電源を切れば保存しているデータを失う．DRAM については電源を与え続けたとしてもリフレッシュ動作をしなければデータを保持できない．ただし RAM においても不揮発性を有するものがある．FeRAM・MRAM・PRAM（11·6 節参照）は近年実用化が始まった新しい不揮発メモリである．不揮発性を有する RAM は究極のメモリであり電源を任意に遮断することができるのでメモリにおける電力の支配的要因であるリーク電力を大幅に削減できる可能性を持つ．

メモリの製造プロセスは論理回路との混載（同一チップ上での実装）を考える場合に重要な要素となる．論理回路の製造プロセスである CMOS 標準プロセスで実装可能なマスク ROM と SRAM については製造コストに与える影響を小さくで

表 11·2　各メモリの技術的特徴（ITRS 2011 Edition から引用）

		NOR フラッシュ	NAND フラッシュ	SRAM	DRAM	FeRAM	MRAM	PRAM
プロセスルール F〔nm〕	2011 年	90	22	45	36	180	65	45
	2024 年	25	8	10	9	65	16	8
セル面積〔F^2〕	2011 年	10	4	140	6	22	20	4
	2024 年	10	4	140	4	12	8	4
読出し時間	2011 年	15 ns	0.1 ms	0.2 ns	10 ns	40 ns	35 ns	12 ns
	2024 年	8 ns	0.1 ms	70 ps	10 ns	20 ns	10 ns	10 ns
書込み時間	2011 年	1 μs	1 ms	0.2 ns	10 ns	65 ns	35 ns	100 ns
	2024 年	1 μs	1 ms	70 ps	10 ns	10 ns	1 ns	50 ns
保持時間	2011 年	10 年	10 年	—	64 ms	10 年	10 年	10 年
	2024 年	10 年	10 年	—	64 ms	10 年	10 年	10 年
書換え可能回数	2011 年	10^5	10^4	10^{16}	10^{16}	10^{14}	10^{12}	10^9
	2024 年	10^5	5×10^3	10^{16}	10^{16}	10^{15}	10^{15}	10^9
書込み動作電圧〔V〕	2011 年	10	15	1	2.5	1.3–3.3	1.8	3
	2024 年	9	15	0.7	1.5	0.7–1.5	1	3
読出し動作電圧〔V〕	2011 年	1.8	1.8	1	1.8	1.3–3.3	1.8	1.2
	2024 年	1	1	0.7	1.5	0.7–1.5	1	1

きる．特殊プロセスが必要なメモリについてはその製造工程や動作環境・速度・電力（熱）に関する設計など多角的な要因について考慮が必要となる．各メモリの技術的特徴を**表 11.2** にまとめる[1]（マスク ROM についてはセル面積が $35\,\mathrm{F}^2$ 程度であることを除き"読出し専用 SRAM"と同等と考えて良い）．

11・2 マスク ROM

設計時にメモリデータを決定する，つまりフォトマスクのレイアウトで書込みデータが決定されるので**マスク ROM** と呼ばれる．マスク ROM セルは NMOS アクセストランジスタ一つのみで構成され SRAM（11・3 節で後述）に比べセル面積を 1/4 程度にまで抑制することができる．**図 11・2** に示す通り NMOS アクセストランジスタのソースは GND に接地されているがドレインとビット線 BL との接続はデータ 0 と 1 で異なる．マスク ROM セルのレイアウト（拡散領域・ゲート電極・コンタクトのみ）を**図 11・3** に示す．0 の場合ドレインはコンタクトを通して上部メタルの BL に接続され横方向のワード線 WL が活性化されると縦方向の BL は GND に接地される．1 の場合ドレインにコンタクトがないため WL が選択されても BL は GND に接地されない．

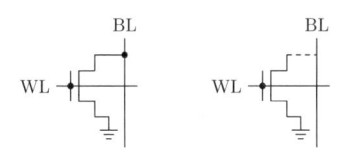

図 11・2 マスク ROM セル回路図：データ 0（左）および 1（右）

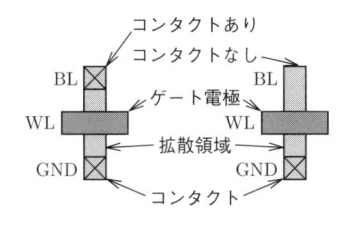

図 11・3 マスク ROM セルレイアウト：データ 0（左）および 1（右）

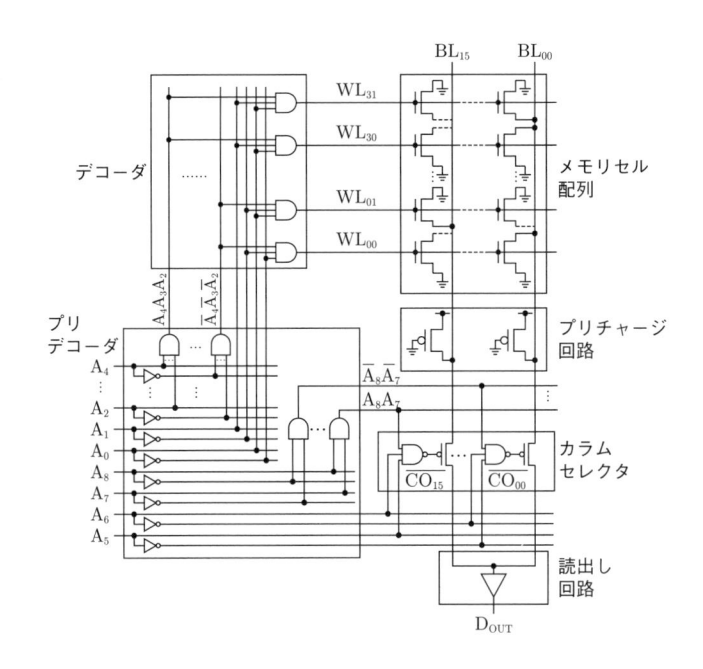

図 11・4 512 ワード 1 ビット幅マスク ROM 全体回路図

図 11・4 は 32×16 個のセルを配置した 512 ビット（512 ワード 1 ビット幅）マスク ROM 回路の設計例である．2 次元にマスク ROM セルを 512 ビット配列し，アドレス信号 A_8–A_0 によって任意の 1 ビットを D_{OUT} として読み出す．

縦方向（メモリでは X 方向という）におけるワード線 WL_{31}–WL_0 の選択は A_4–A_0 を用いて行う．このため縦方向のデコーダを X デコーダと呼ぶこともある．32 ワードの選択は論理的には 5 入力 AND ゲートを用いてデコードすればよいが多入力 AND のゲートを用いるとデコーダの回路規模と遅延が大きくなるので通常は追加周辺回路としてプリデコーダを併用する．プリデコーダによりデコードを階層的に行い最終段デコーダのファンインを制限することでデコーダ全体のトランジスタ数の削減とデコード速度の最適化がなされる．横方向（Y 方向）におけるビット線 BL_{15}–BL_0 の選択はカラムセレクタを用いて行う．カラムセレクタの NAND ゲートを Y デコーダと呼ぶ．カラムセレクタはいずれかのビット線を読出し回路に接続するものである．この設計例ではアドレス上位の A_8–A_5 に基づいて任意のビット線を選択する．

プリチャージ回路はビット線に常時V_{DD}への接続を与えている．そのためNMOSアクセストランジスタのドレインにコンタクトがないデータ1セルの読出しの場合にはビット線には1が現れ，読出し回路のバッファを通じて1が読出される．反してデータ0セルは導通したNMOSアクセストランジスタとプリチャージ回路が衝突を起こしレシオ回路（3·1節参照）となる（ビット線は完全にGNDまで放電することはできない）．つまりレシオ回路となるNMOSアクセストランジスタとプリチャージPMOSのサイズ設計およびその出力を受ける読出し回路のバッファのトランジスタサイズ設計には特に注意を要する．

読出しビット幅を広げたい時，例えば16ビット幅読出しとしたい場合にはメモリセル配列・プリチャージ回路・カラムセレクタ・読出し回路を1ブロックとして横方向に16ブロック並べれば良い．

11·3 SRAM

SRAM（Static Random Access Memory）セルの回路図を図 11·5 に示す．6トランジスタを有するので6T SRAM とも呼ばれる．CMOS標準プロセスで実装可能であるので汎用LSIの組込みメモリやプロセッサのキャッシュメモリとして多用される．6T SRAMセルはPMOS負荷トランジスタ（M0，M1）・NMOSドライブトランジスタ（M2，M3）・NMOSアクセストランジスタ（M4，M5）で構成されている．負荷トランジスタ二つとドライブトランジスタ二つの計4トランジスタにより7章で述べたクロスカップルドラッチが形成されておりその両端にアクセストランジスタを付けたものである．ワード線 WL = GND としアクセストランジスタを閉じた状態で内部ノードN0とN1は双安定しそれぞれ0（GND）もしくは1（V_{DD}）を保持する．

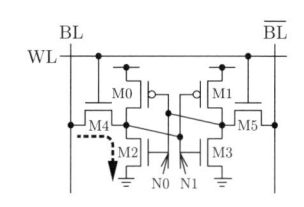

図 11·5 6T SRAM セル回路図

SRAMにおける書込み動作について簡単に説明する．書込みは書込み回路によりビット線対を相補駆動することによって決定される．図 11·5 において今 BL = GND, $\overline{\text{BL}} = V_{DD}$ と駆動されていると仮定する．WL が活性化しアクセストランジスタがオンになると内部ノード N1 = BL = GND, N0 = $\overline{\text{BL}}$ = V_{DD} となるようにデータの書込みが行われる．次に読出し動作について説明する．読出しデータは内部ノードによって決定される．内部ノードは今 N1 = GND, N0 = V_{DD} である．ワード線 WL が立ち上がる前にビット線対 BL・$\overline{\text{BL}}$ は V_{DD} にプリチャージされる．その後 WL が活性化されアクセストランジスタがオンする（BL・$\overline{\text{BL}}$ の両方を V_{DD} にしてからアクセストランジスタをオンしても N1・N0 は書換えられない）．図 11·5 の点線のように BL から M4 と M2 を通して GND への放電パスが生じ，BL にプリチャージされていた電荷の放電により BL の電位が V_{DD} から徐々に低下する．逆に $\overline{\text{BL}}$ においては放電パスが存在しないため $\overline{\text{BL}}$ の電位はプリチャージ電圧 V_{DD} から変化しない．BL と $\overline{\text{BL}}$ の間に発生する電位差をセンスアンプによって相補読出しすることにより，アクセスされたメモリセルの保持データが出力される．安定動作のためには以下のように書込み・読出し双方の動作マージンの確保が必要である．

図 11·6（左）に書込みマージン（Write Margin；WM）導出グラフを示す．内部ノード N0, N1 の電圧をそれぞれ V_{N0}, V_{N1} とする．今 WL = $\overline{\text{BL}}$ = V_{DD}, BL = GND の状態であり通常の書込み電圧は図中の点 V_{N1} = GND, V_{N0} = V_{DD} となる．ここで V_{N0}・V_{N1} をそれぞれ強制的に変化させた時の直流伝達特性の 2 本の曲線を重ねる．両曲線に内接する正方形は様々あるが正方形をスキャンさせるとその 1 辺の長さは極小値を持つ．それが WM に対応する．WM の値が大きいほど安定した書

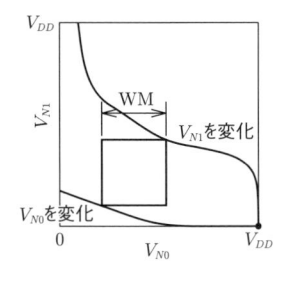

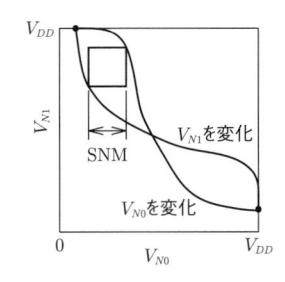

図 11·6 SRAM セルマージン：（左）書込みマージンと（右）読出しマージン

込みが行える．図 11·6（右）に読出しマージン（Static Noise Margin；SNM）導出グラフを示す（別名バタフライプロットとも呼ばれる）．WL = BL = $\overline{\text{BL}}$ = V_{DD} の状態で WM 導出グラフ同様に V_{N0}・V_{N1} をそれぞれ強制的に変化させると 2 本の曲線を得る．アイ（目）が二つ開いていれば安定点（黒点）が二つ存在し現在の保持状態はそのいずれかである．安定点ではデータ 1 の電圧は V_{DD} であるがデータ 0 の電圧は GND から少し浮き上がるので WL を閉じた保持状態に比べ安定性が悪くなる（しかしアイが二つ開いていれば安定ではある）．読出し動作マージン導出グラフに内接する最大正方形の 1 辺の長さが SNM に対応する．SNM の値が大きいほど読出し動作が安定となり読出し動作時において保持データが破壊されにくくなる．WM と SNM は相反する指標である．SRAM セルのトランジスタサイジングではどちらかが良くなればどちらかが悪くなるトレードオフの関係がある．一般に負荷トランジスタとアクセストランジスタを最小サイズとしドライブトランジスタはその倍程度とする．

SRAM セルのレイアウトを図 11·7 に示す．1 点鎖線が SRAM セル 1 ビットの境界を表している．細長いコンタクトはシェアードコンタクトと呼び，拡散領域・ゲート電極・第 1 層メタルを一括して接続することができる SRAM 専用のプロセスである．これにより SRAM セルの面積を削減できる．BL・$\overline{\text{BL}}$ は第 2 層メタルで縦方向に配線され，WL は（図示はされていないが）横方向に第 3 層メタルで配線される．

図 11·8 に m×n ワード 1 ビット幅 SRAM 回路の設計例を示す．プリデコーダ

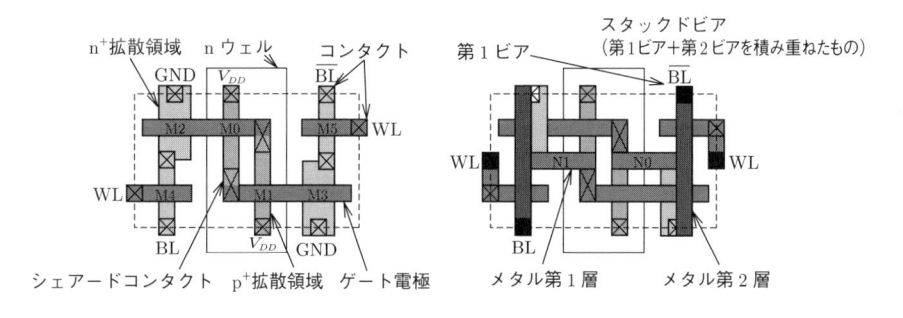

図 11·7 6T SRAM レイアウト：（左）n ウェル領域・拡散領域・ゲート電極・コンタクト，（右）それらにビア・メタル配線を形成している

図 11・8 m × n ワード 1 ビット幅 SRAM 全体回路図

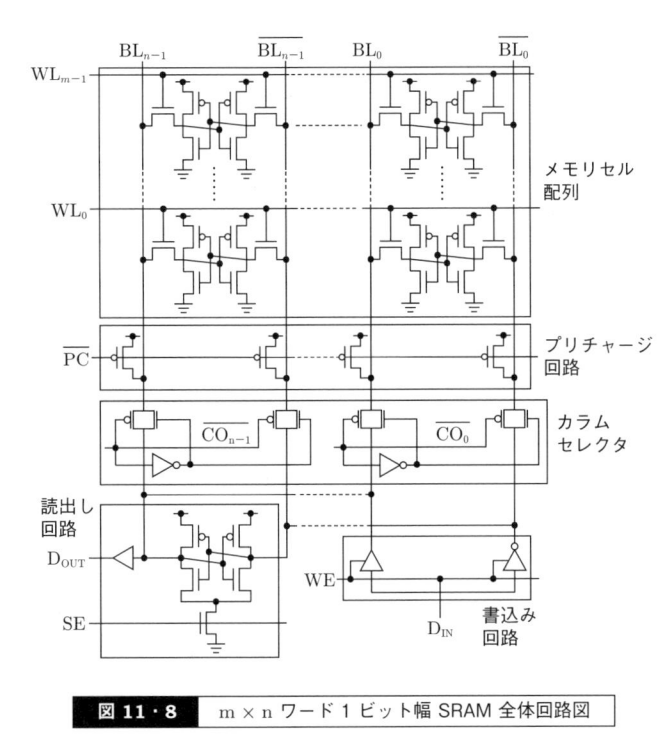

とデコーダ（X デコーダ・Y デコーダ）の動作はマスク ROM と同様であるので図示していない．SRAM は読み書き可能メモリであるのでマスク ROM と違い書込み回路が追加される．動作波形を**図 11・9** に示す．

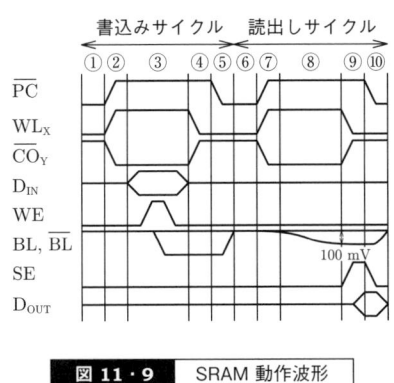

図 11・9 SRAM 動作波形

書込み手順（書込みサイクル）は以下の通りである．

① サイクルの始まりではプリチャージ信号 $\overline{PC}$ は活性化（$\overline{PC} = 0$）されており ビット線対 BL・$\overline{BL}$ は V_{DD} まで充電されている．

② $\overline{PC}$ を無効化（$\overline{PC} = 1$）するとともにワード線のある行（WL_X）とカラムセレクタ入力のある列（$\overline{CO_X}$）を活性化する．これにより選択セルのビット線対 BL・$\overline{BL}$ は書込み回路に接続される．マスク ROM のようにプリチャージ回路は常時導通ではなく $\overline{PC}$ で制御することで次の手順③における書込みビット線フル振幅をサポートする．

③ ライトイネーブル WE（Write Enable）をパルス駆動することで D_{IN} の内容を BL・$\overline{BL}$ を通じて選択セルに書込む．マスク ROM ではカラムセレクタとして PMOS を用いていたが SRAM においては書込みにおけるフル振幅を確保するためにカラムセレクタとして CMOS トランスミッションゲートを用いる．

④ 行と列を非選択とすることで書込みを終える．

⑤ $\overline{PC}$ を再度活性化する．BL・$\overline{BL}$ は V_{DD} まで充電され，次のサイクルに備える．

読出し手順（読出しサイクル）動作は以下の通りである．

⑥ 読出しサイクル開始においても①と同様に $\overline{PC}$ を活性化し，BL・$\overline{BL}$ を V_{DD} まで充電する．

⑦ ②と同様に $\overline{PC}$ を無効化するとともに，行と列を選択する．

⑧ 選択セルの保持データが BL・$\overline{BL}$ に出力される．しかしながら BL・$\overline{BL}$ は大きな容量を持っており，かつ SRAM セルのアクセストランジスタとドライブトランジスタは小さいので BL・$\overline{BL}$ の立ち下がりは遅い．少しでも BL・$\overline{BL}$ の立ち下がりを高速化するために⑦における $\overline{PC}$ の無効化とカラムセレクタとして CMOS トランスミッションゲートが役に立つ．

⑨ ビット線対の電位差が 100 mV 程度となるのを待ってセンスアンプイネーブル SE（Sense amplifier Enable）を活性化し読出し回路のラッチ型センスアンプが微小電圧差を増幅する．この時同時に行と列を非選択とする．大きな容量をもった BL・$\overline{BL}$ をセンスアンプと切り離すことで SE 活性化後の高速読出しが可能となる．センスアンプに接続するバッファの出力が D_{OUT} として読み出される．

⑩ SE を非活性化すると同時に⑤と同様に $\overline{PC}$ を再度活性化する．BL・$\overline{BL}$ は V_{DD} まで充電され，次のサイクルに備える．

11・4 フラッシュメモリ

フラッシュメモリの素子は図 11・10（左）の断面図のような 2 層のゲート構造を持つ NMOS である．上部ゲートが制御ゲート，下部ゲートが浮遊ゲート（電気的にどこにも接続されていないゲート）である．素子記号は図 11・10（右）で表現される．制御ゲートと浮遊ゲートの間は層間絶縁膜で構成され，基板と浮遊ゲートの間はトンネル酸化膜と呼ばれるさらに薄い絶縁膜構造を持つ．浮遊ゲートに加えトンネル酸化膜厚の調整のために特殊なプロセスが必要となる．図 11・11 に示す通り浮遊ゲートに電子がない消去状態（データ 0）と電子が注入された状態（データ 1）では素子のしきい値が変化する．消去状態の素子のしきい値電圧と比べて浮遊ゲートに電子を注入すると素子のしきい値は高くなり，制御ゲートを活性化した時でも電流が流れにくくなるので記憶データとして区別することができる．これがフラッシュメモリの記憶原理となる．

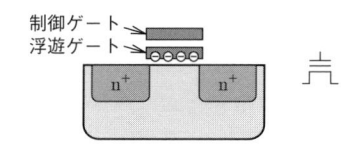

図 11・10　フラッシュメモリ素子：（左）断面図，（右）素子記号

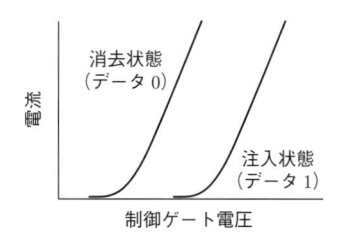

図 11・11　フラッシュメモリ記憶原理

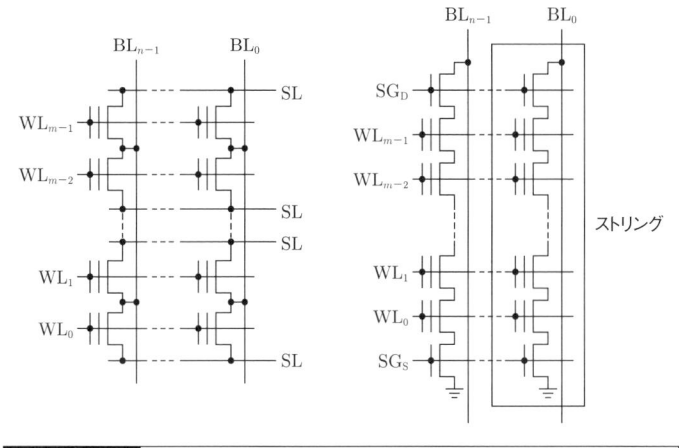

図 11・12 フラッシュメモリセル配列：（左）NOR 型，（右）NAND 型

　フラッシュメモリセル配列には図 11・12（左）に示す NOR 型と（右）に示す NAND 型がある．それぞれ基本論理ゲートである NOR ゲートと NAND ゲートにおける NMOS の構造に似ているのでそのように呼ばれている．

　NOR フラッシュメモリの動作原理を説明する．まず全てのビット線（BL_Y）をハイインピーダンスとし全てのワード線（WL_X）を GND に接地すると同時に共通ソース線（SL）を 12 V 程度にまで上げることにより浮遊ゲートに注入された電子をトンネル電流で引き抜くことができる．これにより共通ソース線に接続された全ての素子のしきい値が元の低い状態に戻り一斉に消去（フラッシュ）されることがフラッシュメモリの語源である．NOR フラッシュメモリは（NAND フラッシュメモリも）書込みの前に消去することが前提であるためランダムアクセスの書込みはできない．そのためフラッシュメモリは RAM とは呼べない．消去後はソース線を GND に戻し任意の素子に対して書込みと読出し動作を行う．1 書込みでは選択ビット線に 5 V を与えた状態で選択ワード線に 12 V の高電圧を与えるとホットエレクトロン注入によって浮遊ゲートに電子が注入される．0 書込みではビット線が GND なので電流が流れず浮遊ゲートには電子は注入されない．読出しでは高電圧は用いず 5 V を選択ワード線に加えビット線の電流を読み出す．

　次に NAND フラッシュメモリについて述べる．NAND フラッシュメモリ配列には共通するソース線がないため消去はボディを通じて行う．ビット線をハイインピーダンスにしワード線を GND に接地した状態でソース側選択ゲート SG_S と

ドレイン側選択ゲート SG_D の両方に 20 V の高電圧を加える．これにより全ての素子のソース・ドレインはハイインピーダンスとなる．ここでボディを 20 V まで上げると直列接続された素子（これをストリングという）の浮遊ゲートに注入された電子はトンネル電流により一斉に消去される．NAND フラッシュメモリのストリングでは 32 個程度の素子が直列接続されており書込み動作は NOR フラッシュメモリより複雑である．書込み動作中は SG_S は GND にすることで遮断し SG_D には 20 V を与え導通させておく．書込みは GND 側の素子つまりワード線 WL_0 に接続されている素子から順次上に向かって行う．最初に WL_0 にトンネル電流注入に十分な 20 V の電圧を加えるが他のワード線（WL_1 から WL_{m-1} まで）には注入に至らないが素子を導通させる程度の電圧である 10 V を印加する．選択ビット線が GND であれば選択素子に電子が注入され（1 書込み），ビット線が 10 V であれば選択素子に電子は注入されない（0 書込み）．順次ビット線電圧を変えながら選択ワード線の電圧を 20 V，非選択ワード線の電圧を 10 V にすることで書込みを繰り返す．読出しは 5 V 以下の低電圧で動作する．読出しにおいては SG_S と SG_D ともに導通させておく（SG_S・SG_D のゲート電圧は低電圧でよい）．選択ワード線のみを GND にし，その他の非選択ワード線を低電圧にする（選択・非選択ワード線のバイアス条件が他のメモリとは全く逆である）．NAND フラッシュメモリ素子で特に重要なことは素子が消去時にディプリーション型（2 章参照）であり，浮遊ゲートに電子が注入されたときにはエンハンス型（2 章参照）になることである．読出し時には選択素子のゲートにはゲートバイアスはかからないが，もし浮遊ゲートに電子が注入されていなければディプリーション型であるのでビット線からストリングを通って電流を流すことができる．これにより読出しが可能となる．

NAND 型はストレージ用の主流メモリであり近年"フラッシュメモリ"といえば NAND フラッシュメモリを指す．NAND 型は素子間のソース・ドレイン拡散領域にコンタクトが不要であるため面積効率が NOR 型の倍以上高く，より高集積化が可能である．しかしながら多数の素子を直列接続しているので各素子のしきい値ばらつきの影響を受けやすくビットエラーが大きいため誤り訂正符号の実装（章末のコラム参照）が必須となっている．フラッシュメモリは最先端プロセスを用いて製造されているが数 nm までに微細化の限界を迎えるのではないかと考えられている．そのため素子を 3 次元に積層することでさらなる高密度化・大容量化を達成しようとする研究が行われている．

11·5 DRAM

DRAM (Dynamic Random Access Memory) はプロセッサの主記憶として多用されているがこれは高速かつ廉価 (高集積) だからである．記憶素子としてキャパシタを用いており，キャパシタにおける電荷の有無が記憶データとなる．図 11·13 は DRAM キャパシタ用特殊プロセスを用いて作製したスタックドキャパシタである．アクセストランジスタ上部にポリシリコンまたはメタル電極間に表面積を大きく取るように山型状に積上げた高誘電体絶縁膜を挟込む．本キャパシタの作製には CMOS 標準プロセスでは使われない付加的な製造工程が必要である．そのため論理回路と DRAM を混載すると製造コストが増加する．

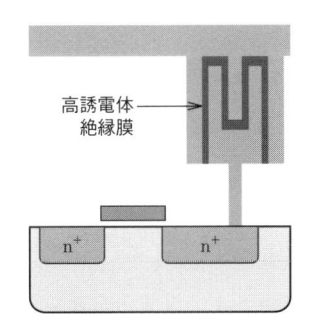

図 11·13 DRAM スタックドキャパシタ

図 11·14 は DRAM セルのメモリ配列を示す．書込みはワード線によりアクセストランジスタを開きキャパシタに 0 (GND) または 1 (V_{DD}) を書き込むことで電荷の放電または充電を行う．読出し前にビット線を $V_{DD}/2$ にプリチャージしておく．もしキャパシタが 0 つまり放電状態で電荷がない場合にはアクセストランジスタを開いた瞬間に DRAM キャパシタとビット線の寄生容量の間でチャージシェアが起こりビット線電圧は $V_{DD}/2$ からわずかに減少する．逆にキャパシタが 1 つまり充電状態で電荷が存在する場合にはビット線電圧は $V_{DD}/2$ からわずかに上昇する．これらの微小電圧をセンスアンプで読み出すことにより 0 と 1 を判別する．なお 0 および 1 読出しのいずれの場合にも DRAM キャパシタは $V_{DD}/2$ 近くにチャージされるので破壊読出しとなる．そのため読出し直後にセンスアンプ出力をキャパシタに書き戻すことが必要となり，これをライトバックという．

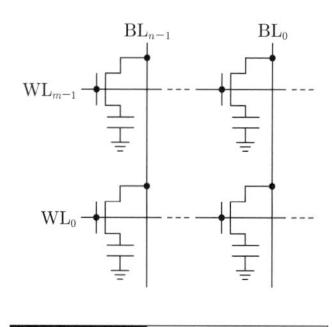

図 11・14 DRAM セル配列

　記憶原理がキャパシタであるためアクセストランジスタのジャンクションリーク電流によって蓄えられた電荷が消失する．このため静的にデータを保持することができず，64 ms 程度ごとのリフレッシュ動作（再書込み）を動的（ダイナミック）に行う必要がある．これが DRAM と呼ばれる所以である．

11・6 新しい不揮発メモリ FeRAM・MRAM・PRAM

　FeRAM（Ferroelectric Random Access Memory）は強誘電体絶縁膜を形成し，それを上部電極と下部電極ではさんで構成される強誘電体キャパシタを持つ．強誘電体キャパシタはその両電極間の電圧を正負に振らした後に零に戻した場合，自発分極電荷量（残留電荷量）にヒステリシスを持つ．つまり正電圧をかけ零に戻した場合には正の電荷が残留しており，負電圧の場合には負の電荷となる．これらの電荷量をそれぞれデータ 1 と 0 に対応させている．FeRAM は不揮発性キャパシタを用いた DRAM のようなものであるといえ，破壊読出しとなることに注意を要する．なお FeRAM を用いた不揮発フリップフロップが提案されている．

　MRAM（Magnetoresistive Random Access Memory）は抵抗変化型メモリの一種であり磁気トンネリング接合（Magnetic Tunneling Junction；MTJ）の磁気抵抗効果を利用している．特にスピン注入 MRAM（Spin Transfer Torque MRAM；STT-MRAM）の MTJ は磁化の向きが固定されたピン層・トンネル絶縁膜・磁化の向きを動かせるフリー層の 3 層で構成されており MTJ に流す電流の向きによって書込みを行える容易性を持つ．つまりピン層から電子を注入する（フリー層から電流を流す）とピン層とフリー層で磁化が同じになり，逆電流ではフリー層の磁化

の向きがピン層のそれと異なる向きになる．ピン層とフリー層で磁化の向きが同じ場合（Parallel；P）には抵抗値 R_P は低くなり，磁化の向きが異なる場合（Anti-Parallel；AP）には抵抗値 R_{AP} が高くなる．これにより読出し時の電流量で状態を区別できる．抵抗値が低い状態 R_P を 0，抵抗値が高い状態 R_{AP} を 1 に割り当てることで 1 ビットデータを保持するメモリとして機能する．なお R_P と R_{AP} の抵抗比は高々 3（Magneto Resistance 比；MR 比 $= (R_{AP} - R_P)/R_P = 200\%$）程度である．書込みでは読出し時よりも大きな電流を流すことによりフリー層の磁化の向きを変化させるが電流を流し過ぎると素子が破壊される．また読出しの際には誤書込みされないように読出し電流値を絞らなければならない．つまり書込み電流値と読出し電流値は注意深く設定しなければならない．書込みでは磁化の反転があるため読出しにくらべ書込み速度が遅くエネルギー消費も大きい．STT-MRAM は現在存在する不揮発性メモリでもっとも書換え可能回数が多くキャッシュメモリとしての応用が期待されている．ただ書込み電流の削減の必要性や熱安定性（高温で反転しやすくなる）の問題がある．

PRAM（Phase change Random Access Memory）も抵抗変化型メモリの一種であり，相変化メモリとも呼ばれる．GST（GeSbTe；ゲルマニウム・アンチモン・テルル）と呼ばれる相変化膜を利用する．GST に流す電流により与える温度とパルス幅を制御し，相変化膜の結晶構造を変化させる．600 度程度の高温を 100 ns 以下の短パルス幅で与えた後に急冷することで GST はアモルファス相（高抵抗）となる．また 200 度程度の低温を 500 ns 程度の長パルス幅で与えた後に除冷することで結晶相（低抵抗）となる．読出し時には 150 度以下となる程度の低電流を流しその抵抗値により記憶データを判別する．抵抗比が MRAM にくらべてはるかに高いのでアクセストランジスタが不要な構成を取ることができる．そのためワード線とビット線の二端子間にアクセストランジスタを設けないでセルを配置するという高集積なクロスポイントメモリとしての応用やその 3 次元集積化が模索されている．フラッシュメモリと同じように多値化も可能であると考えられている．さらに書換え可能回数はフラッシュメモリを大幅に上回りストレージクラスメモリとして有望である（主記憶としてはまだ書換え可能回数が足りないがその向上と主記憶応用についても研究が進んでいる）．ただ原理的に熱を与えなければならず大電流が必要である．その熱が隣接するセルに拡散し誤書込みをする問題がある．

Column ソフトエラー

　ソフトエラーは荷電粒子（重イオン，α線，陽子など）がシリコン内を通過した時に生成される電子（正孔）が収集され電流となることで引き起こされる．例えばSRAMセルにおいてソフトエラーが発生すると，記憶されているデータが反転する．これが回路の誤動作ひいては計算機システムのダウンにつながる．ソフトエラーは従来，パッケージに含まれる微量の放射性元素からのα線が主因であったが，材料の改良によりその問題は解決された（またα線の飛程は高々数10ミクロンであるためシリコン基板外部から飛来する場合にはその遮蔽は比較的容易である）．しかし1990年以降は宇宙線由来の中性子が地上におけるソフトエラーの主因である．中性子によるソフトエラーのメカニズムを図11・15に示す．

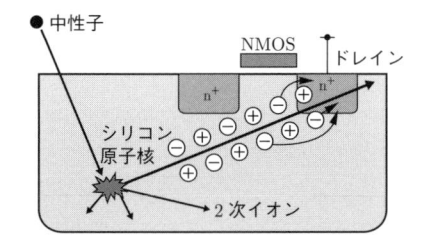

図 11・15　中性子によるソフトエラーのメカニズム

　中性子は電荷を持たず電気的に中性であるため遮蔽が難しく，宇宙から大気圏を容易に突き抜け，チップ内部に侵入する．中性子がシリコン原子核に衝突すると，核分裂反応によって2次イオンが発生する．例えば中性子衝突によりシリコン原子核はアルミニウム，マグネシウム，α線，陽子などに核分裂し，これら2次イオンがチップ内部で大量の電子・正孔対を生成する．電子は正孔より移動度が高いため，再結合を逃れた電子が特にNMOSのドレイン（高電圧がかけられていることが多い）に収集され，雑音電流となる．地上における65 nm SRAMのソフトエラーレート（Soft Error Rate；SER）は1 Mビットあたり数100 FITから1000 FIT（1 FITは10億時間に1回のデータ反転の意味）程度である（なお飛行機高度ではこの10倍から100倍程度FIT値が上昇し，宇宙ではさらに問題となる）．この数字は一見非常に小さな値に思えるがメモリは大容量でかつ大量に配置されており，超並列計算機や金融機関用電算処理に用いる計算機では十分に問題となる値である．このため高信頼計算機におけるメモリ読出しに誤り訂正符号（Error Correcting Code；ECC）が用いられる．計算機において多用されるSECDED（Single Error Correcting Double Error Detecting）符号はECCの一種

であり，1ビット誤り修正・2ビット誤り検出が可能である．半導体製造プロセスが微細化した近年ではトランジスタの内部ノード間隔が減少しかつデータ反転が起きる最小電荷量（Critical charge；Qcrit）が減少するため，近隣の複数のSRAMセルが同時にデータ反転する．そのため隣り合ったビット列を読出すのではなく十分に離れたところから不連続に複数のビットを同時読み出すことで，読出しビット列における複数ビット誤りを低減させる．このような読出しビット列の配置をビットインタリーブと言い，ソフトエラー低減対策の基本となる．なお通常時素子に電界がかかっていない不揮発性メモリ（FeRAM・MRAM・PRAM）はソフトエラーに強いとされ，耐放射線デバイスとしても有望である．

演習問題

1 通常の6トランジスタSRAM（6T SRAM）はシングルポートSRAMと呼ばれ，一つのバスマスタからのアクセスしか処理できない．二つのバスマスタからのアクセスを同時に処理することができるSRAMセルを考案せよ．

2 フラッシュメモリにおける多値記憶について述べよ．

3 ほとんど使われなくなった半導体メモリであるEPROM（Erasable Programmable Read Only Memory）とEEPROM（Electrically Erasable Programmable Read Only Memory）の動作原理と使われなくなった理由を調べよ．

12章 ディジタル回路の設計フロー

現在の集積回路は計算機を用いて設計されているが，計算機も集積回路で構成されている．初期の集積回路は紙とペンで文字通り手設計されていた．ここでは，回路をテキストで表現するネットリスト，テキスト記述から回路を自動的に合成するための RTL（Register Transfer Level）記述などを説明し，計算機を用いた集積回路の設計フローを概説する．

12·1 ネットリスト記述

回路図（schematic）は，論理ゲートなどを用いて，回路を視覚的に表したものである．コンピュータに回路を認識させるには，視覚的な情報は不要で，素子同士がどのように結線されているかの情報を与えれば良い．ネットリスト（netlist）とは，人間にも読みやすくさらに，計算機が認識しやすいように，回路の接続をテキストで記述したものである．ネットリストの表現形式としては，SPICE，Verilog，EDIF 形式などが一般的に用いられる．SPICE 形式は，回路をトランジスタレベルで記述する場合に，Verilog，EDIF 形式は回路をゲートレベルで記述する場合に主に用いられる．

図 12·1，図 12·2 に，論理ゲート記号を用いた回路図と，Verilog 形式のネットリスト記述をそれぞれ示す．両者は同じ回路構造を表している．Verilog 形式のネットリストの構造は下記の通りである．

回路宣言部 `module CIRCUIT(Y1,Y2,...);` 回路の名前と入出力ピンの名前を宣言する．`endmodule` で回路記述が終わる．

入出力宣言部 `input A, B, C, D; output Y1, Y2, Y3;` 入出力ピンを宣言する．

12・1 ネットリスト記述

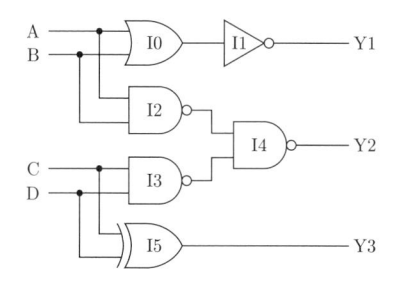

図 12・1 論理ゲート記号を用いた回路図

```
module CIRCUIT (Y1, Y2, Y3, A, B, C, D) ;
  input A, B, C, D;
  output Y1, Y2, Y3;
  wire W0, W1, W2;
  or I0 (W0, A, B) ;
  not I1 (Y1, W0) ;
  nand I2 (W1, A, B) ;
  nand I3 (W2, C, D) ;
  nand I4 (Y2, W1, W2) ;
  xor I5 (Y3, C, D) ;
endmodule
```

図 12・2 Verilog によるネットリスト

信号宣言部 wire W0, W1, W2; 内部でのみ使用されている信号名を宣言する．input output ピンは wire 宣言しなくても良い（しても良い）．

構造記述部 or I0 (W0, A, B); 論理ゲートの接続の構造を記述する．

構造記述部において，or, not は論理ゲート（素子）の種類を表す．buf, or, and, xor, not, nor, nand, xnor は，論理ゲートを表す Verilog の予約語である．I0, I1 は，インスタンス名を表す．インスタンス名とは，回路中で重複しないように付ける各ゲートの名前である．図 12·1 の回路図には対応する論理ゲートに同じインスタンス名を付加している．(W0,A,B) は，論理ゲートの入出力に接続されるネット名を表す．ピンの順番は論理ゲートの定義によるが，一般的には，出力ピンのあとに入力ピンとなる．

12・2 RTL 記述

ネットリストは，ゲートレベル，トランジスタレベルの回路の構造を単に記述したものであり，回路図と等価なものである．順序回路を，フリップフロップがどのように動作するかという機能レベルで記述したものを，**RTL**（Register Transfer Level）記述と呼ぶ．また，単にハードウェアを記述する言語という意味で，**ハードウェア記述言語**（Hardware Description Language；**HDL**）と呼ぶこともある．HDL からコンピュータを用いて自動的にフリップフロップと論理ゲートを用いたネットリストを得ることを，**論理合成**（Logic Synthesis）と呼ぶ．RTL は，フリップフロップによるレジスタを含んだ論理合成可能な HDL を指す．Verilog は先に述べたネットリストを表すこともできるが，HDL として用いることもでき，論理合成可能な Verilog の文法を特に，**Verilog HDL** と呼ぶ．

たとえば，Verilog HDL を用いて 8 ビットの加算器を記述すると図 12·3 の通りとなる．

```
module ADDER (SUM,A,B);
    output [8:0] SUM;
    input [7:0] A,B;
    assign SUM=A+B;
endmodule
```

図 12・3 RTL 記述の例

この記述を論理合成すると，論理ゲートで表された 8 ビットの加算器のネットリストが得られる．

HDL は，C 言語などのソフトウェア記述言語と異なる次の特徴を持つ．

並列性 CPU（パソコンの心臓部）が一つであれば，基本的にソフトウェア記述言語で書かれた記述は直列に（sequential，順番に）実行される．例えば，a=b+c+d+e; で表される 4 変数の加算は単純な CPU では一つの加算器を使って，3 回の加算で実行される．しかし，HDL で記述された回路においては，この記述は複数の加算器を使って並列に（parallel）実行される．

入出力ピン　C言語では，main関数の下に，様々な関数を記述し，それらを引数を使って呼び出す．HDLでは，各回路は入出力ピンを持ち，それらを相互に接続することで，大規模な回路を実現する．

ビット幅　C言語では，char型は8ビット，int型は32ビットなど，バイト単位でしかビット幅を指定できない．しかし，HDLでは，IN[3:0]（4ビット），IN[127:0]（128ビット）など，任意のビット幅を指定することができる．

〔1〕 組合せ回路の記述法

組合せ回路は，assignを用いて下記の通り記述する．

　　　assign 信号名=論理式;

assignとは，論理式の出力をワイヤ名（ネット名）に配線で恒久的に接続（assign）することである．代入される側の信号名は，wire文で定義したネット名，もしくは出力ピンとなる．

4入力のAOI（AOI22）（第4章の演習問題**2**を参照）は，ネットリストで記述すると図12・4（左），HDLで記述すると図12・4（右）となる．

```
module AOI22(Y, A, B, C, D);      module AOI22(Y,A,B,C,D);
  input A,B,C,D;                    input A,B,C,D;
  output Y;                         output Y;
  wire AB, CD;                      assign Y=~((A&B)|(C&D));
  and AND0(AB,A,B);               endmodule
  and AND1(CD,C,D);
  nor NOR1(Y,AB,CD);
endmodule
```

図 12・4　AOI22のネットリスト記述（左）とHDL記述（右）

〔2〕 数値の表現方法

Verilogでは，ビット幅を指定して数値を表現することが可能である．

　　　8'b0100_1010　　　8ビットの2進数（_はわかりやすくするために挿入）
　　　8'h4a　　　　　　　8ビットの16進数
　　　8'd74　　　　　　　8ビットの10進数
　　　74　　　　　　　　　32ビットの10進数

bはbinary，hはhexadecimal，dはdecimalの略である．C言語では，2進数は表現できないが，8進数，16進数は表現可能である．ビット幅と基数を指定しないと，通常は32ビットの10進数と認識される．Verilogでは，ほぼC言語と同じ演算子を用いることができる．大きく異なるのは，結合である．

算術演算子 　+，-，*，/：加減乗除，%：剰余，++はVerilogでは使えない．

シフト演算子 　<<：左シフト，>>：右シフト

ビットワイズ演算子 　ビットごとに演算を行う．&：論理積，|：論理和，~：否定，^：排他的論理和

論理演算子 　&&：かつ||：または!：否定．ビット毎ではなく，数値全体で論理演算を行う．4&&3=1，4&3=3'b100&3'b011=3'b000=0 となる．

結合 　{}：複数の数値を結合して一つの数値とする．{2'b10,2'b01}=4'b1001となる．

演算の優先順位に気をつけないと思わぬバグを産むこととなる．四則演算の優先順位は小学校で学んでいるため，間違うことはない．しかし，論理演算の優先順位は良く調べないとわからない．複数の演算子を組合せて記述する場合は，優先順位を明確にするために，必ず括弧()をつけることを推奨する．たとえば，~1|1と，~(1|1)は演算結果が異なる．~1|1は，(~1)|1となるためである．

〔3〕順序回路の記述方法

wire型は値を記憶できない．順序回路に用いられるFF（フリップフロップ）は，クロックのエッジ以外は値を記憶する必要がある．記憶するための変数の型として，reg型を用いる．Qをreg型として定義するには次のとおりに記述する．

```
reg Q;
```

図12.5にD-FFのHDL記述を示す．always @()は，()内のイベントが起こるたびに，実行され，posedge CLKは，CLKのpositive edgeで実行されることを表す．したがって，クロックの立ち上がりごとに，入力DがQに取りこまれる

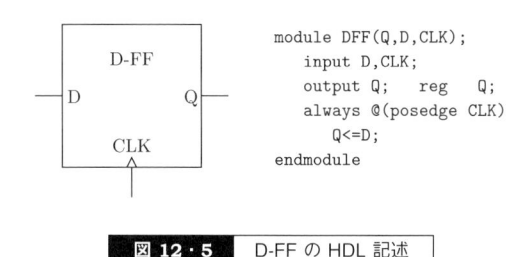

12・2 RTL 記述

```
module DFF(Q,D,CLK);
    input D,CLK;
    output Q;   reg   Q;
    always @(posedge CLK)
        Q<=D;
endmodule
```

図 12・5 D-FF の HDL 記述

D-FF の機能を表すことになる．<=は，ノンブロッキング代入と呼ばれる代入文であり，クロックの立ち上がりと同時ではなく，非常に微少な δ 時間たった後に，Q の値が変化することを表現するために用いる．FF の機能を記述する always ブロック内では必ず<=を指定する．

図 12·6 に非同期リセットつき D-FF の HDL 記述を示す．回路図シンボルでは，$\overline{\text{RST}}$ と表していたが，HDL では，否定を示す _ が使えないため，代りに RSTB とする．B は，否定を意味する Bar の略である．

`posedge CLK or negedge RSTB` は，CLK の positive edge もしくは RSTB の negative edge で実行されることを表す．7 章でも述べた通り，0 は電源投入時にもっとも安定な電位であるため，通常は RSTB = 0 の時に，リセットがかかる．`negedge RSTB` かつ `if(RSTB==0)` となる．

図 12·7 にイネーブルと非同期リセットつき D-FF の HDL 記述を示す．EN = 0 の時の動作は記載されていないが，記載されていない条件の場合，Q の値は変化しない．

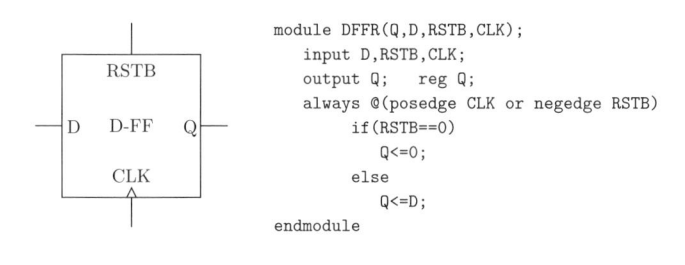

```
module DFFR(Q,D,RSTB,CLK);
    input D,RSTB,CLK;
    output Q;   reg Q;
    always @(posedge CLK or negedge RSTB)
        if(RSTB==0)
            Q<=0;
        else
            Q<=D;
endmodule
```

図 12・6 非同期リセットつき D-FF の HDL 記述

```
module DFFE(Q,D,EN,RSTB,CLK);
   input D,EN,RSTB,CLK;
   output Q;    reg Q;
   always @(posedge CLK or negedge RSTB)
      if(RSTB==0)
         Q<=0;
      else
         if(EN==1)
            Q<=D;
endmodule
```

図 12・7 イネーブルと非同期リセットつき D-FF の HDL 記述

〔4〕RTL 記述

これまでは，組合せ回路と FF を別々に記述していたが，実際は，クロック毎の FF（レジスタ）の動きを条件に応じて記述していくことが多い．このようなクロック毎のレジスタの動作の記述を **RTL 記述** と呼ぶ．RTL の目的は，RTL 記述から論理合成を行い，自動的にゲートレベルの回路に変換することである．大規模な LSI の設計は，RTL と論理合成の技術なしには不可能である．

図 12・8 は，4 ビット累算器の RTL 記述である．クロック毎に入力 IN の値を取り込んで，出力を兼ねたレジスタ OUT に加算をしていく回路である．

```
module fourbitaccum (IN,OUT,CLK,RSTB);
   input [3:0] IN; input CLK,RSTB;
   output [7:0] OUT; reg [7:0] OUT;
   always @(posedge CLK or negedge RSTB)
      if(!RSTB)
         OUT <=0;
      else
         OUT <= OUT+IN;
endmodule
```

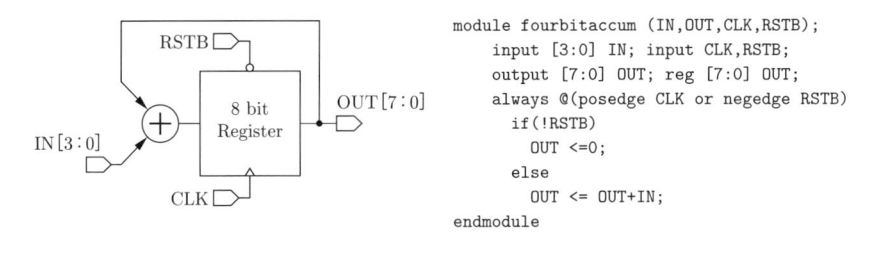

図 12・8 4 ビット累算器の RTL 記述

この 4 ビット累算器を論理合成して得られたネットリストを図 12・9 に示す．DFR は，非同期リセットつき D-FF，XOR2，AND2 は，それぞれ 2 入力の XOR ゲートと AND ゲートを表す．

HDL は，ハードウェアを書くために用いるが，記述したものすべてがハードウェア化できるわけではない．RTL は，記述したものを論理合成技術によりハー

```
module fourbitaccum ( IN, OUT, CLK, RSTB );
  input [3:0] IN; output [7:0] OUT; input CLK, RSTB;
  wire    N1, N2, N3, N4, N5, N6, N7, N8, ADD_10_CARRY_1_, ADD_10_CARRY_2_,
          ADD_10_CARRY_3_, ADD_10_CARRY_4_, ADD_10_CARRY_5_, ADD_10_CARRY_6_,
          ADD_10_CARRY_7_;
  DFR OUT_REG_7_ ( .D(N8), .C(CLK), .XR(RSTB), .Q(OUT[7]) );
  DFR OUT_REG_2_ ( .D(N3), .C(CLK), .XR(RSTB), .Q(OUT[2]) );
  DFR OUT_REG_3_ ( .D(N4), .C(CLK), .XR(RSTB), .Q(OUT[3]) );
  DFR OUT_REG_4_ ( .D(N5), .C(CLK), .XR(RSTB), .Q(OUT[4]) );
  DFR OUT_REG_5_ ( .D(N6), .C(CLK), .XR(RSTB), .Q(OUT[5]) );
  //一部省略
  XOR2 U10 ( .A(ADD_10_CARRY_4_), .B(OUT[4]), .Y(N5) );
  AND2 U11 ( .A(OUT[0]), .B(IN[0]), .Y(ADD_10_CARRY_1_) );
  XOR2 U12 ( .A(IN[0]), .B(OUT[0]), .Y(N1) );
endmodule
```

図 12・9 累算器の論理合成後のネットリスト

ドウェア化する目的がある．しかし，「ハードウェア」としての動作を良く考えないととんでもない回路を論理合成することになりかねない．例えば，32 個の 32 ビット変数 $A[31:0]$ と係数 $K[31:0]$ を乗算して加算する MAC（Multiply-accumulate）演算の場合，

```
assign RESULT=A[0]*K[0]+A[1]*K[1]+A[2]*K[2]+...+A[31]*K[31];
```

と書くと，**図 12·10** に示す通り，32 個の乗算器と 31 個の加算器を持つ回路となる．その回路規模は大きく，クリティカルパスも非常に長くなる．

適正な回路規模で実現するには，**図 12·11** に示す通り，累算器と同様の構造をとれば良い．ただしこの場合は，32 回の乗算を繰り返して行う必要がある．

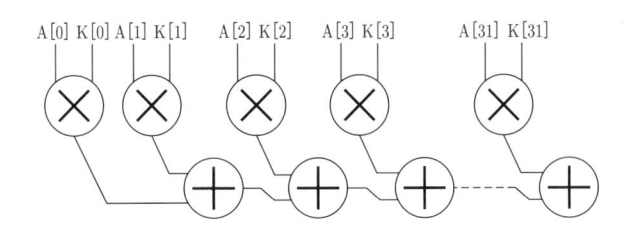

図 12・10 MAC 演算を 32 個の乗算器と 31 個の加算器で一気に行う

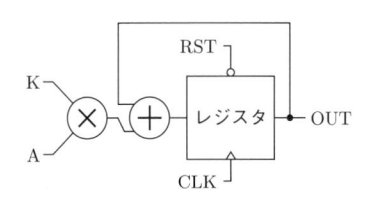

```
module MAC(OUT,A,K,CLK,RSTB);
    output [31:0] OUT;
    input [31:0] A,K;
    input         CLK,RSTB;
    reg [31:0]   OUT;
    always @(posedge CLK or negedge RSTB)
      if(RSTB==0)
        OUT<=0;
      else
        OUT<=OUT+A*K;
endmodule
```

図 12・11 1 個の乗算器と加算器のみを使った MAC 演算回路とその Verilog 記述

12・3 集積回路の設計フロー

　ここでは，集積回路のうちディジタル回路の設計手法を概説する．1971 年に完成した世界最初のマイクロプロセッサであるインテル社の 4004 は，2 000 トランジスタ程度である．ここでは，トランジスタレベルの回路図を手書きし，それをレイアウトパターンに手書きで落としていた．この時代には集積回路設計に使える計算機はなく，トランジスタ数も少なかったため，すべて人間の目と手で設計できたのである．4004 から始まるインテル社ならびに他社の CPU（Central Processing Unit）の進化に伴い，集積回路設計に利用できる計算機も現れてきた．特に 1980 年代後半のサン・マイクロシステムズ社（現オラクル社）による世界初の RISC 型ワークステーション（WS）である Sun4 の功績は大きい．Sun4 により GUI（Graphic User Interface）を用いて回路図やレイアウトがマウスとキーボードを使って自由に描ける環境が整った．EDA（Electric Design Automation）と呼ばれる計算機上の LSI 設計ソフトウェアが開発され，LSI の設計環境は大幅に改善された．

〔1〕WS と EDA による LSI 設計初期段階

　WS 上の EDA による設計の初期段階では，

回路図（ネットリスト）　ゲートレベルで設計

レイアウト　レイアウトエディタで手設計（フルカスタム設計）

という手法が一般的であった．フルカスタム設計とは，一からすべてレイアウトを書いていく手法のことを指す．レイアウトは規模が大きくなると工数が爆発的に大きくなってしまう．その手間を減らすために，次のセミカスタム手法が開発された．

ゲートアレイ　論理ゲートまでのマスク（原版）を共通化し，配線層のみを個別設計（カスタマイズ）する．工場でプログラムできる PLD（Programmable Logic Device）といっても良い．

スタンダードセル　図 12·12 に示す通り，論理セルの上下の電源線とグラウンド線の幅（セル高さ）を共通化して，それらをタイル状に自動配置し，ネットリストを用いて自動で配線を行う．タイル状に並べるさいには，図 12·12 の「セル境界」を外枠としてすきまなく並べていく．マスクは個別に作成する必要があるが設計の手間を大きく削減できる．

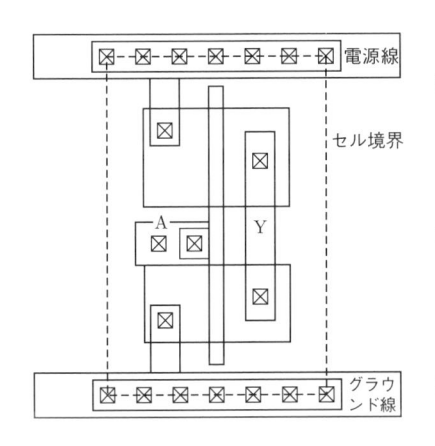

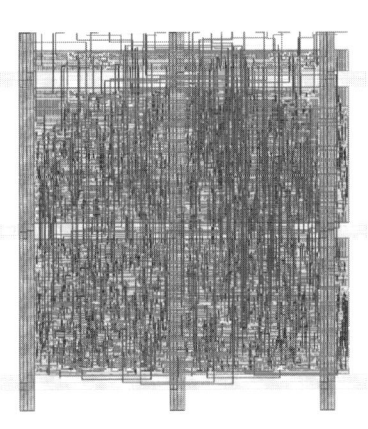

図 12·12　スタンダードセルの例（左）とレイアウト合成を行った例（右）

スタンダードセルによるセル配置，両手法の配線ともに，計算機により自動で行われる．回路図さえ用意すれば，後はほぼ自動でレイアウトが完成するため，ディジタル回路で構成される集積回路の設計が大幅に簡単化された．

〔2〕論理合成

スタンダードセルやゲートアレイにより大幅にレイアウト設計の手間は減った

が，順序回路で構成されるゲートレベルのネットリストの設計は，

1. 仕様の策定
2. 状態遷移表/状態遷移図の作成
3. FF 間の組合せ回路の設計
4. 全体設計

と，9·1 節に記載した設計手法をまじめに人手で実践していかなければならず，集積回路の大規模化を阻むボトルネックとなっていた．これを解消したのが，HDL を用いた RTL 記述からの論理合成（Logic Synthesis）技術である．論理合成は，使用する FF とその状態遷移，各種演算をテキストで記述することで，そこから自動的にネットリストを得ることのできる技術である．1990 年代前半に，論理シミュレーション用の記述言語から派生した Verilog HDL，米軍に納入するための LSI の仕様書を記述する言語から派生した VHDL の二つが標準化され，利用が始まった．RTL からの論理合成は Synopsys 社が開発した Design Compiler がその使い勝手の良さから，瞬く間に業界標準となり，20 年以上たった現在でもデファクトスタンダード（事実上の標準）として利用されている．Verilog HDL は，論理シミュレーション用の記述言語から派生した関係上，その制約が緩く，ある動作を行う回路を多数の方法で記述できてしまう．一方，VHDL は仕様を記述する言語から派生したため，その制約は厳しく，ある動作を行う回路に対してそれほど多くの方法で記述ができない．一時は，VHDL の方が優勢であったが，現在では Verilog HDL の方が優勢であり，利用者が多い．

　論理合成を行うには，その回路が満たすべきクロック周波数などの設計制約を与えなければならない．**図 12·13** は，クロック周波数と出力ピンに付加される負荷容量を記述した設計制約の例である．

```
# 10ns(100 MHz)のクロック
create_clock -name CLK -period 10 -waveform { 0 5 }
# すべての出力は 1fF の負荷がつく．
set_load 1 [all_outputs]
```

図 12・13　設計制約の例

〔3〕論理検証

RTLや，ネットリストで記述された回路が，正しく動作するかを検証するために，論理検証を行う．論理検証には，テストベンチと呼ばれる回路への入力値を用いて時間軸で検証を行う論理シミュレーションと，入力を与えずに回路が与えられたタイミング仕様を満たすかどうかをチェックする**静的タイミング解析**（Static Timing Analysis；**STA**）が主に用いられる．論理シミュレーションでは，期待値を記載して検証結果との比較を行うことも可能である．テストベンチを用いて，すべての可能性のある入力に対して，論理シミュレーションを行うことは非常に時間がかかる．例えば，8ビット加算器のすべての入力パターンの検証には，$2^{16} = 65\,536$ の入力パターンが必要となる．

STAは，ゲートの遅延を静的に追っていき，クリティカルパスとなる長い遅延パスがセットアップ制約を満たすか，FF間のゲート段数の短いショーテストパスがホールド制約を満たすかを，テストベンチを与えることなく静的に行う．したがって，高速に検証を実行することができる反面，その動作の正しさを検証することはできない．

〔4〕動作合成

RTLの論理合成はFFの数を固定して，FF間の組合せ回路を自動的に生成する技術である．FFの数と動作が固定であるため，いったん仕様を決めてしまうと，回路面積やクロック周波数などのトレードオフをとることが難しい．この問題を解決するために開発されたのが**動作合成**（Behavioral Synthesis）である．動作合成は，C言語などのRTL記述のHDLよりも高級な言語からFFも含めた回路全体を生成する技術である．論理合成は先にも述べた通り米国Synopsys社のDesign Compilerがデファクトスタンダードとなった．動作合成は日本の各社が開発した技術が先行している．シャープが開発したBachは，ビット幅などハードウェアに必要な記述をC言語に追加して動作合成を行うシステムである．Bachは，ビット幅などハードウェアに必要な記述をC言語に追加して動作合成を行うシステムである．NECが開発したCyberもBachと同様，C言語を拡張した動作合成システムである．Cyberは同社が設計したSoC，プログラムデバイスなどで利用されている．図12・14，図12・15にBachの記述言語であるBach C，Cyberの記述言語であるCyber Cでそれぞれ記述された動作レベルの記述を示す．これ

12章 ディジタル回路の設計フロー

```
void fir(chan unsigned #8 in, chan unsigned #16 out){
// 入出力変数宣言
  unsigned #12 a[10];  unsigned #16 rslt;
  static unsigned #8 keisuu[10]={10,24,30,20,10,2,4,5,10,5};
  a[0]=0;
  while(1){
    int i;rslt=0;
    a[0]=keisuu[0]*receive(in);// receive()は外部からの入力
    rslt+=a[0];
    for(i=0;i<9;i++){
      a[9-i]=keisuu[9-i]*a[9-i-1];      rslt+=a[9-i];   }
    send(out, rslt);}} //send()は，外部への出力
```

図 12・14 Bach C の記述例（Sharp より提供）

```
in var(7..0) i_val;     // 入力変数宣言
out var(15..0) rslt;    // 出力変数宣言
process fir(){
  var(7..0) keisuu[10]={10,24,30,20,10,2,4,5,10,5};
  var(11..0) a[10];
  a[0]=0;
  while(1){
  int i; rslt=0;
  a[0]=keisuu[0]*input(i_val);    // input()は，外部からの入力
   rslt+=a[0];
    for(i=0;i<9;i++){
      a[9-i]=keisuu[9-i]*a[9-i-1];          rslt+=a[9-i]; }
    output(rslt); }}    // output()は，外部への出力
```

図 12・15 Cyber C の記述例（NEC より提供）

は，FIR フィルタと呼ばれる入力信号と係数の乗算結果を累算していく処理である．例えば，Bach C の#12，Cyber C の var(11..0) は 12 ビットであることを表している．動作合成では，この処理を小さなハードウェアで直列に時間をかけてゆっくり実行するのか，大きなハードウェアで並列に一気に実行するかを，合成時のパラメータで指定することができる．面積と実行時間のトレードオフを簡単にとることができるため自由度の高い設計を行うことができる．

〔5〕レイアウト合成

初期の配置配線（Place and Route；P&R）は，与えられたネットリストをそのまま配置して配線することしかできなかった．しかし，LSI の大規模化により，配

線の遅延が支配的となり，配置配線後にタイミング制約を満たすためには，ネットリストそのものを変更することが必須である．もっともわかりやすい事例がクロックである．同期回路において，クロックはすべての FF に配線されており，ファンアウトが非常に大きい．クロックを 1 個のバッファで駆動することは不可能なため，クロックツリーと呼ばれるツリー状のバッファチェインを使う．FF の配置がわからない段階では配線遅延がわからず，適切にクロックツリーを作ることができないため，クロックツリーは通常，P&R 時に生成する．その他，長距離配線により信号の遷移時間が増えてしまうことを避けるため，長距離配線を駆動する論理ゲートのサイズを大きくすることなどを行う．これは，配置配線時に論理合成を行っていることに等しい．論理合成と配置配線を同時に行うことを**レイアウト合成**または**物理合成**と呼ぶ．図 12·12（右）に，スタンダードセルからレイアウト合成を行った例を示す．

現在の LSI 設計では入力したネットリストと配置配線後のネットリストは論理的に等価であるが，まったく構造が異なる．したがって，入力したネットリストと配置配線後のネットリストが論理的に等価であることを検証する等価性検証（Formal Verification）も必須である．

〔6〕レイアウト検証

物理合成などから得られたレイアウトデータは，正常に製造でき，動作するかを確認するためのレイアウト検証を行う．レイアウト検証は主に下記の 4 種類に分類される．

デザインルールチェック（Design Rule Check；**DRC**）レイアウトに描かれている図形が，設計ルールを満たしているかどうかを検証する．たとえば，図形の最小幅，最小間隔，他の層との重なりなどである．

レイアウト対回路図比較（Layout versus Schematic；**LVS**）回路図とレイアウトが等価かどうかを検証する．レイアウトデータからは図形の重なりや接続関係を元に，SPICE 形式のネットリストが作成される．別途，回路図（Schematic）からも SPICE 形式のネットリストを作成し，両者が完全に一致しているかどうかを比較する．レイアウト合成を行うと，回路の構造は大幅に変更される．比較に

用いるネットリストは，当然，レイアウト合成から出てきたものであり，両者が一致するのは当然である．入力したネットリストと出力したネットリストが論理的に等価であることを示すには，先に示した等価性検証を行う．LVS 時には，浮いている入力ピンなどがないか，電源線に接続されていない論理ゲートはないかなどの電気的な接続を検証する ERC（Electrical Rule Check）も同時に行われることが多い．

密度（Density）ルールチェック　LSI 製造時の配線工程では，一層の配線を作る毎に，CMP（Chemical Mechanical Polishing）により研磨が行われ，平坦化される．配線層の密度が大きすぎたり，小さすぎる場合に，この研磨により削れる高さがばらつく．Density ルールにより，配線層の密度が一定範囲内にあるかどうかを検証する．密度の少ないところには，製造時にダミーメタルと呼ばれる孤立した配線を置く．

アンテナルールチェック　配線工程では，プラズマエッチングを用いて配線層の形成を行う．このとき，製造中の配線にはアンテナのように電荷がたまり，配線とゲート電極が接続された場合に，大量の電荷がゲートに流れ，ゲート絶縁膜が破壊される．破壊されるほど大きな電荷でなくても，しきい値電圧の変動や，長期的な信頼性に影響をおよぼす．アンテナルールにより，ゲート面積とそれに接続される配線面積の比をチェックする．アンテナルール違反の解消には，配線構造の変更，配線に溜まった電荷を逃がすダイオードの挿入などを行う．

〔7〕合成技術を使ったディジタル集積回路の設計フロー

これまでに紹介した論理合成，物理合成を使った集積回路の大まかな設計フローは次の通りである．図 12・16 にこのフローを示す．フローは上から下に流れ，下から上への矢印は検証結果をフィードバックすることを表している．様々な問題により，前の設計段階へのフィードバックを行うことで，設計の手戻りが起こる．設計の手戻り，特に初期段階への手戻りは，設計の長期化につながるためにできるだけ避けなければならない．

  1. 仕様を策定する．
  2. RTL もしくは，動作レベル記述を書く．
  3. 論理シミュレーションにより，その動作を確認する．

演習問題

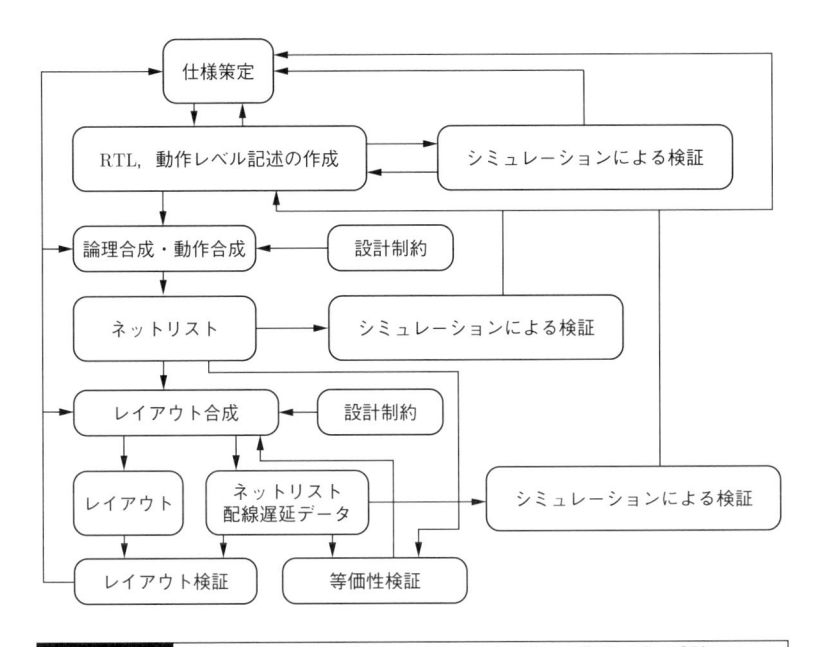

図 12・16 論理合成，動作合成，レイアウト合成を使った集積回路の設計フロー

4. RTL は論理合成，動作レベル記述は動作合成を用いて，ネットリストを得る．
5. ネットリストレベルで論理検証を行う．
6. 物理合成を使って，レイアウトを得る．
7. 物理合成後に得られる配線遅延まで含んだ情報を用いて，ネットリストレベルで論理シミュレーションを行い，その動作を検証する．
8. 物理合成前後のネットリストを等価性検証により，比較を行う．
9. レイアウトとネットリストなどを用いて，各種レイアウト検証を行う．

演習問題

1 A，B，C の 3 入力と出力 F を持つ XOR ゲートを，NAND ゲートと，インバータを用いて実現し，Verilog 形式のネットリストで表せ．なお，Verilog では，NAND ゲートは nand，インバータは not で表される．また，assign 文を使って，&，|，~，+ を用いて表せ．

2 入力 U = 1 のときに Modulo6 アップカウンタ，U = 0 のときに Modulo6 ダウンカウンタとなる，Modulo6 アップダウンカウンタを，Verilog HDL を用いて RTL で記述せよ．

3 図 12·8 に示した累算器の入力は，4 ビット，出力は 8 ビットである．この累算器は最大何回の累算を行うことができるか？　また，出力を 16 ビットに変更すると，最大の累算回数は何回となるか．

4 32 ビット加算器の全入力パターンについて，論理シミュレーションを行いたい．一つの入力パターンの検証に，1 μs を必要とすると仮定する．全入力パターンを検証するのに必要な時間を求めよ．ただし，$2^{32} = 4.3 \times 10^9$ として良い．

13章 消費電力

　携帯電話など電池で駆動している電子機器において使用される集積回路においては，消費電力を小さくすることが非常に重要である．集積回路では，演算動作を行っている時に消費される動的（ダイナミック）消費電力だけでなく，電源を印加し待機させているときにも静的（スタティック）消費電力が消費されている．特に微細化が進んだ最新のプロセスでは，動的消費電力と比較して，静的消費電力が占める割合が大きくなっており，静的消費電力を抑制する技術が重要となっている．本章では CMOS 集積回路における，動作時および待機時の消費電力の計算方法を解説し，さらにこれらの消費電力を抑制する設計手法に関して紹介する．

13・1 動的消費電力

　動的消費電力には，論理ゲート回路が動作し次段のゲート負荷容量などを充放電するために有効に使用される**充放電電力**と，トランジスタが動作する過渡状態において，NMOS および PMOS トランジスタが同時に導通する際に電源から接地電極に流れる電流による**貫通電力**が存在する．

〔1〕充放電電力

　図 13·1 にインバータの入力に周期的にスイッチングが生じている場合の，電荷の移動並びに電力消費を示す．(a) の初期状態においては，入力が V_{DD} であり，NMOS が導通，PMOS が遮断となるため，出力ノードの電位は 0 V となり，負荷容量 C には電荷およびエネルギーは蓄積されていない．

　入力が V_{DD} から 0 V に遷移して (b) 状態になると，NMOS が遮断，PMOS が導通となり，出力ノードが 0 V から V_{DD} に遷移する．この際，電源から負荷容量 C に電荷 $Q = C \cdot V_{DD}$ が供給されるが，電源では $E = C \cdot V_{DD}{}^2$ のエネルギーが

13章 消費電力

対象物	電荷 (ΔQ)	エネルギー (ΔE)
V_{DD} 電源	$-CV_{DD}$	$-CV_{DD}^2$
PMOS Tr.		$1/2\,CV_{DD}^2$
負荷容量	CV_{DD}	$1/2\,CV_{DD}^2$
NMOS Tr.		0
接地電源	0	0

対象物	電荷 (ΔQ)	エネルギー (ΔE)
V_{DD} 電源	0	0
PMOS Tr.		0
負荷容量	$-CV_{DD}$	$-1/2\,CV_{DD}^2$
NMOS Tr.		$1/2\,CV_{DD}^2$
接地電源	CV_{DD}	0

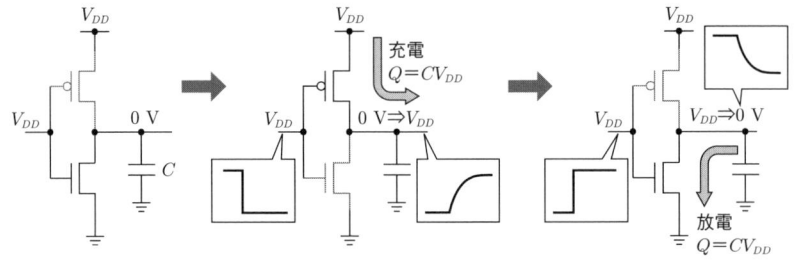

（a）初期状態　　（b）負荷容量 C に電荷 Q を充電　　（c）負荷容量 C から電荷 Q を放電

図 13・1　インバータのスイッチングに伴う電荷とエネルギーの移動

消費されたのに対して，容量に蓄積されたエネルギーは $E = \frac{1}{2}C \cdot V_{DD}^2$ であり，差分のエネルギー $E = \frac{1}{2}C \cdot V_{DD}^2$ は PMOS トランジスタの抵抗成分により熱エネルギーとして消費される．

さらに入力が $0\,\mathrm{V}$ から V_{DD} に遷移して (c) 状態になると，NMOS が導通，PMOS が遮断となり，出力ノードが V_{DD} から $0\,\mathrm{V}$ に遷移する．この際，負荷容量 C の電荷 $Q = C \cdot V_{DD}$ が接地電極に放電され，負荷容量 C に蓄積されていたエネルギー $E = \frac{1}{2}C \cdot V_{DD}^2$ は NMOS トランジスタの抵抗成分により熱エネルギーとして消費される．したがって，CMOS インバータにおいては，1 回の入力のスイッチングにより $Q = C \cdot V_{DD}$ の電荷が V_{DD} 電源から接地電極に放電され，その電荷が持っていたエネルギー $E = C \cdot V_{DD}^2$ は PMOS と NMOS の両トランジスタにおいて $E = \frac{1}{2}C \cdot V_{DD}^2$ ずつ熱エネルギーとして消費されるといえる．

スイッチングの動作周波数を f，駆動される負荷容量の容量を C_L とすると，負荷容量の充放電に伴うインバータの充放電電力 P_{CD} は式 (13・1) となる．

$$P_{CD} = C_L \cdot V_{DD}^2 \cdot f \tag{13・1}$$

インバータ以外にも，本式を拡張し，N 個のゲートを有する回路を考えた場合，

それぞれのゲート i の出力のスイッチング確率を η_i, 出力負荷容量を C_{Li} とすると, 一般化された負荷容量の充放電に伴う回路消費電力 P_{CD} は式 (13·2) となる. スイッチング確率 η_i は論理ゲートの出力が "0" → "1" に遷移する確率として定義される.

$$P_{CD} = \sum_{i=1}^{N} \eta_i \cdot C_{Li} \cdot V_{DD}^2 \cdot f \tag{13·2}$$

〔2〕貫通電力

3·2 節で説明したように CMOS インバータにおけるスイッチングの過程で, 入力が "1" → "0" または "0" → "1" に遷移する際に, 一時的に NMOS と PMOS トランジスタが同時に導通して, 電源から接地電極に貫通電流が流れる. 図 13·2 に CMOS インバータの貫通電流を示す. 図 13·2 (a) に示すインバータ回路において, NMOS が $V_{THN} < V_{IN}$ において導通し, PMOS は $V_{IN} < V_{DD} - |V_{THP}|$ において導通する. したがって $V_{THN} < V_{IN} < V_{DD} - |V_{THP}|$ においては, NMOS, PMOS の両方のトランジスタが導通しており, 図 13·2 (b) の CMOS インバータの入出力特性に示されるように, 貫通電流が流れる. 図 13·2 (c) はインバータの入力 V_{IN} が破線のように変化したときの貫通電流を示しており, 入力が "1" → "0" または "0" → "1" に遷移する過渡期間の $V_{THN} < V_{IN} < V_{DD} - |V_{THP}|$ の条件が満たされている期間においてに貫通電流が流れる. 貫通電流の平均値はスイッチング回数に比例し, かつスイッチング時の遷移過渡期間が長い, なまった入力波形であるほど多くなる.

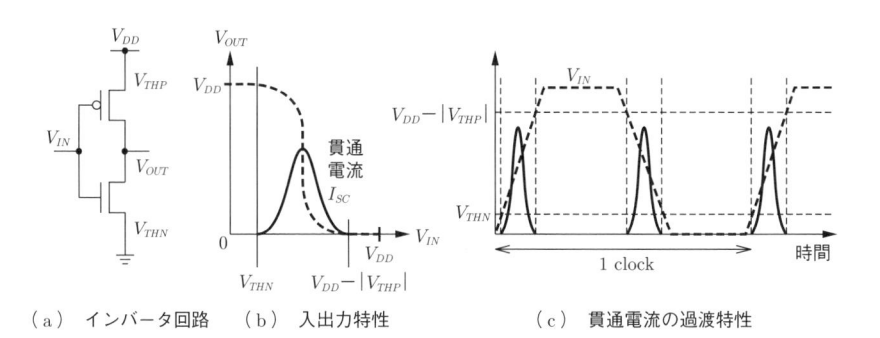

(a) インバータ回路　(b) 入出力特性　(c) 貫通電流の過渡特性

図 13·2　CMOS インバータにおける貫通電流

この貫通電流は負荷容量の充放電にまったく寄与していない無駄な電流であり，この貫通電流によって消費される電力は，前述の充放電電力 P_{CD} とは別途消費され貫通電力 P_{SC} と呼ぶ．スイッチング時の貫通電流を I_{SC} とおくと，貫通電力 P_{SC} は以下の式 (13·3) で導かれる．

$$P_{SC} = \sum_{i=1}^{N} \eta_i \cdot \int_{1clock} I_{SC} dt \cdot V_{DD} \cdot f \tag{13·3}$$

13·2 静的消費電力

図 13·3 に 3 段のインバータ回路が待機状態にある状態を示す．1 段目のインバータの入力が 0 V であった場合，2 段目，3 段目の入力はそれぞれ V_{DD}, 0 V となる．この時，1, 3 段目の NMOS トランジスタ，2 段目の PMOS トランジスタは遮断状態であり，理想的には電流は流れない．

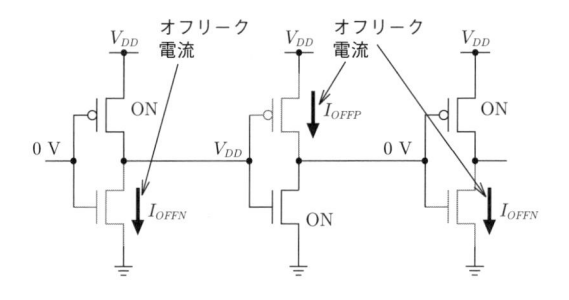

図 13·3 LSI の静的（スタティック）消費電力

図 13·4 に NMOS トランジスタの $V_{GS} - I_{DS}$ 電流特性を示す．ドレイン電圧を V_{DD} 電位に固定し，ゲート・ソース間電圧 V_{GS} を増加させていった場合のドレイン電流 I_{DS} は図 13·4 (b) に示す特性を示し，V_{GS} が V_{THN} 以下においては，ほとんど電流は流れない．しかしながら，ドレイン電流を対数化すると，図 13·4 (c) に示すようにしきい値電圧 V_{THN} 以下においても微小なサブスレッショルド電流が流れていることがわかる．

サブスレッショルド電流の詳細説明は 14 章において行うが，特に $V_{GS} = 0 V$ の時のサブスレッショルド電流を**オフリーク電流** I_{OFFN} と呼び NMOS の場合，式

13・2 静的消費電力

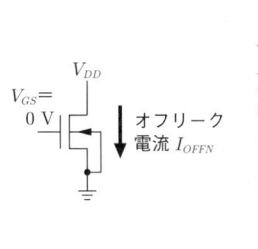

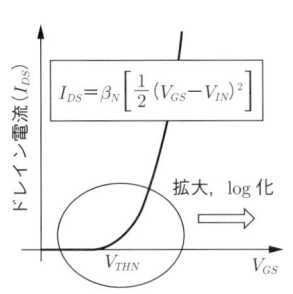

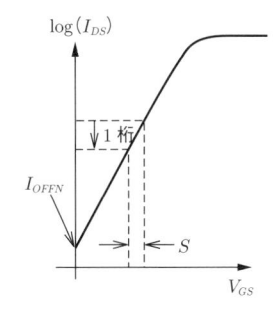

(a) OFF状態のNMOSトランジスタ　(b) V_{GS}-I_{DS} 特性(線形グラフ)　(c) V_{GS}-I_{DS} 特性(片対数グラフ)

図 13・4　NMOSトランジスタのオフリーク電流

(13・4)で表される．S はサブスレッショルド係数と呼ばれ，室温では $80 \sim 100\,\mathrm{mV}$，絶対温度に比例する係数である．この S は原理的に $60\,\mathrm{mV}$ より小さくなることはない．

$$I_{OFFN} \propto 10^{-\frac{V_{THN}}{S}} \tag{13・4}$$

したがって，しきい値電圧 V_{THN} をわずか，$80 \sim 100\,\mathrm{mV}$ 程度小さくするだけでも，オフリーク電流は10倍に増加する．また，オフリーク電流はゲート幅 W に依存し，かつ回路全体の電流は回路中のトランジスタの数に依存するため，オフリーク電流に起因する**静的消費電力** P_{STATIC} は式 (13・5) で表すことができる．

$$P_{STATIC} = \sum_{NMOS} I_{OFFN} \cdot V_{DD} + \sum_{PMOS} I_{OFFP} \cdot V_{DD} \tag{13・5}$$

微細化の進歩とともに，低電圧化が行われ，これに付随してしきい値電圧 V_{THN} は低下した．例えば，5V電源を使用するプロセスでは $V_{THN} = 0.7 \sim 1\,V$ 程度であったのに対して，スケーリング則に基づく微細化の進展とともに，1V電源を利用するプロセスでは $V_{THN} = 0.3\,V$ 程度と非常にしきい値電圧が低下した．サブスレッショルド係数は前述のとおりスケーリング則に基づく微細化では改善されることはないため，0.5Vのしきい値電圧低下は，約5桁以上のオフリーク電流の増加となる．また，微細化とともに一つのLSI上に搭載されるトランジスタ数も数億個以上となっており，単体トランジスタでのリーク電流の増大と，トランジスタ数の増加の相乗効果でオフリーク電流の総計としての静的消費電力は次節で述べるように飛躍的に増加し問題となっている．

13・3 消費電力のトレンド

以上で述べた三つの消費電力を一つの式でまとめると,式(13・6)となる.

$$P_{TOTAL} = P_{DYNAMIC} + P_{STATIC} = P_{CD} + P_{SC} + P_{STATIC}$$
$$= \sum_{i=1}^{N} \eta_i \cdot C_{Li} \cdot V_{DD}^2 \cdot f + \sum_{i=1}^{N} \eta_i \cdot \int_{1clock} I_{SC} dt \cdot V_{DD} \cdot f +$$
$$\sum_{NMOS} I_{OFFN} \cdot V_{DD} + \sum_{PMOS} I_{OFFP} \cdot V_{DD} \tag{13・6}$$

P_{CD} と P_{SC} は,回路がスイッチング動作を行っている時の動的消費電力 $P_{DYNAMIC}$ であり,P_{STATIC} は回路動作を行っていない場合の静的消費電力である.図 13・5 に LSI の微細化の進歩に伴う,電源電圧/しきい値電圧の変化(a)と,動的/静的消費電力の変化(b)を示す.動的消費電力は電源電圧としきい値電圧の値を基に式(13・1)を用いて,静的消費電力は電源電圧としきい値電圧の値を基に式(13・4),(13・5)を用いて,それぞれ計算した.動的消費電力はトランジスタの増加とともに増加するが,電源電圧の 2 乗に反比例して低減されるため,相殺されて変化が少ない.一方,静的消費電力は微細化に伴うしきい値電圧の低下に起因して電力は指数的に増加する.このため静的消費電力は $0.1\,\mu m$ プロセス以下では,動的消費電力と同程度の電力となってきており,電源電圧を $0.8\,\text{V} \sim 1\,\text{V}$ 以下にして動作させることが非常に困難となっている.静的および動的消費電力の増加を抑制するために,以降の節で述べるような消費電力を削減するための回

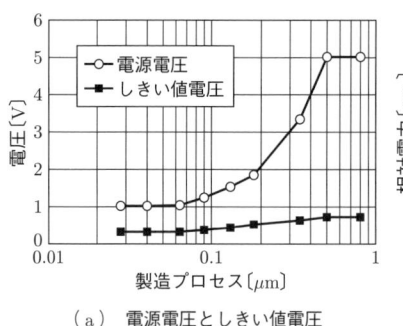

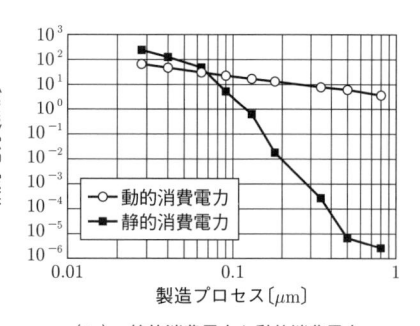

(a) 電源電圧としきい値電圧

(b) 静的消費電力と動的消費電力

図 13・5 微細化に伴う動的消費電力と静的消費電力のトレンド

13・4 動的消費電力低減のための手法

式 (13·6) で示した消費電力成分において，動的消費電力を削減するためには，スイッチング確率 η，負荷容量 C，電源電圧 V_{DD}，動作周波数 f を低減することが必要である．スイッチング確率および負荷容量を削減する方法として**ゲーテッドクロック方式**を，電源電圧と動作周波数を削減する方法として，**動的な電圧周波数制御方式**を紹介する．

〔1〕ゲーテッドクロック方式

順序回路においてはデータの一時記憶のために D-フリップフロップ（D-FF）が必要であり，すべての D-FF にはクロック（CLK）信号が供給されている．大規模な LSI には大量の D-FF が使用されているため，CLK 信号の容量性負荷は大きく，かつ毎クロック必ず動作するため非常に大きな電力を消費する．一方で，D-FF に一時記憶されているデータは毎クロックごとに変化するわけではなく，図 13·6 (a) のイネーブル付 D-FF（7·7 節参照）を用いて，イネーブル（Enable）信号が Hi の期間のみ外部のデータが D-FF に入力されるという回路制御が一般的に行われて

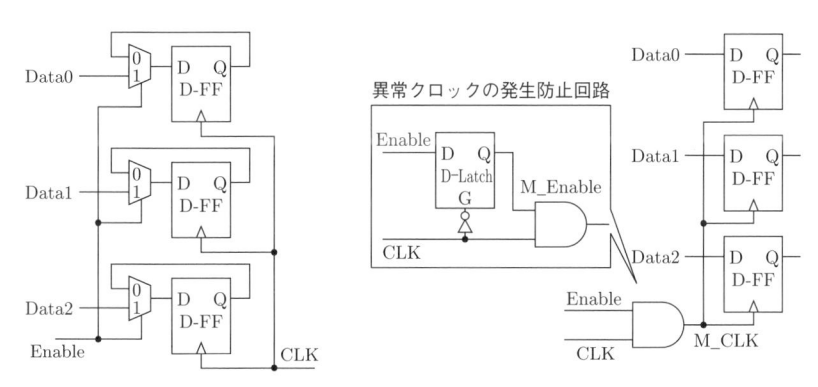

(a) イネーブル付き D-フリップフロップを用いた通常回路

(b) ゲーテッドクロック方式

図 13・6 ゲーテッドクロック方式

いる．この場合，D-FF の入力値は変化しないので，CLK 信号を駆動する必要はない．これを利用して，Enable 信号が Lo の期間は D-FF への CLK 信号を，AND ゲートを用いて Lo 固定にしてしまうことにより，D-FF の CLK 端子の入力容量の充放電電力を削減する手法がゲーテッドクロック方式である．

本方式では，(a) の Enable 制御に使用されているマルチプレクサも不要となる利点がある．単純に CLK 信号を AND ゲートで制御すると CLK が Hi の期間に Enable 信号が Lo から Hi に遷移した場合，遷移タイミングやパルス幅が異常な M_CLK 信号が D-FF に供給されてしまう．これを防止するために D-Latch を用いて，M_CLK が Lo の期間にのみ AND ゲートの Enable 信号が変化するような異常クロックの発生防止回路が組込まれている．また，9 章で説明したように CLK 信号は，D-FF のセットアップ制約やホールド制約を満たすために非常に精密なタイミング制御が求められるため，CLK 信号をゲーティングする AND ゲートの実装に当たっては注意が必要である．

〔2〕動的な電圧周波数制御（DVFS）方式

式 (13·2) に示した通り，回路の充放電に伴う消費電力は，動作周波数 f と電源電圧 V_{DD} の 2 乗に比例する．したがって動作周波数と電源電圧を低下させると消費電力を低減することが可能になる．図 13·7 (a) に，8 章式 (8·37) および (8·27)

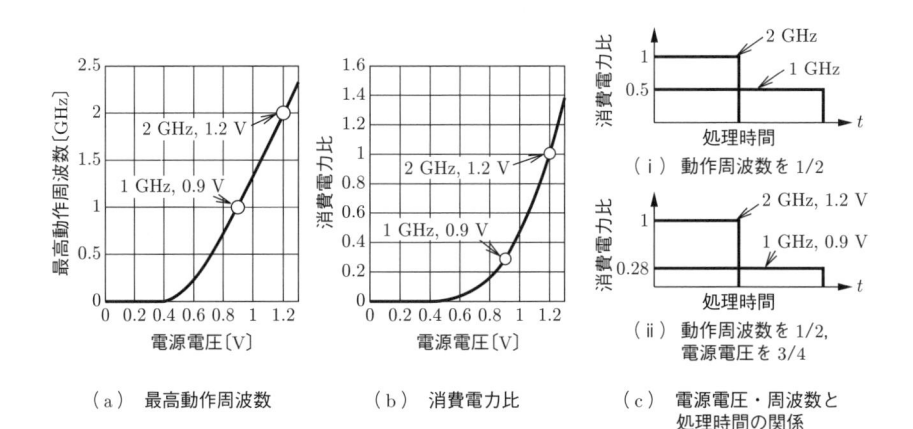

(a) 最高動作周波数   (b) 消費電力比   (c) 電源電圧・周波数と処理時間の関係

図 13・7　DVFS 方式

で決定される，最高動作周波数の電源電圧依存性を示す．図 13·7 (b) には，電源電圧 V_{DD} を変化させたときに，(a) のグラフにしたがって動作周波数を連動させて低減した時の，消費電力の相対比（左軸）を示す．一定動作周波数においては，消費電力は，電源電圧の 2 乗に反比例して削減されるが，連動して動作周波数を低下させると，さらに大幅に低消費電力化が可能になることがわかる．ただし，電源電圧をしきい値電圧 V_{TH} より低下させると，回路は動作しないので，消費電力比は 0 とプロットしている．

図 13·7 (c) のグラフは，電源電圧，動作周波数を変化させたときの演算処理時間と消費電力を示したものである．(i) に示すように，電源電圧一定で，動作周波数を 2 GHz から 1 GHz に変化させたとすると，消費電力は半減するが，処理時間は倍増するため，一定量の演算処理を行うための消費電力量は一定となる．ここで，動作周波数を 2 GHz から 1 GHz に低下させるのであれば，図 13·7 (a) より，電源電圧を 0.9 V に低減することが可能であることがわかる．これを適用すると，消費電力はさらに $\left(\frac{0.9}{1.2}\right)^2 = \frac{9}{16}$ に低減でき，これを (ii) に示す．すなわち，消費電力低減のために，動作周波数と電源電圧を同時に低下させると，消費電力は 28% にまで削減することができる．したがって，一定量の演算処理を行うための消費電力量も，その 2 倍の 56% に削減できる．このように，演算負荷が小さいときには，動作電圧と，動作周波数の両方を動的に低減して，消費電力を削減する手法を，DVFS (Dynamic Voltage and Frequency Scaling) 方式と呼ぶ．本手法は，ノート PC 用のプロセッサで実用化され，動画処理など高演算負荷時には高電圧・高動作周波数，ワードプロッセッシングなどの低演算負荷時には低電圧・低動作周波数で動作させることで，消費電力の削減を行いノート PC の電池駆動可能時間を延ばすことに貢献した．近年ではマルチコア技術と組合せて PC 用 CPU の発熱低減，スマートフォン/タブレット用 CPU の消費電力低減のための主要技術として使用されている（本章コラム参照）．

13·5 待機電流低減のための手法

式 (13·5) で示されるように，静的消費電力を削減するためには，I_{OFF} 電流を削減する必要があり，このためには，式 (13·4) で示すように，V_{TH} の絶対値を大き

くしなければならない．ところが V_{TH} の絶対値を大きくすると，トランジスタの駆動電流は減少し，トランジスタの遅延時間は増加する．したがって，単純に回路を構成しているすべてのトランジスタの V_{TH} の絶対値を大きくすると，回路が高速に動作しなくなるという問題が生じる．

この問題を解決するために，高速動作が必要な回路にのみ低い V_{TH} のトランジスタを使用する方法が**マルチ V_{TH} 技術**である．また，待機時のみに I_{OFF} 電流を削減する技術として，**パワーゲーティング技術**および**ボディバイアス制御技術**がある．

[1] マルチ V_{TH} 技術

同一のシリコン基板に低 V_{TH} トランジスタと高 V_{TH} トランジスタの2種類を作成し，図 13·8 に示すように，チップの動作速度を支配するゲート段数が多いクリティカルパスには低 V_{TH} を使い，それ以外の部分には高 V_{TH} を使う手法が使用されている．本技術はマルチ V_{TH} 技術と呼ばれ，高性能と低消費電力を両立させる技術として，広く使われている．

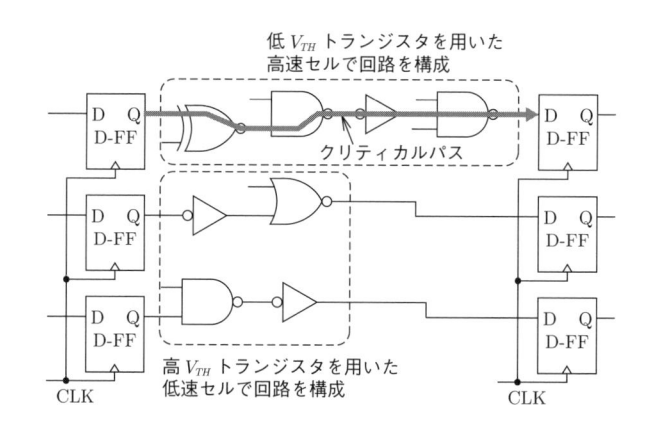

図 13·8 マルチ V_{TH} 技術

具体的な設計手法としては，NAND や NOR などの論理ゲートを構成するトランジスタに低 V_{TH} トランジスタを用いた高速セルと，高 V_{TH} トランジスタを用いた低速セルの2種類のセルライブラリを用意しておき，論理合成の実行段階で，クリティカルパスを構成しているゲート（またはフリップフロップ）には高速セ

ル，クリティカルパス以外のゲートには低速セルを割り当てる．このようなマルチ V_{TH} の設計を可能にする，低・高速のセルを含むライブラリや，論理合成を行う市販の CAD ツールも実用化されている．以上は 2 種類の V_{TH} を述べたが，3 種類以上の V_{TH} を持つトランジスタを用意し，より消費電力を削減することも可能である．

〔2〕パワーゲーティング（MT-CMOS）技術

マルチ V_{TH} 技術を使用したとしても，クリティカルパスを構成している高速セルのオフリーク電流は大きいため，携帯電話などバッテリー駆動でかつ待機時間の長い用途では使用が困難である．そこで，論理回路と接地電極（または電源）との間に，**パワースイッチ**と呼ぶ高 V_{TH} のトランジスタを挿入し，待機時には本スイッチをオフして電源遮断する手法が，パワーゲーティング技術である．本技術の適用例を**図 13・9**(a) に示すが，接地電極配線以外に，仮想接地電極配線を配置し，高 V_{TH} の NMOS トランジスタをパワースイッチとして両接地電極配線間に挿入する．

動作時には，パワースイッチが導通し両接地電極配線は短絡されるため，通常の動作が行われる．回路を使用しない待機時には，パワースイッチが遮断され，

(a) フッタ・スイッチ方式　　(b) ヘッダ・スイッチ方式

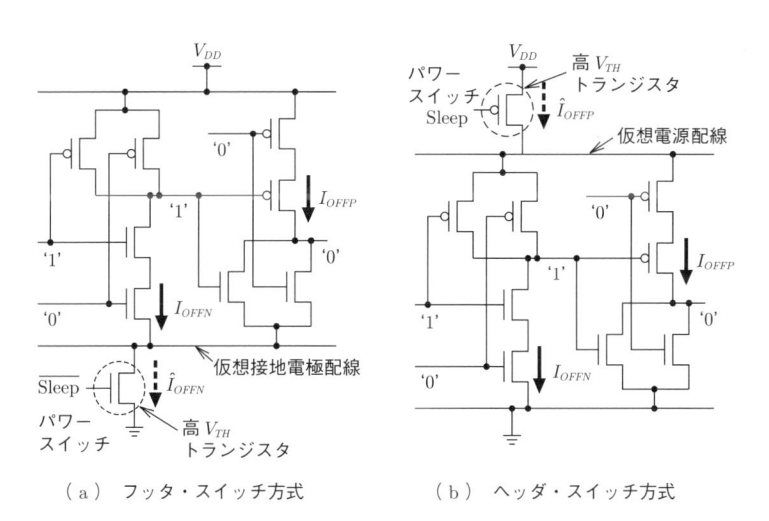

図 13・9　パワーゲーティング（MT-CMOS）技術

仮想接地電極配線と接地電極配線の間は遮断される．パワースイッチには高V_{TH}トランジスタを使用するため，そのオフリーク電流$\hat{I}_{OFFN}$は，論理ゲートを構成している低V_{TH}トランジスタのオフリーク電流の和$I_{OFFN} + I_{OFFP}$よりも小さい．すなわち，$I_{OFFN} + I_{OFFP} \gg \hat{I}_{OFFN}$であるため待機電流の大幅な削減が可能となる．パワーゲーティング技術を使用する際，回路中にD-FFのような記憶回路が存在した場合は，待機時には記憶データを喪失するという問題に対処する必要がある．このため，待機期間中もデータ保持を必要とするD-FFに対してはパワーゲーティング対象外にしたり，データをパワーゲーティング回路外に退避するなどの対策が必要である．その他にも，パワースイッチを構成するトランジスタの駆動電流を，回路が動作している際の動的消費電流より大きくしておくこと，パワースイッチをON/OFFする際の貫通電流の対策など，実際の実装に当たっては配慮が必要である．図13·9 (a) では，NMOSを接地電極配線との間に挿入するフッタ・スイッチ方式を紹介したが，図13·9 (b) のようにPMOSをパワースイッチとして電源配線との間に挿入するヘッダ・スイッチ方式もある．このようなパワーゲーティング方式は動作時の高速性と待機時の低消費電力を両立する技術として広く使われ，**MT-CMOS**（Multiple Threshold-voltage CMOS）**技術**とも呼ばれている．

〔3〕ボディバイアス制御（VT-CMOS）技術

図13·10 (a) に，NMOSトランジスタのサブスレッショルド電流特性を示す．ソース電位を0Vに固定したまま，ボディ電位を0Vから$-1, -2, -3$Vとしていくと実効的にしきい値電圧は上昇し，I_{OFF}電流を大きく低減できる．このように，待機時にはボディバイアスを動的に変化させてリーク電流を削減する方法がボディバイアス制御技術であり，**VT-CMOS**（Variable Threshold-voltage CMOS）**技術**とも呼ばれている．図13·10 (b) にインバータ回路にボディバイアス技術を適用した時の制御手法を示す．

通常の論理回路では，NMOSのボディは接地電位，PMOSのボディはV_{DD}電位が印加されている．ボディバイアス制御技術を適用した場合は，NMOSのボディ電位は接地電位より低い負電位（$-\alpha$ [V]）に，PMOSのボディ電位はV_{DD}よりも高い正電位（$V_{DD} + \alpha$ [V]）に制御する．このように，動作時は低いしきい値電圧で高速動作を実現し，待機時はボディ電位の制御を行って，実効しきい値電圧の

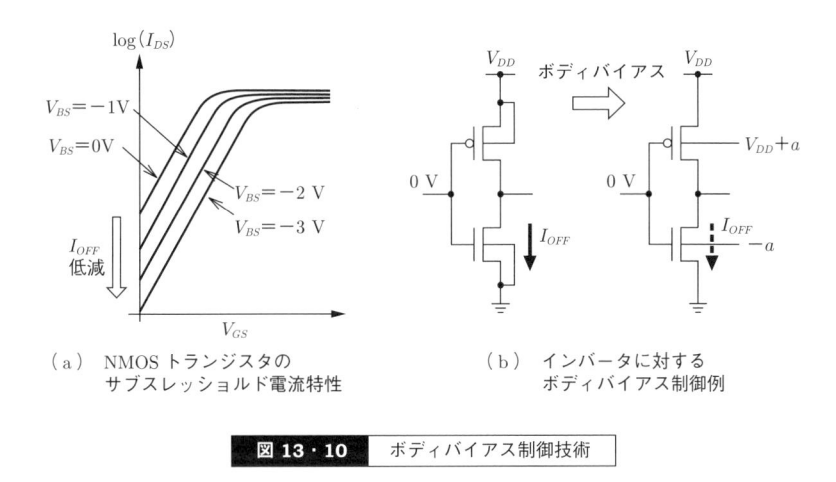

図 13・10 ボディバイアス制御技術

(a) NMOS トランジスタのサブスレッショルド電流特性
(b) インバータに対するボディバイアス制御例

絶対値を大きくして I_{OFF} 電流を低減することにより，高速動作と低待機時の低消費電力を両立している．なお，本手法は電源供給を止めてしまうパワーゲーティング技術と異なり，待機時もトランジスタはデータ保持できることから，D-FF のような記憶回路にも適用できることが特長である．一方トランジスタの微細化とともにボディバイアス印加時にジャンクションリークやゲートリークが増大する可能性があり，待機時に逆バイアスを印加するのではなく，動作時に順バイアスを印加して実効的なしきい値電圧を低下させる手法なども研究されている．

Column マルチコア技術

スマートフォンでは，小さな手のひらサイズのモバイル機器の上に，最新の PC と同等の機能を持った性能を実現できている．高性能化と消費電力化を両立させるためには，本章で述べたようなさまざまな低消費電力技術が搭載されている．本章で説明しなかった技術として，一つの LSI チップの上に多数の CPU を搭載するマルチコア技術がある．パソコン用などの演算能力を重視する CPU では，動作周波数の向上で性能を向上させてきた．2000 年以降，CPU の動作周波数は 3～4 GHz に達し，消費電力やチップ設計の難易度の観点からこれ以上の動作周波数の向上は困難となった．これに対して，複数の CPU を並列動作させて処理性能向上を図る新たな仕組みとしてマルチコア技術の導入が始まった．

消費電力を重視するスマートフォンでも，マルチコア技術は，演算性能を向上させつつ，待機時の消費電力を低減する仕組みとして積極的な導入が進み，PC 用

の CPU 以上に本章で述べたような低消費電力化技術が取り入れられている．た
とえば，通常のしきい値電圧を持つ CPU を 4 個持ち，かつしきい値電圧を高くし
て待機電流を低減できるコンパニオン CPU を 1 個持つプロセッサが商品化され
ている．電子メールの定期的なチェックや音楽再生などはコンパニオン CPU が
担当し，その他の 4 個の CPU はパワーゲーティング技術で電源を遮断する．簡
素なサイトの Web ブラウジングなどの中程度の負荷の場合には，通常 CPU を低
電圧で 1 個動作させる．ゲームやマルチメディア処理など高負荷の処理を行う際
は，4 個の通常 CPU で処理を行う．DVFS 技術において説明したように，一つの
CPU を高い電圧，高い周波数で動作させるよりも，多数の CPU を低い電圧，低
い周波数で動作させた方が，同じ演算を行わせたときの電力効率が良い．LSI の
微細化技術の進歩によって多数の CPU を一つのチップ上に搭載できることがで
きるようになったことで，低消費電力かつ高性能なスマートフォン用 CPU が実
現できたのである．

演習問題

1 CMOS 回路の消費電力は，回路内部の論理ゲートの出力のスイッチング確率に
よって変動する．簡易なスイッチング確率の見積もり方法では，論理ゲートの入
力ピンが "1" である確率，"0" である確率がそれぞれ 50% であると仮定して出力
のピンが "1" である確率，"0" である確率を求めそれらの積で計算する．この方
法を用いて，NOT ゲート，2 入力 NAND ゲート，3 入力 NAND ゲートのスイッ
チング確率がいくつになるか計算せよ．

2 図 13·6 のゲーテッドクロック方式において，異常クロックの発生防止回路に
よって，D-FF のクロック端子に供給される AND ゲートの出力信号に正常な信
号が与えられる．このことを，対策前後での，CLK, Enable, D-FF から出力さ
れる Enable 信号（M_Enable），AND ゲートの出力信号（M_CLK）を示すタイミ
ングチャートを書いて確かめよ．

3 図 13·7 の DVFS 方式において，動作周波数を 750 MHz で動作させる時，最も
消費電力を小さくするためには，電源電圧を何 V に設定すれば良いかグラフか
ら読み取りなさい．この時，2 GHz, 1.2 V で動作させる時と比較して式 (13·2) お
よび式 (13·3) で示される動作時の消費電力はどのぐらい削減されるか計算せよ．

14章 寄生素子と2次効果

本章では，集積回路の動作速度や消費電力を考える上で重要となる寄生容量，寄生抵抗を考える．また，これまでの MOS トランジスタでは考慮しなかったサブスレッショルド特性などの2次効果を説明する．さらに，短チャネル効果やキャリア速度飽和など，微細化とともに顕著となる諸現象についても説明する．

14·1 MOS トランジスタの寄生容量

図 14·1 に示す NMOS トランジスタのゲート寄生容量を考える．$V_{DS} = 0$ の場合，図 2·7 に示したキャリアと空乏層の挙動より，ゲート寄生容量は図 14·2 (a) に示すようにゲート電圧に対して変化する．蓄積状態ではゲート寄生容量はゲート絶縁膜と蓄積層との間の容量 $C_{OX}LW$ となるが，ゲート電圧の増加により空乏層が形成されると，空乏層容量 $C_{DEP}LW$ がこれに直列で付加される．ここで，$C_{DEP} = \varepsilon_S \varepsilon_0 / W_{DEP}$ であり，空乏層幅 W_{DEP} は式 (2·15) において表面反転電

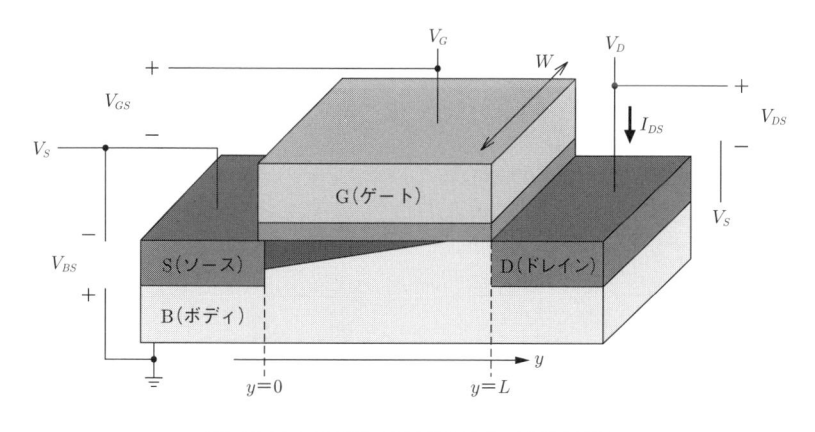

図 14·1 NMOS トランジスタの構造

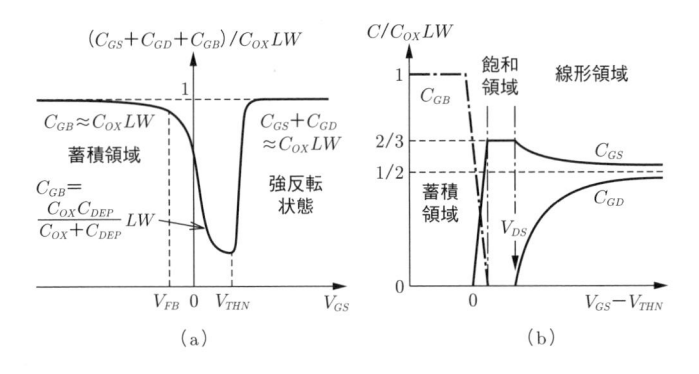

図 14・2 NMOS トランジスタのゲート寄生容量のゲート電圧依存性
(a) $V_{DS} = 0$, (b) $V_{DS} > 0$

位 $2\phi_F$ の代わりにこの状態での表面電位 ϕ_S に変えたものである．しきい値電圧 V_{THN} 付近まではゲート電圧とともに空乏層が広がり C_{DEP} は減少し，ゲート寄生容量も減少する．$V_{GS} > V_{THN}$ ではチャネルが形成されるので，ゲート寄生容量はゲート絶縁膜とチャネルとの間の容量 $C_{OX}LW$ となる．

次に，強反転状態において，ドレイン電圧依存性を考慮する．チャネル中の電位 $V(y)$ を用いてドレイン電流 I_{DS} は次式で表される．

$$I_{DS} = \beta_N L(V_G - V_{THN} - V(y))\frac{dV}{dy} \tag{14・1}$$

この両辺を y について積分し，また $V_{GST} = V_{GS} - V_{THN}$ として，

$$V_G - V_{THN} - V(y) = \sqrt{V_{GST}^2 - \frac{2I_{DS}}{\beta_N L}y} \tag{14・2}$$

を得る．これをゲート電荷 Q_G の計算に用いると，次のようになる．

$$\begin{aligned}Q_G &= \int_0^L C_{OX}W(V_G - V_{THN} - V(y))dy \\ &= C_{OX}W\left(\frac{\beta_N L}{3I_{DS}}\right)\left[V_{GST}^3 - \left(V_{GST}^2 - \frac{2I_{DS}}{\beta_N}\right)^{3/2}\right]\end{aligned} \tag{14・3}$$

さらに，線形領域では，$V_{GDT} = V_{GS} - V_{DS} - V_{THN}$ としてドレイン電流は $I_{DS} = (\beta_N/2)(V_{GST}^2 - V_{GDT}^2)$ と表せる（2 章演習問題 **4** 参照）ので，次式が得られる．

$$Q_G = \frac{2}{3}C_{OX}LW\frac{V_{GST}^2 + V_{GST}V_{GDT} + V_{GDT}^2}{V_{GST} + V_{GDT}} \tag{14・4}$$

この結果より，ゲート・ソース間容量 C_{GS}，ゲート・ドレイン間容量 C_{GD} は，

$$C_{GS} = -\frac{\partial Q_G}{\partial V_S} = \frac{2}{3}C_{OX}LW\frac{V_{GST}^2 + 2V_{GST}V_{GDT}}{(V_{GST}+V_{GDT})^2} \tag{14・5}$$

$$C_{GD} = -\frac{\partial Q_G}{\partial V_D} = \frac{2}{3}C_{OX}LW\frac{V_{GDT}^2 + 2V_{GDT}V_{GST}}{(V_{GST}+V_{GDT})^2} \tag{14・6}$$

と求められる．V_{GST}，V_{GDT} が共に大きい状態では，$C_{GS} = C_{GD} = C_{OX}LW/2$ となり，これら二つの容量は等しくなる．なお，これらの容量はある直流電圧印加時の微分容量，つまり小信号に対する容量である．

一方，飽和領域でのドレイン電流は $I_{DS} = (\beta_N/2)V_{GST}^2$ と表されるので，

$$Q_G = \frac{2}{3}C_{OX}LWV_{GST} \tag{14・7}$$

となり，同様の計算によって，次式が得られる．

$$C_{GS} = -\frac{\partial Q_G}{\partial V_S} = \frac{2}{3}C_{OX}LW \tag{14・8}$$

$$C_{GD} = -\frac{\partial Q_G}{\partial V_D} = 0 \tag{14・9}$$

図 14・2（b）に，NMOS トランジスタのゲート寄生容量のゲート電圧依存性を示す．上述の点の他，強反転しない場合 $Q_G = 0$ となり，$C_{GS} = C_{GD} = 0$ となり，蓄積状態では，ゲート・ボディ間容量 C_{GB} が生じる．

実際には，図 14・3 に示すように，ソース/ドレイン拡散層には pn 接合があり，その接合容量 C_J が生じる．空乏層幅 D_{DEP} の場合，単位面積当たりの接合容量は $\varepsilon_S \varepsilon_0 / D_{DEP}$ により求められる（2 章演習問題**5**，**6**参照）．しかし，素子分離のため，拡散層の周囲付近ではその底面付近よりもドーパント不純物密度が高く，

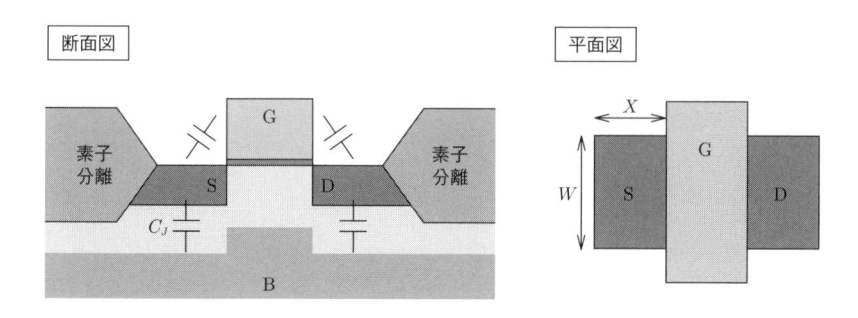

図 14・3 MOS トランジスタのソース/ドレイン接合容量とオーバラップ容量

拡散層の面積 WX に比例する成分と周囲長 $2(W+X)$ に比例する成分に分割して扱われる．つまり，単位面積あたりの接合容量 C_{ja} と単位周囲長あたりの接合容量 C_{jsw} を用いて，ソース/ドレイン接合容量 C_J は，

$$C_J = C_{ja}WX + C_{jsw}[2(W+X)] \tag{14・10}$$

と表される．NMOS の場合，拡散層底面のアクセプタ密度 N_A を用い，C_{ja} は

$$C_{ja} \approx \sqrt{\frac{\varepsilon_S \varepsilon_0 q N_A}{2(V_{bi} - V_{BS})}} \tag{14・11}$$

と表される．また，ゲート電極とソース/ドレイン拡散層の重なった部分およびこれらの間のフリンジ容量に起因するオーバラップ容量も生じる．ゲート長の微細化に伴い，その割合は相対的に増える．

14・2 拡散層における寄生抵抗

図 14・4 に示すソース直列寄生抵抗 R_S およびドレイン直列寄生抵抗 R_D も，微細化に伴いその影響が顕著となる．これらは，(1) 拡散層シート抵抗 R_{sh}，(2) 配線と拡散層とのコンタクト抵抗 R_c，(3) 拡散層とチャネルとの間で生じる広がり抵抗 R_{spr}，の三つの成分に分割できる．

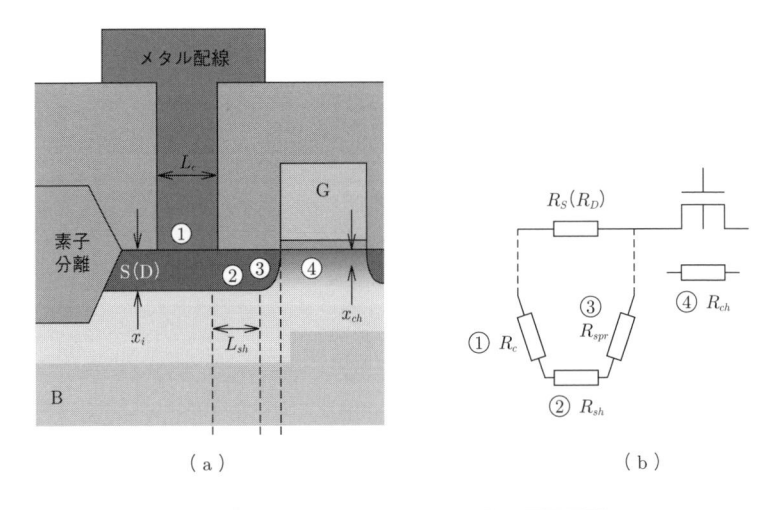

図 14・4 ソース・ドレイン直列寄生抵抗

まず，長さ L_{sh}，幅 W_{sh} の拡散層シート抵抗 R_{sh} は，次式で表される．

$$R_{sh} = \rho_\square \frac{L_{sh}}{W_{sh}} \tag{14・12}$$

ここで，$\rho_\square$ はシート抵抗率であり，接合深さ x_j に反比例する．後述の短チャネル効果の抑制のために x_j を浅くすると，シート抵抗 R_{sh} は増大する．この課題を緩和するために，TiSi$_2$，CoSi$_2$ などのシリサイド（シリコンとメタルの化合物）が用いられる．

次に，コンタクト抵抗 R_c は，コンタクト抵抗率 ρ_c，コンタクト孔の長さ L_c，幅 W_c を用いて，次式で表される．

$$R_c = \frac{\sqrt{\rho_c \rho_\square}}{W_c} \coth\left(L_c \sqrt{\frac{\rho_\square}{\rho_c}}\right) \tag{14・13}$$

ここで，コンタクトのチャネルに近い側に電流がより集中する現象を考慮している．$L_c\sqrt{\rho_c/\rho_\square} \ll 1$ の場合には，電流集中の効果が無視でき，$R_c \approx \rho_c/L_c W_c$ となる．微細化に伴ったコンタクト抵抗率 ρ_c の低減が重要であることがわかる．

最後に，x_{ch} を反転層の厚みとして，広がり抵抗 R_{spr} は次式で与えられる．

$$R_{spr} = \frac{2}{\pi} \frac{\rho_\square x_j}{W} \ln\left(\frac{0.75\, x_j}{x_{ch}}\right) \tag{14・14}$$

14・3 メタル配線の寄生素子

図 14·5 に示すように，配線幅 w，配線長 l，配線膜厚 t_W，フィールド酸化膜厚 h_W の場合，配線抵抗 R_{WIRE} と配線容量 C_{WIRE} は次のように近似できる．

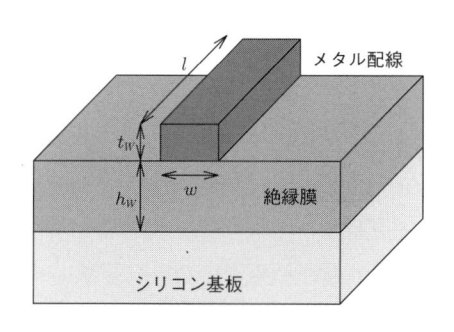

図 14·5　メタル配線

$$R_{WIRE} = \rho \frac{l}{wt_W} \tag{14・15}$$

$$C_{WIRE} = \varepsilon_{OX}\varepsilon_0 \frac{wl}{h_W} \tag{14・16}$$

ここで，ρ は配線材料の抵抗率，$\varepsilon_{OX}\varepsilon_0$ はフィールド酸化膜の誘電率である．配線による信号遅延 t_{WIRE} はほぼ時定数 $R_{WIRE}C_{WIRE}$ で近似できるとすると，$t_{WIRE} \approx \rho\varepsilon_{OX}\varepsilon_0 l^2/t_W h_W$ となり，配線幅によらない．

なお，実際には，配線端部でのフリンジ容量の影響があり，配線容量は

$$C_{WIRE} = \varepsilon_{OX}\varepsilon_0 \frac{\left(w - \frac{t_W}{2}\right)l}{h_W} + \varepsilon_{OX}\varepsilon_0 \frac{2\pi l}{\ln\left(1 + \frac{2h_W}{t_W}\left(1 + \sqrt{1 + \frac{t_W}{h_W}}\right)\right)} \tag{14・17}$$

で表される近似式が良い近似値を与える．右辺第 2 項がフリンジ容量である．さらに，図 14・6 (a) に示すように，配線が隣接する場合には配線間容量もあり，微細化に伴い増加する傾向にある．この様子を図 14・6（b）に示す．

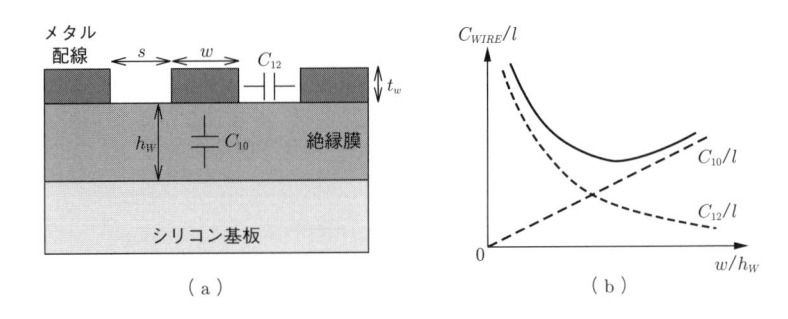

図 14・6 隣接するメタル配線の寄生容量（t_W/h_W，s/w：固定）

図 14・5 に示す配線には寄生インダクタンス L_{WIRE} も存在し，$R_{WIRE}/2\pi L_{WIRE}$ 程度以上の周波数で顕在化する．LSI では，数 GHz 以上の信号を伝送する配線，および同程度周波数の電流変動を持つ電源線・接地線で生じる誘起電圧が問題となる．伝送線路の理論によれば，配線の信号伝搬速度 $1/\sqrt{(L_{WIRE}/l)(C_{WIRE}/l)}$ は $c_0/\sqrt{\varepsilon_{OX}}$ に等しいので，式 (14・17) より，寄生インダクタンス L_{WIRE} は，

$$L_{WIRE} = \frac{\varepsilon_{OX} l^2}{c_0^2 C_{WIRE}} = \mu_0 l \left[\frac{w - \frac{t_W}{2}}{h_W} + \frac{2\pi}{\ln\left(1 + \frac{2h_W}{t_W}\left(1 + \sqrt{1 + \frac{t_W}{h_W}}\right)\right)} \right]^{-1} \tag{14.18}$$

となる．ここで，$c_0 \; (=1/\sqrt{\varepsilon_0 \mu_0})$，$\mu_0$ は各々真空中の光速，透磁率である．

14·4 2 次 効 果

[1] チャネル長変調効果

MOS トランジスタの飽和領域では，2章2·5節で述べたように，ピンチオフ点が形成され，ドレイン電圧の増加とともにピンチオフ点がソース側に移動する．厳密には，これにより，ピンチオフ点とソースまでの距離がゲート長より短くなるために，NMOS トランジスタの場合，式 (2·5) は以下のように変更される．

$$I_{DS} = \frac{1}{2}\mu_N C_{OX}\frac{W}{L - \Delta L}(V_{GS} - V_{THN})^2 \tag{14.19}$$

ここで，ΔL はドレインからピンチオフ点までの距離である．ドレイン電圧の増加による ΔL の増加を $\Delta L/L = \lambda V_{DS}$ と表し，$\Delta L \ll L$ とすると，

$$I_{DS} \approx \frac{1}{2}\mu_N C_{OX}\frac{W}{L}(V_{GS} - V_{THN})^2(1 + \lambda V_{DS}) \tag{14.20}$$

と近似できる．このように，ドレイン電圧の増加によりチャネル長が短くなり，ドレイン電流が増加する現象を**チャネル長変調効果**と呼び，定数 λ はその度合いを示す値である．また，このとき，次式のドレイン・コンダクタンス g_d

$$g_d = \left.\frac{\partial I_{DS}}{\partial V_{DS}}\right|_{V_{GS}=const.} \approx \lambda I_{DSAT} \tag{14.21}$$

は，I_{DSAT} にほぼ比例する．これは，アナログ回路の設計で重要な特性値である．

なお，厳密には，ゲート電極とソース/ドレイン拡散層のオーバラップだけ，チャネル長は短い．これを**実効チャネル長**と呼ぶ．

[2] サブスレッショルド特性とオフリーク電流

図 14·7 (a) に示すように，実際には，ゲート電圧がしきい値電圧を下回る弱反転状態でも微小なドレイン電流が流れる．この特性を**サブスレッショルド特**

14章 寄生素子と2次効果

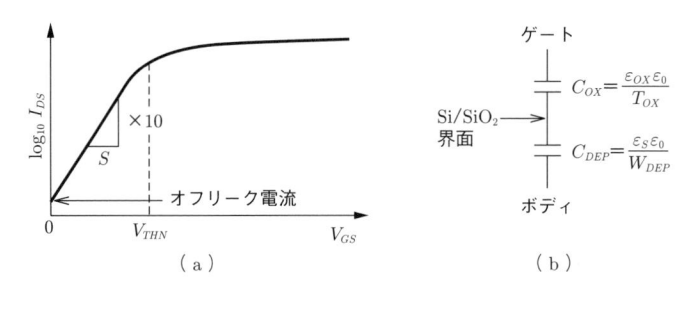

図 14・7 NMOS トランジスタの (a) サブスレッショルド特性と (b) 表面電位の計算のためのモデル

性と呼び，その良好さを**サブスレッショルド係数**で示す．サブスレッショルド係数 S はドレイン電流を 1 桁変化させるゲート電圧の変化量で定義され，

$$S = \frac{dV_{GS}}{d(\log_{10} I_{DS})} \tag{14・22}$$

と表される．よって，NMOS トランジスタの弱反転状態でのドレイン電流は

$$I_{DS} = I_{DS0}(V_{DS}) \, 10^{(V_{GS}-V_{THN})/S} \tag{14・23}$$

と表せる．ここで，$I_{DS0}(V_{DS})$ はドレイン電圧のみの関数である．これより，$V_{GS} = 0$ のときのドレイン電流，つまりオフリーク電流は V_{THN}/S に大きく依存する．強反転状態で必要なドレイン電流を確保するには V_{THN} はあまり高くできず，オフリーク電流の低減には，小さい S が必要である．そこで，図 2・14 に示す電位分布（Si/SiO$_2$ 界面の電位を ϕ_S，ゲートの電位を V_{GS} にする）に基づき，サブスレッショルド特性を解析する．

まず，NMOS トランジスタにおいてソース電位，ボディ電位を 0 とし，ある V_{GS} ($< V_{THN}$) に対して Si/SiO$_2$ 界面の電位 ϕ_S が $\phi_F \sim 2\phi_F$ の範囲にあり弱反転しているとする．このとき，式 (2・10) より，チャネル領域のソース端とドレイン端での自由電子密度 n_S, n_D は，以下のようになる．

$$n_S = \frac{n_i^2}{N_A} \exp\left(\frac{\phi_S}{V_T}\right) \tag{14・24}$$

$$n_D = \frac{n_i^2}{N_A} \exp\left(\frac{\phi_S - V_{DS}}{V_T}\right) \tag{14・25}$$

$V_{DS} > 0$ の場合 n_D が n_S より低くなるが，ドレイン端付近の Si/SiO$_2$ 界面の電位がドレイン電位より低下することによる．このようなソース端とドレイン端の

自由電子濃度の差により生じる拡散電流，つまりサブスレッショルド電流は，

$$I_{DS} = qD_N A \frac{n_S - n_D}{L} = \frac{qD_N A n_i^2}{N_A L} \exp\left(\frac{\phi_S}{V_T}\right)\left[1 - \exp\left(-\frac{V_{DS}}{V_T}\right)\right] \tag{14・26}$$

と表される．ここで，D_N, A は自由電子の拡散係数，チャネルの電流経路の断面積である．この式は，弱反転状態ではドレイン電流 I_{DS} は表面電位 ϕ_S を介してゲート電圧 V_{GS} に対して指数関数的に変化することを意味する．また，ドレイン電流 I_{DS} は $4V_T$ 以上のドレイン電圧 V_{DS} に対してほぼ飽和する．

さらに，図 14・7 (b) の等価モデルを用いると

$$\frac{d\phi_S}{dV_{GS}} = \frac{C_{OX}}{C_{DEP} + C_{OX}} \tag{14・27}$$

となる．ここで，14・1 節同様に $C_{DEP} = \varepsilon_S \varepsilon_0 / W_{DEP}$ であるが，弱反転での表面電位 $\phi_S \approx 1.5\phi_F$ に対するものとする．これより，式 (14・22) で定義されるサブスレッショルド係数は次式で表される．

$$S = \left(\frac{d\phi_S}{dV_{GS}}\frac{d}{d\phi_S}\log_{10} I_{DS}\right)^{-1} = (\ln 10)\, V_T \left(1 + \frac{C_{DEP}}{C_{OX}}\right) \tag{14・28}$$

C_{DEP}/C_{OX} を小さくすれば S が小さくなるが，室温で $S = 60\,\mathrm{mV/dec}$ が限界である．

実際には，ドレインから基板へ流れるリーク電流もあり，ドレイン接合部の逆方向電流（図 2・5 (b)）の他，ゲート電極下のドレイン端の高電界による量子力学的トンネル効果で生じる**ゲート誘起ドレインリーク**（gate-induced drain leakage；GIDL）がある．

14・5 微細 MOS トランジスタ特有の現象

〔1〕短チャネル効果

MOS トランジスタのゲート長が短くなると，チャネル下の空乏層電荷はソース・ドレインからの電界の影響を受けるようになる．そのため，図 14・8 に示すように，ゲート電極で制御できる空乏層電荷の量が減少し，しきい値が低下する．ゲート長が短くなるにつれ，しきい値電圧は低下するが，ドレイン電圧が高い程，これは顕著となる．この**短チャネル効果**が生じるゲート長を用いた場合，ゲー

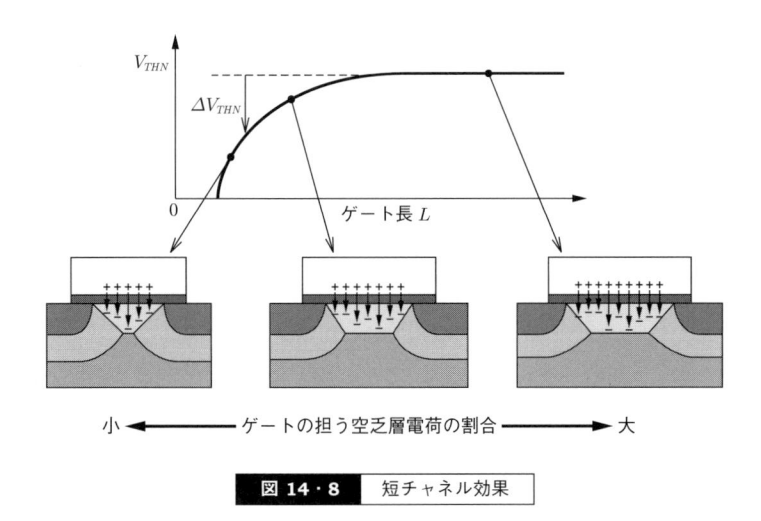

ト長の加工ばらつきにより，しきい値の変動も大きくなる．また，短チャネル効果によるしきい値電圧の低下によりオフリーク電流も増大する．

Brewsらは，短チャネル効果を抑えたゲート長の最小値 $L_{\min}$〔μm〕について次式の経験則を提案した．

$$L_{\min} = 0.4[x_j T_{OX}(W_S + W_D)^2]^{1/3} \tag{14・29}$$

ここで，x_j〔μm〕，W_S〔μm〕，W_D〔μm〕，T_{OX}〔Å〕は各々ソース・ドレイン接合深さ，ソース側，ドレイン側の空乏層幅，ゲート酸化膜厚である．この経験則は，長い間，微細化の指針とされてきた．これより，T_{OX} や x_j を小さくし，ボディの不純物濃度を上げることが，短チャネル効果を抑制する上で有効である．

〔2〕パンチスルー現象

短チャネルMOSトランジスタでは，ドレイン電圧を高くすると，ドレイン電界がソース付近まで影響し，ソース近傍での拡散電位障壁が低下する．これを**ドレイン誘起障壁低下**（Drain-Induced Barrier Lowering；DIBL）と呼ぶ．ソース中のキャリアがボディに流出しドレインに達する．これを**パンチスルー現象**と呼ぶ．この現象により，サブスレッショルド電流は増加し，サブスレッショルド係数も劣化する．定性的には，ソース側とドレイン側の空乏層幅の和がゲート長程度になるとパンチスルーが生じるので，これを防ぐにはボディの不純物濃度を高くする．

〔3〕キャリア速度の飽和

MOSトランジスタのゲート長に応じて電源電圧を下げないと，チャネル内部の電界強度は素子の微細化に伴って増加する．サブミクロン素子でチャネル内部の平均電界が数十 MV/m にも達しており，移動度と電界強度のみでドリフト速度が決まる通常のキャリア輸送モデルは適用できず，MOSトランジスタの特性は2乗則とは異なったものになる．

Si 結晶に高電界（$> 4\,\mathrm{MV/m}$）を印加すると，**図 14.9** に示すように，自由電子のドリフト速度は印加電界に無関係な一定の値に飽和する傾向を示す．この現象は**キャリア速度の飽和**と呼ばれる．ここでは，便宜上，ドリフト速度を次式のように近似する．

$$v_d = \begin{cases} \dfrac{\mu_N E}{1 + E/E_S} & (E \leq E_S) \\ v_S & (E > E_S) \end{cases} \tag{14・30}$$

ここで，v_S は**飽和速度**であり，Si 結晶中の自由電子では約 $1 \times 10^5\,\mathrm{m/s}$ である．また，$E = E_S$ でドリフト速度を連続とするため，$E_S = 2v_S/\mu$ とする．なお，NMOS トランジスタのチャネルを走行する自由電子の移動度 μ_N は，ゲートからの電界の影響により劣化し，次式のように近似する．

$$\mu_N = \frac{\mu_{N0}}{1 + \theta(V_{GS} - V_{THN})} \tag{14・31}$$

ここで，θ はゲート絶縁膜厚など製造プロセスに依存する定数である．同様な現象は，正孔でも生じる．

いま，図 14.1 に示すゲート長 L，ゲート幅 W の NMOS トランジスタを考える．

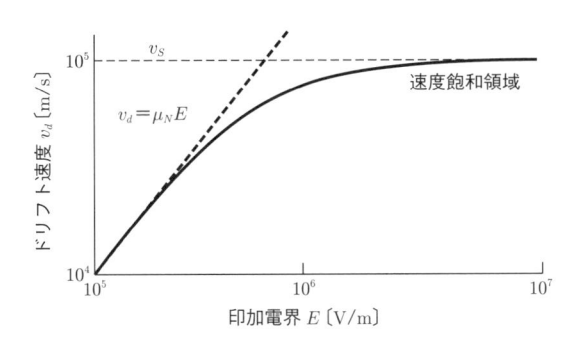

図 14・9 Si 結晶中における自由電子のドリフト速度の飽和

チャネル方向の位置 y における電流はドレイン電流とほぼ等しく，

$$I_{DS} = v_d W |Q_{INV}(y)| \tag{14・32}$$

と表される．ここで，$Q_{INV}(y)$ はチャネル面電荷密度であり

$$Q_{INV}(y) = -C_{OX}(V_{GS} - V(y) - V_{FB} - 2\phi_F) + \sqrt{2q\varepsilon_S\varepsilon_0 N_A(2\phi_F + V(y) - V_{BS})} \tag{14・33}$$

と表される．$V(y)$ はチャネルの電位を示す．式 (14.30)，(14.33) を式 (14.32) に代入し $y = 0 \sim L$ の範囲で積分すると，

$$I_{DS} = \frac{\mu_N C_{OX} W}{L + V_{DS}/E_S} \left[(V_{GS} - V_{FB} - 2\phi_F)V_{DS} - \frac{V_{DS}^2}{2} \right. \\ \left. - \frac{2\sqrt{2q\varepsilon_S\varepsilon_0 N_A}}{3C_{OX}} \{(2\phi_F - V_{BS} + V_{DS})^{3/2} - (2\phi_F - V_{BS})^{3/2}\} \right] \tag{14・34}$$

となる．上式の最終項を V_{DS} の 2 次式で近似すると

$$I_{DS} = \frac{\mu_N C_{OX} W}{L + V_{DS}/E_S} \left[(V_{GS} - V_{THN})V_{DS} - \frac{1}{2a_0}V_{DS}^2 \right] \tag{14・35}$$

となる．ここで，V_{THN} は式 (2.19) で定義したしきい値電圧，a_0 は

$$a_0 = \left[1 + \frac{\sqrt{2q\varepsilon_S\varepsilon_0 N_A}}{2 C_{OX} \sqrt{2\phi_F - V_{BS}}} \right]^{-1} \tag{14・36}$$

である．式 (14.31) を用いると，線形領域での式が以下のように得られる．

$$I_{DS} = \beta_{N0} \frac{(V_{GST} - V_{DS}/2a_0)V_{DS}}{1 + \theta V_{GST} + (\mu_{N0}/2v_S L)V_{DS}} \tag{14・37}$$

ここで，$V_{GST} = V_{GS} - V_{THN}$，$\beta_{N0} = \mu_{N0} C_{OX} W/L$ である．

次に飽和領域を考える．速度飽和点 ($y = y_{sat}$) でのチャネル電荷密度 $Q_{INV}(y_{sat})$ は，式 (2.19)，(14.33)，(14.36) より，次のように近似できる．

$$Q_{INV}(y_{sat}) = -C_{OX}(V_{GS} - V_{THN} - V_{DSAT}/a_0) \tag{14・38}$$

これより，速度飽和点での電流に着目すると，飽和ドレイン電流は

$$I_{DS} = v_S W C_{OX}(V_{GS} - V_{THN} - V_{DSAT}/a_0) \tag{14・39}$$

となる．これは，式 (14.37) の線形領域での式と $V_{DS} = V_{DSAT}$ で連続となることから，飽和領域での式が得られる．

結局，ドリフト速度の飽和を考慮すると，MOSトランジスタの特性は，

$$I_{DS} = \begin{cases} \beta_{N0} \dfrac{(V_{GST} - V_{DS}/2a_0)V_{DS}}{1 + \theta V_{GST} + (\mu_{N0}/2v_S L)V_{DS}} & \text{(線形領域：} V_{DS} \leq V_{DSAT}) \\ \dfrac{a_0 \beta_{N0}}{2} \dfrac{V_{GST}^2}{1 + \Theta V_{GST}} & \text{(飽和領域：} V_{DS} > V_{DSAT}) \end{cases}$$

(14・40)

と表される．ここで，$\Theta = \theta + a_0 \mu_{N0}/2v_S L$，$V_{DSAT}$ は飽和ドレイン電圧であり，

$$V_{DSAT} = \frac{a_0 E_S L V_{GST}}{E_S L + a_0 V_{GST}} = \frac{a_0 V_{GST}(1 + \theta V_{GST})}{1 + \Theta V_{GST}} \quad (14・41)$$

で定義される．ここで飽和領域に注目すると，$V_{GST} \ll E_S L$ の場合に良く知られた2乗則が成立する．しかし，L が短くなると，飽和ドレイン電流は V_{GST} に比例するようになる．したがって，キャリア速度飽和を考慮しないと，微細MOSトランジスタのドレイン電流を過大評価することになる．

このような傾向から，飽和ドレイン電流を $I_{DSAT} \propto V_{GST}^\alpha$（$1 < \alpha \leq 2$）と近似することもある．8章の式(8・37)で用いる α は，この近似に基づく．

〔4〕ホットキャリアによる基板電流の発生

半導体中のキャリアが電界による加速によって高エネルギーを持つ場合，それを**ホットキャリア**と呼ぶ．このホットキャリアは自由電子と正孔の対を生成する**インパクトイオン化現象**を引き起こす．特に，自由電子の高エネルギー化は顕著であり，**ホットエレクトロン**と呼ぶ．

MOSトランジスタでは，飽和ドレイン電圧を上回るドレイン電圧を印加すると，ドレインとピンチオフ点の間で高電界となり，インパクトイオン化現象が生じる．例えば，NMOSトランジスタでは，生成した自由電子はドレインに流れ込むが，正孔はボディ端子に向かって流れる．これが基板電流であり，その経路にあるボディ抵抗により，チャネル直下の電位が変動する．この結果，ボディ・ソース間が順方向バイアスされ，多数の自由電子がボディに流れると，ソース・ボディ・ドレイン間で構成される**寄生バイポーラトランジスタ**が動作し，MOSトランジスタとして動作しなくなる．

この他，直接的あるいは間接的にゲート絶縁膜にホットキャリアが注入し，素子特性を劣化させる．これは，素子の長期信頼性に影響し，耐圧を制限する．そこで，素子の信頼性の評価には，ホットキャリアの発生状況の把握のため，上述の

基板電流を用いる．なお，近年，集積回路の低消費電力化の観点から，電源電圧が 1 V 近くまで低下しているが，入出力用の高耐圧デバイスも混載する場合，これは通常ホットキャリアへの対策がなされたものである．

〔5〕ゲートリーク

ゲート電極と Si 基板の間には，ゲート絶縁膜を介して量子力学的なトンネル効果による電流が生じる．比較的厚膜のゲート酸化膜では，500 MV/m 以上の高電界 E_{OX} が印加されるときに自由電子や正孔の **Fowler-Nordheim トンネリング**による電流が生じるが，その電流密度 J_{OX} は

$$J_{OX} = \frac{q^2}{8\pi h \phi_B} E_{OX}^2 \exp\left(-\frac{4\sqrt{2m^*(q\phi_B)^3}}{3q\hbar E_{OX}}\right) \tag{14・42}$$

で表される．ここで，m^* はキャリアの有効質量，ϕ_B〔eV〕はゲート絶縁膜に対する障壁高さ（Si/SiO$_2$ では，3.1 eV（電子），4.8 eV（正孔）），$h = 2\pi\hbar$ はプランク定数（6.62×10^{-34} J·s）である．同じ印加電圧でもゲート酸化膜厚が薄くなる程 E_{OX} が増加し，Fowler-Nordheim トンネル電流が増加する．そして，膜厚 3～4 nm 以下のゲート酸化膜になると，自由電子や正孔の**直接トンネリング**が顕著になり，サブスレッショルド電流などの他のオフリーク電流を上回ることになる．その電流密度 J_{OX} は近似的に

$$J_{OX} = \frac{q^2}{4\pi h T_{OX}} E_{OX} \exp\left(-\frac{2\sqrt{2m^*q\phi_B}\,T_{OX}}{\hbar}\right) \tag{14・43}$$

と表される．このようなゲートリークの抑制のためには，誘電率の高い絶縁材料（High-k 材料と呼ぶ）を用いて，同等の C_{OX} を実現する等価なゲート酸化膜厚（Equivalent Oxide Thickness；EOT）を低減できる．

〔6〕多結晶シリコン・ゲートの空乏化と反転層の量子化

高濃度に不純物をドーピングした多結晶 Si をメタルと見なして，ゲート電極とすることが行われる．NMOS トランジスタでは n$^+$ 型，PMOS トランジスタでは p$^+$ 型である．しかし，ゲート電圧を印加すると，ゲート電極下部のゲート絶縁膜との界面付近では 1 nm 程度の空乏層が生じ，等価なゲート酸化膜厚が厚くなる．5 nm 以下のゲート酸化膜厚で，その影響が顕在化する．この課題を解決するために，ゲート電極のメタル化が進められているが，NMOS，PMOS 両トランジスタのフラットバンド電圧を適切にする配慮が必要である．

一方，チャネル側では，空乏層，反転層で形成される電界とゲート絶縁膜との障壁によって，ポテンシャル井戸が形成されるが，そこに閉じ込められたキャリアは量子力学的な効果により界面より基板側に 1 nm 程度シフトした位置に重心を持つ．この現象も等価酸化膜厚を増加させる．

Column｜トランジスタのばらつき

多数のトランジスタを用いる集積回路では，個々の素子の特性が同一であることが理想であるが，実際には素子特性に統計的な"ばらつき"が生じる．

ゲート絶縁膜形成装置やアニール装置の装置内における温度やガスのむらなどにより，ロット間，ウェハ間，チップ間，さらに同一チップ内の位置によって，製造された素子の特性が異なる．しかし，隣接する素子の特性の差は小さく，空間的に離れるにつれて素子特性の相関性が減少する．この様子を図 14.10 (a) に示す．このようなばらつきをシステマティックばらつきと呼ぶ．NMOS と PMOS の特性のばらつきを図 (b) のような散布図で示すことで，回路設計で考慮するべきばらつき状況を把握することができる．

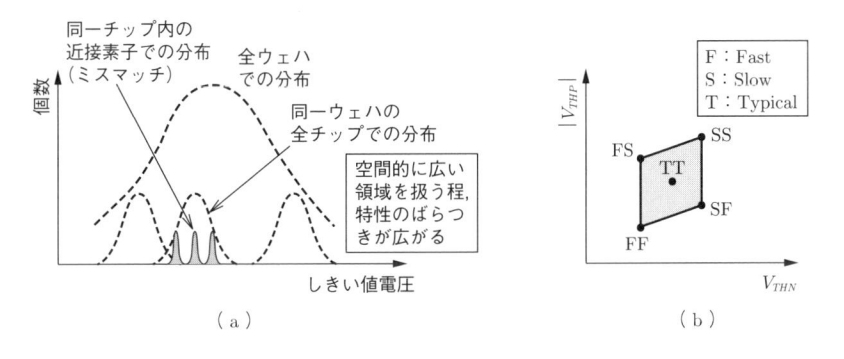

図 14・10　(a) しきい値分布の様子と (b) NMOS と PMOS のしきい値分布の相関性

高精度アナログ CMOS 集積回路において外来雑音の影響を低減できる差動構成が良く用いられる．この場合，システマティックばらつきのない近接する同一素子の特性の相対誤差が従来より問題視されていた．これをミスマッチあるいはランダムばらつきと呼ぶ．近年，SRAM セルの微細化の阻害要因にもなっている（15 章参照）．この要因は，不純物ばらつきなどのミクロな要因である．例えば，チャネル領域の不純物濃度 $1 \times 10^{24} \mathrm{m}^{-3}$ の場合，ゲート長，ゲート幅共に 50 nm の MOS トランジスタのチャネル領域には 80 個程度の不純物原子しか存在せず，

14章 寄生素子と2次効果

その配置や個数の変動の影響は大きいことがわかる．不純物個数がポアソン分布に従うと仮定すると，短チャネル効果などがない MOS トランジスタ（L：ゲート長，W：ゲート幅，T_{OX}：ゲート酸化膜厚）のしきい値電圧 V_{TH} の標準偏差は

$$\sigma(V_{TH}) = A_{VTH} \frac{T_{OX}}{\sqrt{LW}} \tag{14・44}$$

と表される．ここで，A_{VTH} は製造プロセスに依存する．

演習問題

1 式 (14・1) を用いて，2章の式 (2・6) を導出せよ．

2 図 14・5 のメタル配線において，配線端部でのフリンジ容量の影響を考慮し，以下の形状での単位長さ当たりの寄生抵抗，寄生容量，寄生インダクタンスを求めよ．なお，隣接配線はなく，メタルは抵抗率 $0.03\,\mu\Omega\cdot\mathrm{m}$ の Al とする．
  (1) $w = 1.36\,\mu\mathrm{m}$，$t_W = 0.8\,\mu\mathrm{m}$，$h_W = 1.65\,\mu\mathrm{m}$
  (2) $w = 2.72\,\mu\mathrm{m}$，$t_W = 0.8\,\mu\mathrm{m}$，$h_W = 1.65\,\mu\mathrm{m}$

3 MOS トランジスタの2次効果について，下記の問いに答えよ．
  (1) ドレイン電流を劣化させる現象を列挙せよ．
  (2) CMOS インバータのオフリーク電流を増加させる現象を列挙せよ．

4 NMOS トランジスタのしきい値付近と遮断時（ゲート・ソース間電圧 0 V）のドレイン電流の比を 10^6 とする．しきい値電圧 V_{THN} とサブスレッショルド係数 S の関係を示せ．

5 2章演習問題**3**の NMOS トランジスタにおいて，下記の値を求めよ．なお，自由電子の有効質量は真空中での値（$9.1 \times 10^{-31}\,\mathrm{kg}$）の 1/2 とする．
  (1) 飽和領域でのゲート・ソース間容量 C_{GS}
  (2) サブスレッショルド係数 S
  (3) $V_{GS} = 5.0\,\mathrm{V}$ でのゲートリーク

6 下図は微細 NMOS トランジスタの構造の例を示す（**図 14・11**）．この構造で，ソース・ドレイン領域の形状と中濃度 p 領域の効果を述べよ．

演習問題

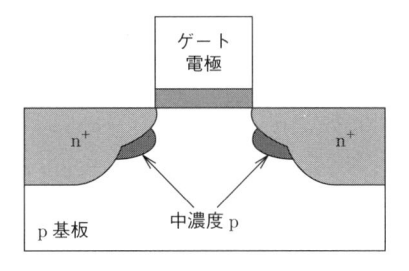

図 14・11

7 ゲート酸化膜厚 2 nm の NMOS トランジスタに関する下記の問いに答えよ．反転層の自由電子密度は 1×10^{16} m^{-2} であり，そこでの空乏層の影響は無視する．ゲート電極は不純物濃度 2×10^{25} m^{-3} の n$^+$ 多結晶 Si とする．

(1) 反転層の厚さ x_{ch} を概算せよ．なお，位置 x と運動量 p に関する量子論的不確定性原理 $\Delta x \Delta p \approx \hbar/2$ を用いよ．反転層の自由電子の有効質量は真空中での値 (9.1×10^{-31} kg) とする．

(2) 上で求めた x_{ch} を用いて，ゲート幅 $1\,\mu$m の広がり抵抗 R_{spr} を求めよ．ソース・ドレイン接合深さ x_j は 100 nm，拡散層の抵抗率は $10\,\mu\Omega\cdot$m とする．

(3) ゲート側での空乏層幅 $W_{G,DEP}$ を概算せよ．

(4) (1)，(3) の結果を用いて，等価なゲート酸化膜厚 $T_{OX,EFF}$ を求めよ．

15章 比例縮小則と微細化の課題

　VLSI の高性能化，低消費電力化，低価格化は，微細化技術の進展に支えられてきた．本章では，微細化による CMOS 回路の性能向上原理（比例縮小則）を記述する．また，微細化が進むにつれ，実際には比例縮小則からはずれる因子が出てくる．それを解決してムーアの法則を継続してゆくための等価的スケーリング技術について概説する．

15・1 比例縮小則

　VLSI の高性能化，低消費電力化，低価格化は，微細化技術の進展に支えられてきた．本節では，微細化による CMOS 回路の性能向上原理を記述する．**図 15・1** は，CMOS 構成の 2 入力 NAND ゲートのレイアウトパターンが，微細化の進展とともに縮小されてきた様子を示している．

　素子の微細化において，電圧（ゲート，ドレイン）一定でゲート長を縮小する

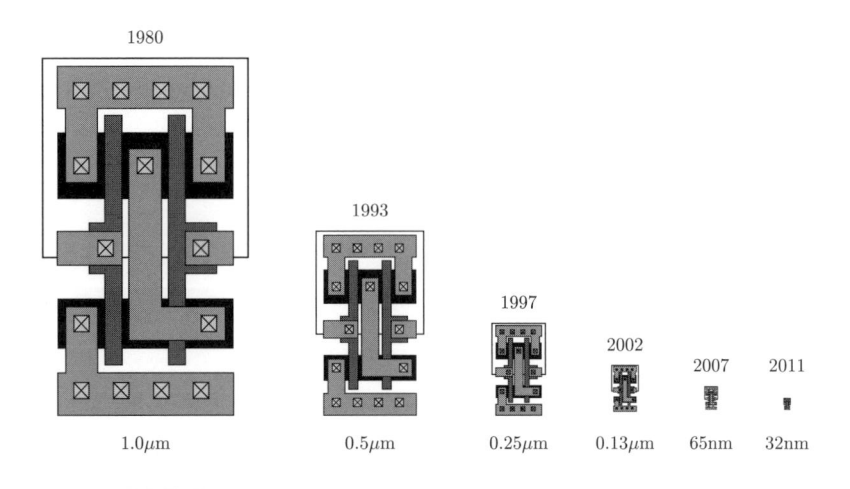

1980	1993	1997	2002	2007	2011
$1.0\mu m$	$0.5\mu m$	$0.25\mu m$	$0.13\mu m$	65nm	32nm

図 15・1　微細化による CMOS/2 入力 NAND ゲートレイアウトの縮小

と，高電界による絶縁破壊やパンチスルー現象が生じやすくなる．それを回避しつつ MOS トランジスタを高性能化するための**スケーリング則**が，IBM 社の Robert Dennard 氏によって提唱された（1974 年）[1]．一定の電界がかかるようにする定電界スケーリング則では，MOSFET の表面に垂直，水平のすべての寸法すなわち，ゲート幅 W，ゲート長 L，ゲート酸化膜厚 t_{OX}，接合深さ x_j のすべてを $1/\kappa$ 倍（$\kappa > 1$）に，電源電圧を $1/\kappa$ 倍に，チャネル領域の不純物密度 N_A を κ 倍とする（**図 15.2**）．

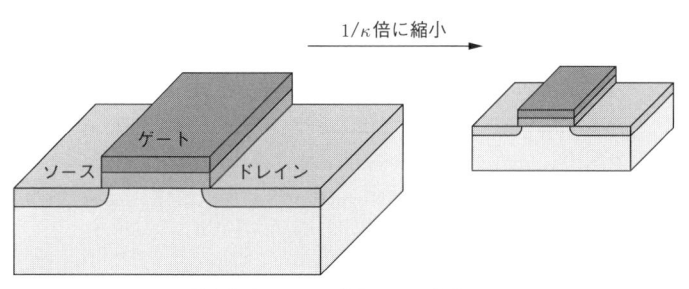

図 15・2 定電界比例縮小の原理

不純物濃度 N_A を κ 倍することで，空乏層幅 D_{DEP} を $1/\kappa$ 倍し，ドレイン近傍の空乏層がソースに接することを防ぐ．すなわち，空乏層幅 D_{DEP} は下記のように表されるので，

$$D_{DEP} = \sqrt{\frac{2\varepsilon_{Si}\varepsilon_0(V + V_{bi})}{qN_A}} \propto \sqrt{\frac{V}{N_A}} \tag{15・1}$$

$V' = V/\kappa$，$N_A' = \kappa \cdot N_A$ とおくと，スケーリング後の空乏層幅 D_{DEP}' は

$$D_{DEP}' \propto \sqrt{\frac{V'}{N_A'}} = \sqrt{\frac{V/\kappa}{\kappa \cdot N_A}} = D_{DEP}/\kappa \tag{15・2}$$

となり，$1/\kappa$ 倍に縮小されることになる（**表 15.1**）．

次に，スケーリング後の MOS トランジスタのしきい値電圧の変化を導出する．スケーリング前の NMOS のしきい値電圧は式 (2·19) より下記のように表される．

$$V_{TH} = V_{FB} + 2\phi_F + \frac{t_{OX}}{\varepsilon_S \varepsilon_0} \left\{ \sqrt{2\varepsilon_S \varepsilon_0 q N_A (2\phi_F - V_{BS})} \right\} \tag{15·3}$$

V_{FB}, $2\phi_F$, ε_S, ε_0 には比例縮小則が適用されない．

垂直，水平のすべての寸法を $1/\kappa$ 倍（$\kappa > 1$）に，電源電圧を $1/\kappa$ 倍に，チャネル領域の不純物密度 N_A を κ 倍とすると，スケーリング後のしきい値電圧は，

$$V_{TH}' = V_{FB} + 2\phi_F + \frac{t_{OX}/\kappa}{\varepsilon_S \varepsilon_0} \left\{ \sqrt{2\varepsilon_S \varepsilon_0 q (\kappa N_A)(2\phi_F - V_{BS}/\kappa)} \right\} \tag{15·4}$$

となる．ここで，$V_{FB} + 2\phi_F = 0$ となる材料を選び，$\kappa \phi_F$ の効果は小さいと仮定すれば，

$$V_{TH}' \cong V_{TH}/\kappa \tag{15·5}$$

と書ける．すなわち，しきい値電圧も $1/\kappa$ 倍となる（**表 15·1**）．

上記を用いて，トランジスタのドレイン電流もスケーリングにより $1/\kappa$ 倍となることを示そう（**表 15·2**）．

$$I_{DS}' = \frac{W'}{L'} \cdot \mu \cdot \frac{\varepsilon_{OX} \varepsilon_0}{t_{OX}'} \left\{ (V_{GS}' - V_{TH}') \cdot V_{DS}' - \frac{1}{2} V_{DS}'^2 \right\} \tag{15·6}$$

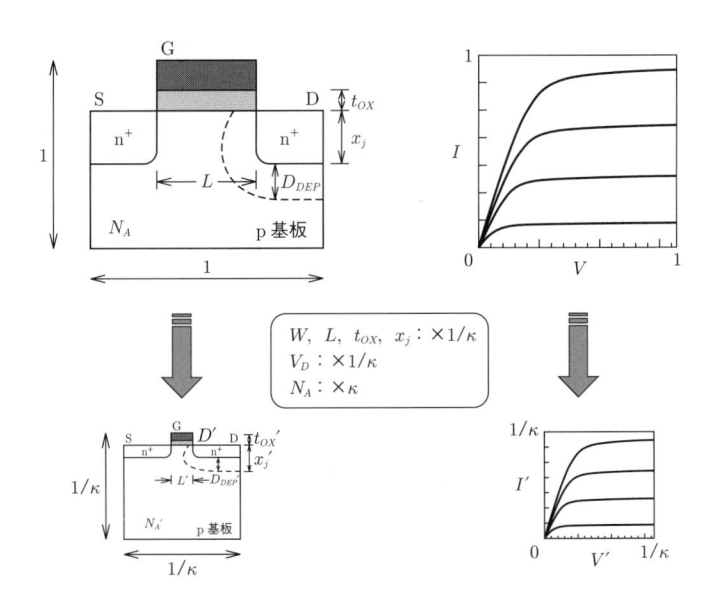

図 15·3 比例縮小結果

15・2 微細化による比例縮小阻害要因と等価的スケーリング技術

表 15・1 比例縮小係数のまとめ

比例縮小対象パラメータ		比例縮小係数
平面寸法	ゲート長 L	$1/\kappa$
	チャネル長 W	$1/\kappa$
縦寸法	酸化膜濃度 T_{OX}, 接合の深さ x_j	$1/\kappa$
不純物濃度	N_A, N_D	κ
電圧	V_{DD}, V_{BS}	$1/\kappa$
空乏層幅	D_{DEP}	$1/\kappa$
しきい値電圧	V_{TH}	$1/\kappa$

表 15・2 電気的パラメータの比例縮小後の変化

トランジスタの β	$\beta = \mu(\varepsilon_0\varepsilon_{OX}/T_{OX})\cdot(W/L)$	$\times\kappa$
オン電流 I_{DS}	I_{DS}：式 (15・7)	$\times 1/\kappa$
負荷容量 C_L	$C_L = L\cdot W/t_{ox}$	$\times 1/\kappa$
ゲート遅延時間 t_p	$t_p \propto C_L/(\beta\cdot V_{DD})$	$\times 1/\kappa$
クロック周波数 $f_{\max}$	$f_{\max} \propto 1/t_p$	$\times\kappa$
消費電力 P_{CD}	$P_{CD} = f\cdot C_L\cdot V_{DD}{}^2$	$\times 1/\kappa^2$
ゲート面積 A	$A = L\cdot W$	$\times 1/\kappa^2$
電力密度 J	$J = P/A$	$\times 1$

$$I_{DS}' = \frac{\kappa\cdot W}{\kappa\cdot L}\cdot\mu\cdot\frac{\varepsilon_{OX}\varepsilon_0}{t_{OX}/\kappa}\left\{\left(\frac{V_{GS}}{\kappa}-\frac{V_{TH}}{\kappa}\right)\cdot\frac{V_{DS}}{\kappa}-\frac{1}{2}\left(\frac{V_{DS}}{\kappa}\right)^2\right\} \quad (15・7)$$
$$= \frac{I_{DS}}{\kappa}$$

以上の比例縮小の結果,電流がスケーリングされる様子を図 15・3 に示す.

さらに,寄生容量,ゲート遅延時間,クロック周波数,消費電力,集積度,電力密度のそれぞれのスケーリング後の値は,表 15・2 にまとめられる.

15・2 微細化による比例縮小阻害要因と等価的スケーリング技術

前節では理想的な比例縮小則について述べた.しかし,微細化が進むにつれ,実際にはこれからはずれる因子が出てくる.配線抵抗,配線容量のフリンジング効果,サブスレッショルドリークなどである.また,微細化の副作用によるゲート

リークや素子特性のばらつきなどが顕著になり，単純な比例縮小を困難にしてきた．
そしてこれらの課題を解決し，素子の微細化を推進した技術が**等価的スケーリング技術**である（表 15·3）．

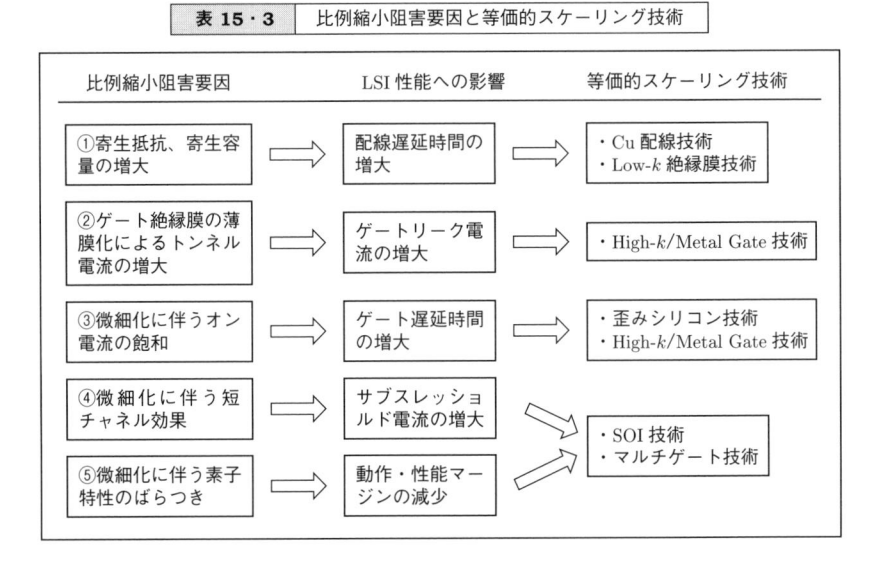

表 15·3　比例縮小阻害要因と等価的スケーリング技術

比例縮小阻害要因	LSI 性能への影響	等価的スケーリング技術
①寄生抵抗、寄生容量の増大	配線遅延時間の増大	・Cu 配線技術 ・Low-k 絶縁膜技術
②ゲート絶縁膜の薄膜化によるトンネル電流の増大	ゲートリーク電流の増大	・High-k/Metal Gate 技術
③微細化に伴うオン電流の飽和	ゲート遅延時間の増大	・歪みシリコン技術 ・High-k/Metal Gate 技術
④微細化に伴う短チャネル効果	サブスレッショルド電流の増大	・SOI 技術 ・マルチゲート技術
⑤微細化に伴う素子特性のばらつき	動作・性能マージンの減少	

〔1〕配線抵抗と配線容量の増大

配線体モデルを図 15·4 に示す．

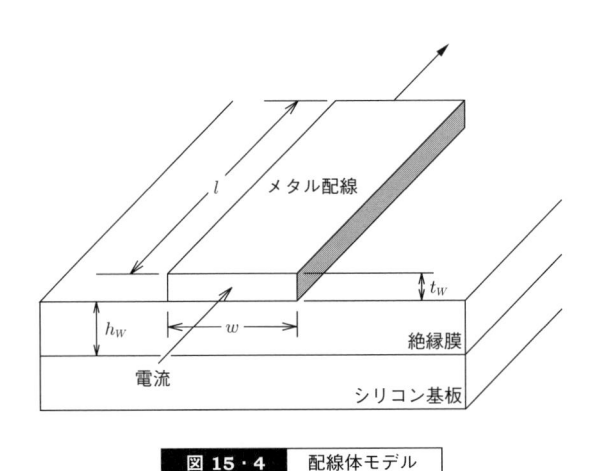

図 15·4　配線体モデル

15・2 微細化による比例縮小阻害要因と等価的スケーリング技術

配線体の抵抗率を ρ とすると，配線体の抵抗値 R_{WIRE} は下記式で表される．

$$R_{WIRE} = \rho \cdot \frac{l}{S} = \frac{\rho}{t_W} \cdot \frac{l}{w} \tag{15・8}$$

図 15・4 において，垂直，水平のすべての寸法を $1/\kappa$ 倍（$\kappa > 1$）に比例縮小すると，配線体の抵抗は下記式で表されるように κ 倍に増大する．

$$R_{WIRE}' = \frac{\rho}{t_W'} \cdot \frac{l'}{w'} = \rho \cdot \frac{\kappa}{t_W} \cdot \frac{l/\kappa}{w/\kappa} = \kappa \cdot \left(\frac{\rho}{t_W} \cdot \frac{l}{w} \right) = \kappa \cdot R_{WIRE} \tag{15・9}$$

したがって，配線容量が理想的に縮小（$1/\kappa$ 倍）されたとしても，配線体を伝搬する信号の遅延（**配線遅延**）$T_{WIRE}' = C_{WIRE}' R_{WIRE}'$ はスケーリングできないことがわかる．

また電流が理想的にスケーリング（$1/\kappa$ 倍）されたとしても，配線の電圧降下 $V_{WIRE}' = I' R_{WIRE}'$ も縮小できない．さらに配線の電流密度は増大する（κ 倍）ことがわかる（**表 15・4**）．そこで，配線材料としてアルミニウム配線よりも 60% 程度抵抗率の低い銅（抵抗率 $\rho = 1.67 \times 10^{-8}\, \Omega \cdot \mathrm{m}$）が配線材料として用いられるようになった．

表 15・4 配線体への比例縮小の効果

比例縮小対象のパラメータ		比例縮小効果
配線抵抗	$R_{WIRE} = (\rho/t)(w/l)$	$\times \kappa$
配線容量	$C_{WIRE} = wl/h_W$	$\times 1/\kappa$
配線の遅延時間	$T_{WIRE} = C_{WIRE} R_{WIRE}$	$\times 1$
配線の電圧降下	$V_{WIRE} = I' R_{WIRE}$	$\times 1$
配線の電流密度	$J_{WIRE} = I'/t_W w$	$\times \kappa$

図 15・5 において，銅配線による配線遅延時間の削減効果を示す．図において，ゲート遅延は微細化とともに縮小されているが，アルミニウム配線における信号伝搬遅延は微細化の進行とともに全遅延時間に占める割合が支配的となり，その結果，微細化による性能向上を阻害するようになってきたことがわかる．特に，ブロック間の**長距離配線（グローバル配線）**やクロック線などの配線遅延はリピータ回路を挿入しても微細化とともに深刻になる．銅配線がアルミニウム配線にとって代わることで，配線遅延の増大を抑制できることがわかる．

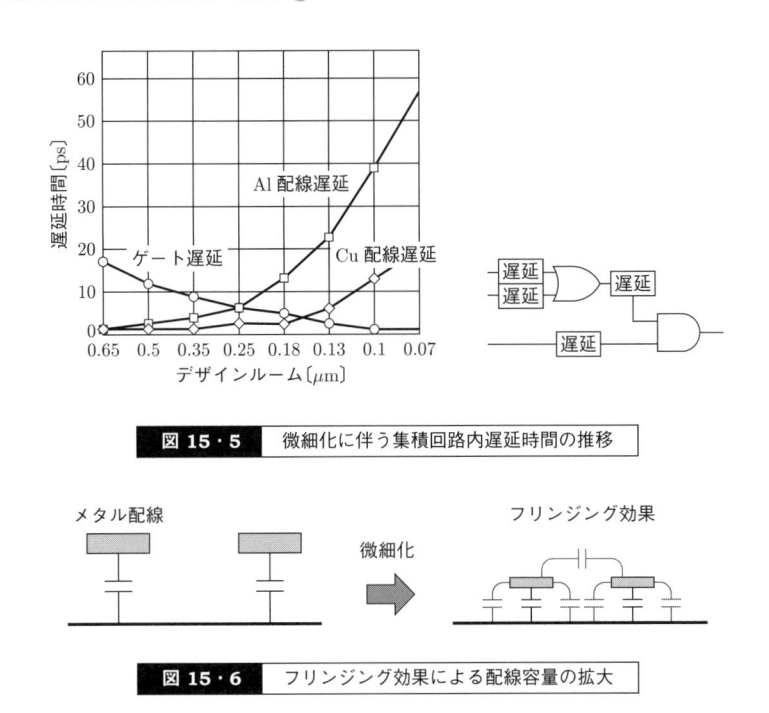

図 15・5 微細化に伴う集積回路内遅延時間の推移

図 15・6 フリンジング効果による配線容量の拡大

　現実には配線容量も微細化とともに比例縮小されていくわけではない．図 15・6 に示されるように，垂直，水平のすべての寸法を比例縮小すると，配線間隔（上下，左右ともに）が短縮され，配線間容量は逆に増大する（**フリンジング効果**）．配線遅延は配線抵抗と配線容量などの寄生容量との積で決まるため，配線容量の増大は微細化による性能向上を維持し続ける阻害要因となる．配線容量を軽減する**低誘電率材料**を絶縁膜として用いる技術が開発されている．これにより配線部の信号伝搬遅延を低減する．

　さらに，ローカル配線は短く高密度であるのに対して，グローバル配線は長く低密度という特徴を利用して，**階層的な多層配線技術**が導入された．図 15・7 に示されるように，グローバル配線は上層の配線層を用いて広くかつ厚い構造とすることにより抵抗値を下げ，配線遅延を緩和することができる．

〔2〕ゲート絶縁膜の薄膜化によるトンネル電流の増大

　比例縮小則に従うなら，ゲート酸化膜の薄膜化は必要である．これはトランジスタの β を向上させる結果，オン電流を増大させ，またチャネル領域電子に対す

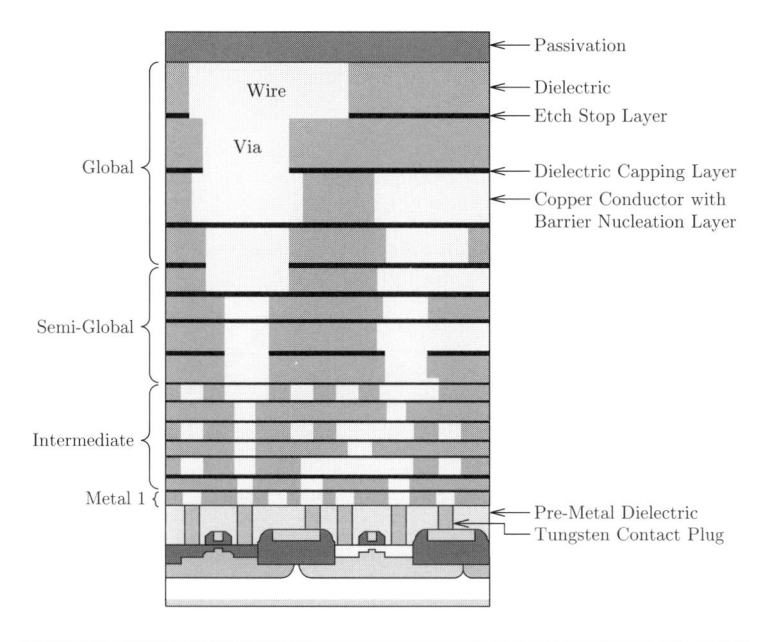

15・2 ■ 微細化による比例縮小阻害要因と等価的スケーリング技術

図 15・7 階層的な多層配線技術（ITRS2009 Interconnect Page 14, Figure INTC5 より引用）[2]

るゲート電圧の制御力を高め短チャネル効果をも抑制できる．副作用としてチャネルとゲート電極間のトンネル電流を増大させ，すなわちゲートリーク電流を増加させ，その結果消費電力の増大を招くことになる（図 15·8）.

なお，図 15·8 において，PMOS のゲートリークが NMOS より少ない．PMOS のポリシリコンゲート電極は空乏化部が大となり実効的な膜厚が厚くなるため，NMOS に比べリーク電流が少ないからである．

このゲートリーク電流を低減するために，従来の SiO_2 ゲート酸化膜よりも誘電率の高い絶縁膜を用いて物理的な酸化膜厚を低下させず，ゲートリーク電流の増大を抑制しつつ電気的なゲート酸化膜厚の薄膜化を実現する High-k ゲート絶縁膜技術が導入された．これにより，**等価的なゲート酸化膜厚（Equivalent Oxide Thickness：EOT）** のスケーリングが可能となった．High-k 絶縁膜としては，Hf を用いた HfO_2 や HfSiON などが実用化されている．加えて，ポリシリコンゲート電極に代えてメタルゲート電極を用いることで，ゲート電極自体の空乏化による寄生容量の発生を抑えゲート容量を大きくできる **High-k ゲート絶縁膜/メタル**

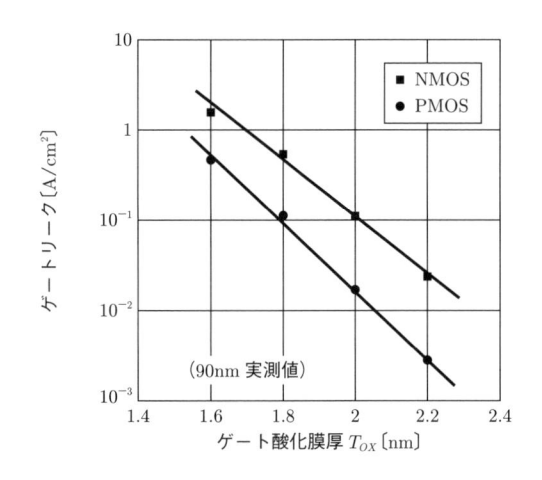

図 15・8 ゲートリークと絶縁膜厚との関係

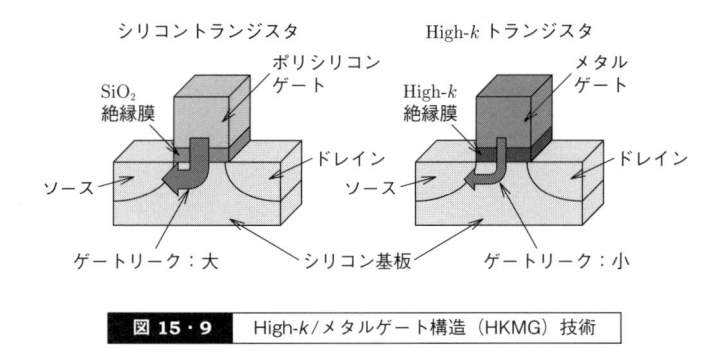

図 15・9 High-k/メタルゲート構造（HKMG）技術

ゲート電極（HKMG）技術が開発された（図15・9）．この技術を45 nm技術ノードに導入し，ゲートリーク電流が2～3桁低減されたことが報告されている[3]．

〔3〕微細化に伴うオン電流の飽和

微細化を進めると，14・5節で議論されたように，キャリア速度が飽和して移動度が低下する．このためオン電流があまり増大しないという問題が出てきた．オン電流 I_{DS} を増加させるには，ゲート容量 C_{OX} を増大させる，しきい値電圧 V_{TH} を下げる，移動度 μ を増大させることなどが必要である．ゲート容量 C_{OX} は，前節で述べたようにHigh-k/メタルゲートスタック構造（HKMG）技術により増大

させることができる.しかし,しきい値電圧 V_{TH} については,後述するように,サブスレッショルド電流を著しく増加させるため,しきい値電圧 V_{TH} のスケーリングは難しい.従来の CMOS の工程を大きく変えずに移動度 μ を増大させ,オン電流を向上させる方法として,**歪シリコン技術**が導入された[4]。

歪シリコン技術は,チャネル領域の Si 膜に応力を加えて Si の結晶格子を歪ませることにより移動度を向上させる技術である.シリコンに応力が印加されるとバンド構造が変調されることは良く知られている.これを利用してチャネル領域に歪みを加えることで,シリコン原子同士の間隔が広がるとともに,自由電子の有効質量の減少により,チャネル移動度が向上する結果,電流駆動力が向上する.Si 膜にひずみを加えるための手法として,SiGe 膜をバッファ層として用いる方法が知られている.Si よりも格子定数の大きい SiGe 膜の上に Si 膜をエピタキシャル成長させると,Si 膜は下地の SiGe 膜の格子定数を維持しながら成長する.Si 膜には面内方向に引張り応力が加わり,面に垂直方向に圧縮応力が加わる(**図 15・10**）

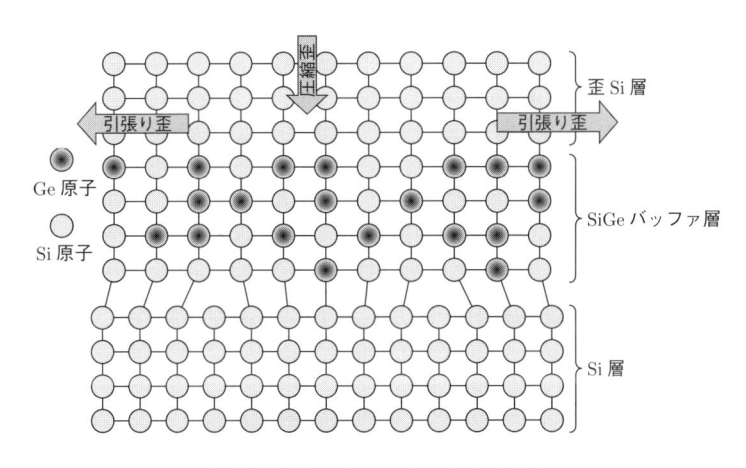

図 15・10 歪シリコンの原理

一般に PMOS には圧縮歪を,NMOS には引張り歪を印加すると移動度が向上する.PMOS に圧縮応力を印加するために,ソースドレイン領域に SiGe エピタキシャル層を埋め込む技術が開発されている(**図 15・11**(a)).これによりソース・ドレイン側から PMOS チャネル部に圧縮歪を印加できる.またゲート電極の上に引張応力をもつ**ストレスライナ**と呼ばれる絶縁膜(SiN 層)を設けて,NMOS ト

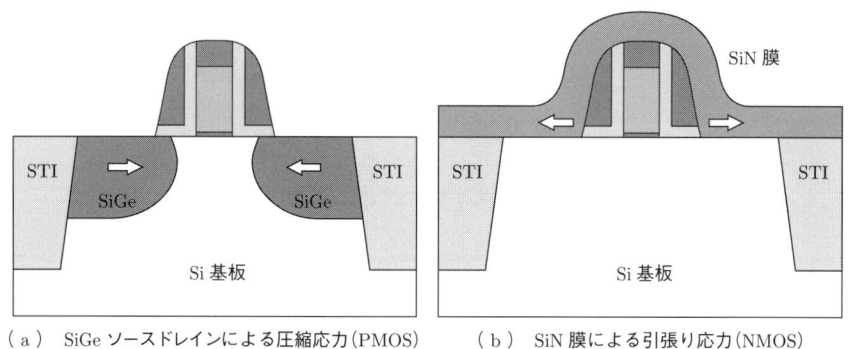

(a) SiGe ソースドレインによる圧縮応力 (PMOS)　　(b) SiN 膜による引張り応力 (NMOS)

図 15・11　MOS トランジスタへの応力導入方法

ランジスタにチャネル方向に引張り歪を印加する技術が開発されている（図 15・11(b)）．これらの技術による MOS トランジスタのオン電流向上は，90 nm ノード以降の VLSI に広く用いられている．

〔4〕微細化に伴う短チャネル効果

もう一つ深刻な比例縮小阻害要因は，微細化に伴う短チャネル効果である．短チャネル効果とは，チャネル長の微細化や，ドレイン電圧の印加によってゲート電圧のチャネル領域電子に対する制御力が低下し，しきい値電圧が低下する現象である．

図 15・12 において，比例縮小前後のドレイン電流 I_{DS} のゲート電圧依存性を示す．比例縮小によりしきい値電圧 V_{TH} を $1/\kappa$ 倍に縮小すると，I_{DS} 曲線がその分だけ低電圧側へシフトすることがわかる．そのため，$V_{GS} = 0$ でのリーク電流が指数関数的に増大する．

図においてしきい値電圧（V_{TH}）以下で MOS トランジスタのドレイン電流は，指数関数的に減少することがわかる．この傾き，すなわち電流を一桁変化させるために必要なゲート電圧を**サブスレッショルド係数**と呼ぶ．原理的に MOS トランジスタでは，室温でのサブスレッショルド係数を 60 mV/dec 以下にすることはできず，短チャネル効果が生ずるとこの値がさらに大きくなる．すなわち，微細化とともにしきい値電圧の低下に加えて，サブスレッショルド係数が増大し，サブスレッショルドリーク電流が増大する．

このままサブスレッショルド電流が増大すると仮定したとき，集積回路の消費

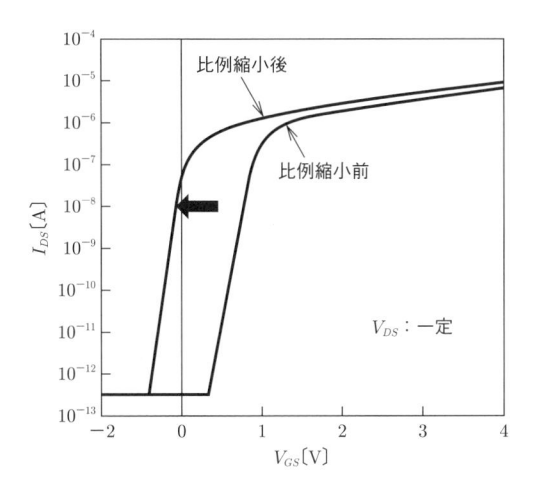

15・2 ■ 微細化による比例縮小阻害要因と等価的スケーリング技術

図 15・12 比例縮小前後のオフ電流の増大

電力特性に及ぼす影響を予測したデータを図 15・13 に示す[5]．微細化により電源電圧を降圧しながら回路性能も維持していくためには，しきい値電圧 V_{TH} も下げていかねばならない．それはサブスレッショルド電流増大に直結する．微細化により，動的消費電流（回路内寄生容量の充放電電流）は削減されていくが，リー

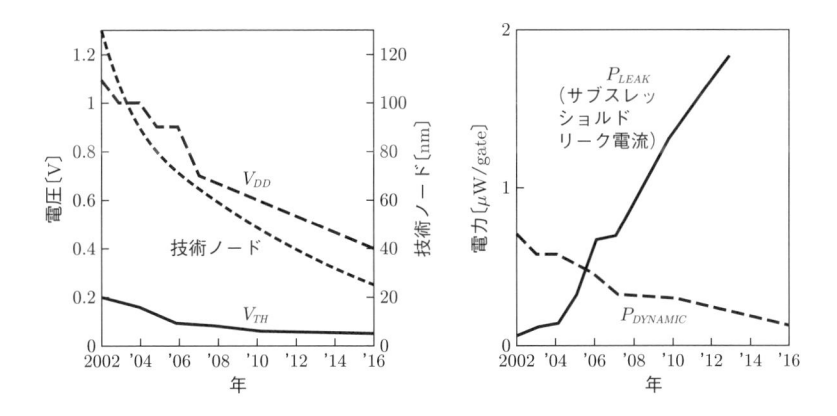

図 15・13 サブスレッショルド電流が消費電力特性に及ぼす影響（T. Sakurai, "Perspectives of Low-Power VLSI's," IEICE TRANS. ELECTRON., VOL.E87-C, NO.4, APRIL 2004 より引用）

ク電流の増大は集積回路全体の動作時およびスタンバイ時の消費電力を増大させていくことになり，微細化のメリットが消失してしまうことになる．

そこで，短チャネル効果を抑制するためには，チャネル領域に対するゲート電極の制御力強化が必要である．バルク Si 基板上の CMOS では，そのために空乏層幅をスケーリングするため基板不純物濃度を増大してきた．基板不純物濃度の増大は，不純物散乱の増大などによりチャネル領域の電子・正孔の移動度を低下させ，その結果，オン電流を減少させるという問題がある．

一方，集積回路の動作速度と消費電力を改善する手段として SOI 基板をもちいることはよく知られた技術である．SOI 基板とはシリコン基板とチャネル領域との間に SiO_2 を挿入した構造の基板である．トランジスタの寄生容量を低減でき，高速化，低消費電力化を同時に達成できる．薄膜 SOI 基板上にプレーナ型 CMOS を形成し，ゲート直下の空乏層が SOI の下の BOX（Buried Oxide）層に達している SOI 構造は "**完全空乏型（Fully Depleted）**" **SOI**（**FD-SOI**）と呼ばれる（**図 15・14**（a））．この構造はゲート電極によるチャネル領域の制御性が高く，短チャネル効果を抑制できる．またチャネルに不純物を含まないイントリンシック・チャネルを用いることできるため，オン電流を減少させることがない．

（a）FD-SOI FET　　（b）Dual-Gate FinFET　　（c）Tri-Gate FinFET

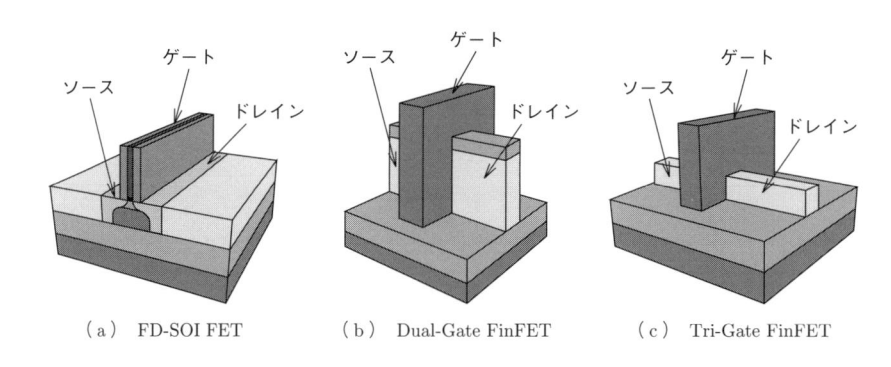

図 15・14　MOS トランジスタのチャネル構造の進展

さらに短チャネル効果を抑制するためには，チャネル層を極薄膜化することに加えて，この SOI 層の上下にゲート電極を設けたダブルゲート構造とすることが効果的である．ただし，プレーナ型では上下のゲート電極の位置を合わせて形成することが困難であるため，**FinFET** と呼ばれる縦型トランジスタ構造が開発さ

れた．FinFET の "Fin" は魚の背びれの意味である．背びれのように削りだした細い短冊状のシリコン領域の両側面部をチャネルとして用いる．この "Fin" を取り囲むような形で両側面にかかるようにゲート電極が形成される**ダブルゲート構造**である（図 15·14（b））．この構造により FinFET は従来のプレーナ MOSFET に比較してゲート電極による MOS 界面に生成されるキャリアの制御性が高まるため，短チャネル効果を抑止できる．ダブルゲートの **Dual-Gate FinFET** やトリプルゲートの **Tri-Gate FinFET**（図 15·14（c））など，薄膜チャネルを取り囲む形でゲート電極を形成するマルチゲート構造が実用化されていくと考えられる．

〔5〕微細化に伴う素子特性のばらつき

微細化により素子特性のばらつきが顕著になる．ばらつきは，**システマティックばらつき**と**ランダムばらつき**に大別される（図 15·15（a））．システマティックばらつきはウェハ内のチップ間（Die-to-Die）のばらつきであり，マスク露光プロセスにおける光近接効果などが要因となる．一方，ランダムばらつきは，チップ内（Within-Die）のトランジスタ特性のばらつきを意味し，主にチャネル領域における不純物の数が低下することによる不純物の不均質分布や，ゲート長やゲート幅をばらつかせる Line Edge Roughness（LER）などが主な要因である．

微細化に伴うしきい値電圧ばらつきの標準偏差 σ_{VTH} は下記で表される（再掲）．

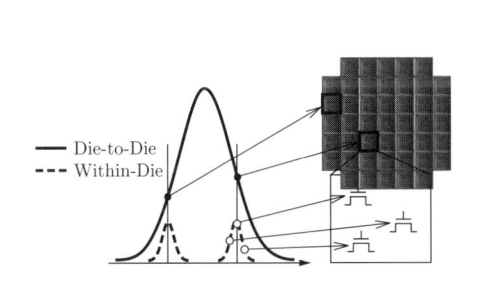

(a) VLSI のシステマティックばらつきとランダムばらつき

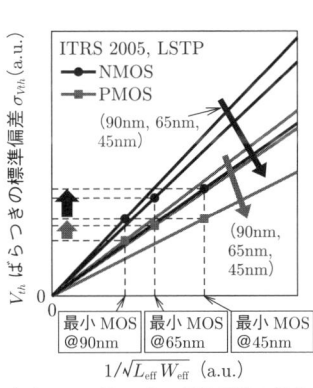

(b) V_{th} ばらつきの標準偏差の増大

図 15·15 トランジスタ特性のばらつき

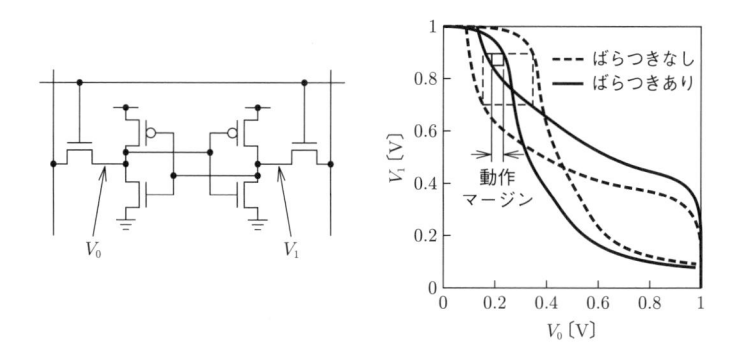

図15・16 しきい値ばらつきによるSRAM動作マージンの減少

$$\sigma(V_{TH}) = A_{VTH} \cdot \frac{T_{OX}}{\sqrt{LW}}$$

A_{VTH} は **Pelgrom係数**と呼ばれ，図15·15 (b) の直線の傾きを表す．A_{VTH} が増大するとばらつきは大きくなる[6]．このしきい値電圧ばらつきの増大は，特に大容量SRAM回路の動作電圧マージンを減少させる（**図15·16**）．図では，1ビットのメモリセルを構成する6個のトランジスタのしきい値電圧がばらつくことで，読み出し動マージンが減少する様子を表している．これが動作電源電圧下限を上昇させ回路の低電圧化を阻害する．微細化が進むと，プロセッサやシステムLSIに内蔵されるメモリ容量が増大することで，ばらつきの影響をさらに増大する．また論理回路部においても信号伝播遅延時間のばらつきが低電圧領域で顕著になり回路の性能を制限する要因となるため，集積回路の低電圧化の大きな阻害要因となっている．

上記ばらつきを低減する方法には，SOIやマルチゲート構造（図15·14）が有効である．チャネル領域に不純物を含まないイントリンシック・チャネルを用いることができ，不純物ばらつきによるしきい値電圧ばらつきや特性ばらつきを抑止できるからである．**図15·17** において，Pelgrom係数の値が，FDSOIやFinFET構造により低減される様子を示す[7]．

Column｜VLSIデバイス技術の今後

インテル社の創設者の一人である Gordon Moore 博士が 1965 年に経験則として提唱した Moore の法則に従い，VLSI の微細化技術は着実に進展し，1989 年時点で 1 μm であった微細パターンが 2013 年時点では 22 nm まで縮小されてきた

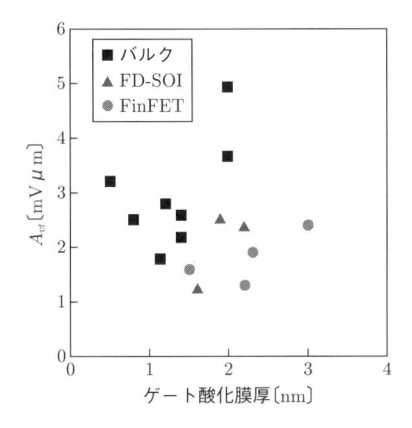

15・2 ■ 微細化による比例縮小阻害要因と等価的スケーリング技術

図 15・17 FD-SOI や FinFET 構造による Pelgrom 係数の低減[7]

（図 15・1）．この間，業界は何度か技術の壁に直面してきたが，その都度，世界の技術者・研究者の叡智を結集し，種々のブレークスルーを実現し，微細化限界論を打ち破ってきた．前節で示した等価的スケーリング技術はその代表といえる．そして，ITRS（International Technology Roadmap For Semiconductors）によると，2025 年には 6 nm まで到達すると予測されている（**図 15・18**）．

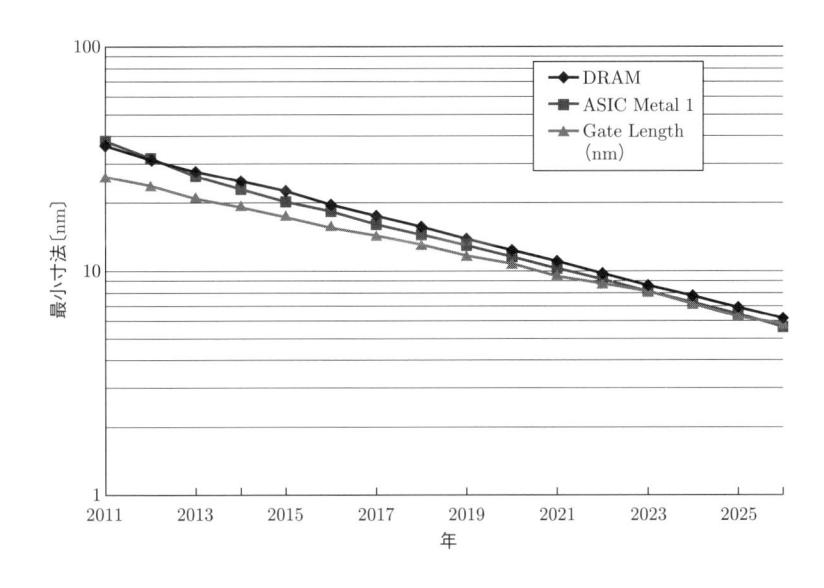

図 15・18 ITRS2011 による微細化技術の進展予測

この従来から続けられてきたサイズと機能のスケーリングによる CMOS プラットフォームの拡張は，"**More Moore**" と呼ばれている．現在の MOS トランジスタの動作原理を変えずに CMOS 技術で集積回路の性能向上を目指すアプローチである．しかし，いつかは微細化が限界に達することは明白である．そこで，まったく別のアプローチで集積回路システムの性能を向上させる試みが始まっている．

一つは，センサや MEMS（Micro-Electro-Mecanical System）など CMOS だけでは実現不可能な多種多用な新機能を付加することで多様な技術を実現しようというもので，"**More than Moore**" と呼ばれている．この機能的多様化のアプローチは，高周波通信，パワー制御，受動素子，センサ，アクチュエータなどをシステム基板レベルの集積化からパッケージレベル（SiP），チップレベル（SoC），積層チップ（Stacked SoC；SCS）への集積化に移行させ，システム性能を大幅に向上させる．

もう一つは，CMOS とはまったく異なる原理で情報処理を行わせ，CMOS 集積回路の性能を越えるデバイスを開発しようという試みである．これは，"**Beyond CMOS**" と呼ばれる．Beyond CMOS の例としては，トンネルトランジスタ，カーボンナノチューブやグラフェンを使ったナノエレクトロニクス，スピン素子，強磁性体ロジック，原子スイッチ素子などが挙げられる．しかし，"More Moore" によ

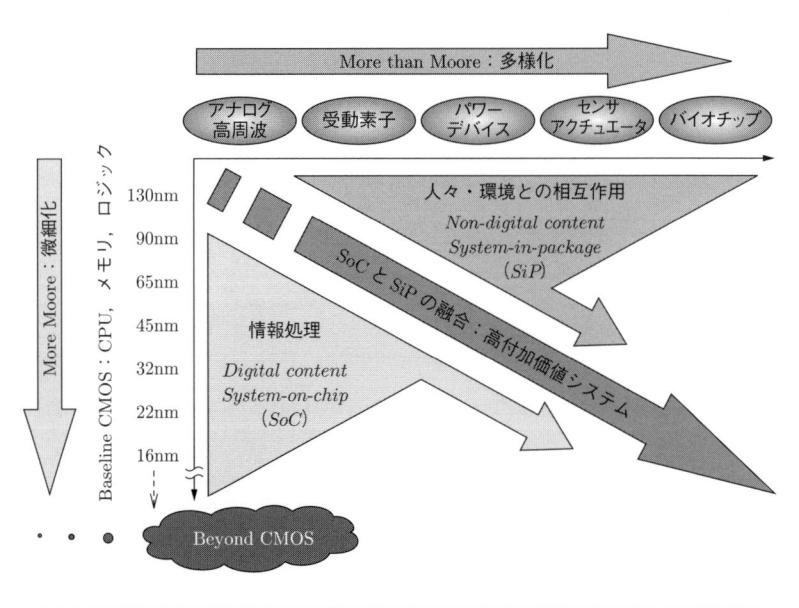

図 15・19　VLSI デバイス技術の進展（ITRS 2011 Edition p.22, Figure 5）

り構築されてきた「シリコン・プラットフォーム」と呼ばれる資産は極めて大きな技術基盤である．"Beyond CMOS" 技術が "More Moore" の流れを置き換えると言うよりは，"More Moore" が基盤技術として存在し，これに "More than Moore" と同様に "Beyond CMOS" が融合し，将来の集積デバイス技術を形成していくものと考えられている（図 15·19）．

演習問題

1 表 15·2（電気的パラメータの比例縮小後の変化）を導出せよ．

2 表 15·3（配線体への比例縮小の効果）を導出せよ．

3 $0.5\,\mu\mathrm{m}$ 技術で作られたインバータ A の立ち上がり時間 t_r と立ち下がり時間 t_f，最高動作周波数 $f_{\max}$ および充放電消費電力 P_{CD} を求めよ．ただし，最高動作周波数 $f_{\max}$ は $f_{\max} = 1/(t_r + t_f)$ で与えられるものとする．また，$V_{DD} = 5.0\,\mathrm{V}$，$\beta_N = 600\,\mu\mathrm{A/V}^2$，$\beta_P = 300\,\mu\mathrm{A/V}^2$ とする．また，それを $0.25\,\mu\mathrm{m}$ まで比例縮小したときの t_r，t_f，$f_{\max}$，P_{CD} を求めよ．理想的な定電界比例縮小則に従うものとし，負荷容量 C_L も比例縮小されるものとする．

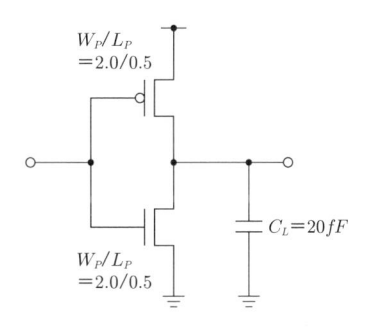

図 15·20 インバータ A

演習問題解答

1章

1 (1) ショックレー，ブラッデン，バーディーン

(2) ゲルマニウム

(3) 真空管

(4) シリコン，接合，プレーナ

(5) キルビー

(6) ムーアの法則

2 (1) シリコン，MOS，CMOS

(2) フォトマスク，クリーンルーム，ボンディング

(3) ASIC（Application Specific IC）：ディジタルカメラやビデオレコーダなど特定の電子機器製造者向けに開発した専用 LSI，特定の商品に最適な機能を搭載できるが，生産数量が小さくなると，LSI の開発費の回収が困難となることがある．したがって，ある程度製造数を確保できることが開発の前提となる．

FPGA（Field Programmable Garte Array）：製造後に内部回路の論理を変更できる LSI．同じ機能を持つ ASIC と比較すると，LSI のチップ面積は数十倍になるため，チップあたりの単価は高価になるが，ASIC で必要な初期開発費用，開発期間が不要であるため，小〜中規模生産の電子機器などに使われる．

ASSP（Application Specific Standard Product）：ディジタルカメラやビデオレコーダなどに必要とされる標準的な機能をあらかじめ備えた汎用 LSI．複数の電子機器製造者に向けて製造される．電子機器製造者は，多額の LSI 開発費用を負担しなくても製品を製造できるが，同じ ASSP を使用する他社製品との機能の差別化は困難である．

2章

1 (1) $C_{OX} = \varepsilon_{OX}\varepsilon_0/T_{OX} = 6.9 \times 10^{-3}\,\text{F/m}^2$, $C_G = C_{OX}LW = 6.9\,\text{fF}$

(2) $|Q_{INV}|/qLW = C_{OX}(V_{GS} - V_{THN})/q = 4.3 \times 10^{16}\,\text{m}^{-2}$

(3) $I_{DS} = \mu_N C_{OX}(W/L)(V_{GS} - V_{THN} - V_{DS}/2)V_{DS} = 10\,\mu\text{A}$

(4) $V_{DS}/I_{DS} = 5\,\text{k}\Omega$

2 飽和領域動作であるので，図 2·13 (c) を用いることで，$V_{THN} = 1\,\text{V}$, $\beta_N = 64\,\mu\text{A/V}^2$ を得る．

3 (1) 式 (2·11) より，$2\phi_F = 0.94\,\text{V}$. 式 (2·15) より，$W_{DEP} = 35\,\text{nm}$

(2) 式 (2·19) より，$V_{THN} = 0.75\,\mathrm{V}$

(3) $\Delta V_{THN} = (\sqrt{2\varepsilon_S \varepsilon_0 q N_A}/C_{OX})(\sqrt{2\phi_F - V_{BS}} - \sqrt{2\phi_F}) = 0.36\,\mathrm{V}$

4 (1) 線形領域 ($V_{DS} \leq V_{GS} - V_{THN}$, $V_{GS} \geq V_{THN}$) では，$V_D \leq V_G - V_{THN}$, $V_S \leq V_G - V_{THN}$ が成立し，

$$I_{DS} = \frac{\beta_N}{2}(V_G - V_{THN} - V_S)^2 - \frac{\beta_N}{2}(V_G - V_{THN} - V_D)^2$$
$$= \beta_N \left(V_G - V_{THN} - \frac{V_D + V_S}{2}\right)(V_D - V_S)$$
$$= \beta_N \left(V_G - V_S - V_{THN} - \frac{V_D - V_S}{2}\right)(V_D - V_S)$$

となり，式 (2·6) の線形領域の特性式と一致する．

(2) 飽和領域 ($V_{DS} > V_{GS} - V_{THN}$, $V_{GS} \geq V_{THN}$) では，$V_D > V_G - V_{THN}$, $V_S \leq V_G - V_{THN}$ が成立し，$I_{DS} = (\beta_N/2)(V_G - V_{THN} - V_S)^2$ となり，式 (2·6) の飽和領域の特性式と一致する．

5 (1) 式 (2·1) より，熱平衡状態における p 側，n 側の電子密度は各々 n_i^2/N_A, N_D となる．式 (2·10) と同様な考え方を用いると，$N_D/(n_i^2/N_A) = \exp(V_{bi}/V_T)$ となり，これより，次式が得られる．

$$V_{bi} = V_T \ln \frac{N_A N_D}{n_i^2}$$

(2) 電界 $E(x)$ は $E(-x_P) = E(x_N) = 0$ であり，ガウスの法則より，

$$E(x) = -\frac{qN_A}{\varepsilon_S \epsilon_0}(x + x_P) \ (-x_P < x < 0)$$
$$= -\frac{qN_D}{\varepsilon_S \epsilon_0}(x_N - x) \ (0 < x < x_N)$$

となる．接合部 ($x=0$) で連続であるので，$N_A x_P = N_D x_N$ となる．電位障壁 $V_{bi} + V$ については，次式が成立する．

$$V_{bi} + V = -\int_{-x_P}^{x_N} E(x)dx = \frac{qN_A}{2\varepsilon_S \epsilon_0}x_P^2 + \frac{qN_D}{2\varepsilon_S \epsilon_0}x_N^2$$

よって，x_P, x_N は

$$x_P = \sqrt{\frac{2\varepsilon_S \epsilon_0 N_D}{qN_A(N_A + N_D)}(V_{bi} + V)}, \quad x_N = \sqrt{\frac{2\varepsilon_S \epsilon_0 N_A}{qN_D(N_A + N_D)}(V_{bi} + V)}$$

となり，次式が得られる．

$$D_{DEP} = x_P + x_N = \sqrt{\frac{2\varepsilon_S \epsilon_0 (N_A + N_D)}{qN_A N_D}(V_{bi} + V)}$$

(3) pn 接合に蓄積される単位面積あたりの電荷 Q_{DEP} は次式で表される.

$$Q_{DEP} = qN_A x_P = qN_D x_N = q\frac{N_A N_D}{N_A + N_D} D_{DEP}$$

よって，単位面積あたりの接合容量 C_{DEP} は次式のように得られる.

$$C_{DEP} = \frac{dQ_{DEP}}{dV} = \sqrt{\frac{\varepsilon_S \epsilon_0 qN_A N_D}{2(N_A + N_D)}}(V_{bi} + V)^{-1/2} = \frac{\varepsilon_S \epsilon_0}{D_{DEP}}$$

6 $N_D \gg N_A$ より，次の近似を用いる.

$$D_{DEP} \approx \sqrt{\frac{2\varepsilon_S \epsilon_0}{qN_A}(V_{bi} + V)}$$

(1) $V_{bi} = 0.82\,\mathrm{V}$, $C_J = 321\,\mu\mathrm{F/m}^2$
(2) $C_J = 149\,\mu\mathrm{F/m}^2$

7 電荷結合素子（Charge Coupled Device；CCD）．非平衡状態の空乏層の特性を用いて，少数キャリアを転送する．主に，固体撮像素子中の多数の画素の受光素子で生成された少数キャリアをバケツリレーのように出力側へ転送するために用いられる．

3章

1 図 2·12 のような図を描き，負荷線 $I_{DS} = (V_{DD} - V_{DS})/R_L$ を書き加えて，NMOS のゲート電圧に対応する入力によって，NMOS の I_{DS}-V_{DS} 曲線と負荷線との交点が変化することを示せばよい．なお，NMOS のドレイン電圧が出力電圧に相当する．

2 式 (3·7) より，

$$\frac{2.5 - 0.5 + \sqrt{\beta_N/\beta_P} \times 0.5}{1 + \sqrt{\beta_N/\beta_P}} = 1$$

となる．これを解いて，$\beta_N/\beta_P = 4$ を得る．

3 式 (3·7) より，

$$1.35 \leq \frac{3 - 0.6 + \sqrt{\beta_N/\beta_P} \times 0.6}{1 + \sqrt{\beta_N/\beta_P}} \leq 1.65$$

となる．これを解いて，$0.51 \leq \beta_N/\beta_P \leq 1.96$ を得る．

4 本文の手順に従うと，式 (3·4), (3·11) が導出できる．ただし，入出力特性の連続性より，根号の前の符号については，$V_{IN} = V_{THN}$, $V_{DD} - |V_{THP}|$ に対して，各々 $V_{OUT} = V_{DD}$, 0 となるように決める．

5 式 (3·4), (3·11) を用いて，$dV_{OUT}/dV_{IN} = -1$ となる V_{IN} の値を求めることで，各々 $V_{IL,MAX}$, $V_{IH,MIN}$ を得る．これらの入力に対する出力を求めることで，$V_{OH,MIN}$, $V_{OL,MAX}$ も得られる．

4章

1. 解図 4·1 (a) のとおり．
2. 解図 4·1 (b) のとおり．
3. C = 1 のとき A が出力され，C = 0 のとき B が出力される．これをマルチプレクサという．CMOS 基本ゲートを用いると**解図 4·1** (c) のとおり．
4. 解図 4·1 (d) のとおり．解図 4·1 (c) と比較して，少ないトランジスタ数で実現できる．ただし，出力の駆動力が劣化することに注意が必要である．

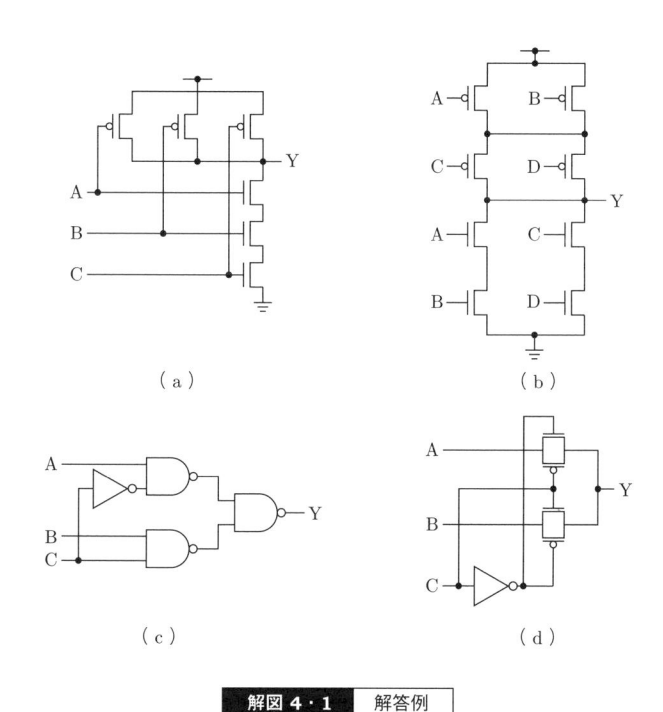

解図 4·1 解答例

5章 1～3は省略

4. $Y = AB + CD$

6章

1

解表 6・1

A_1	A_0	Y_3	Y_2	Y_1	Y_0
0	0	0	0	0	1
0	1	0	0	1	0
1	0	0	1	0	0
1	1	1	0	0	0

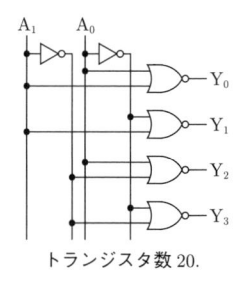

トランジスタ数 20.

解図 6・1

2 図 6·3 のトランジスタ数は 12. 書きかえた回路のトランジスタ数は 14. CMOS 回路に最適化しようとして負論理ゲートを用いても,トランジスタ数が減らない場合もある.

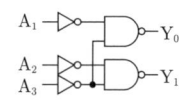

解図 6・2

3 図 6·4 (a):インバータ四つ($2 \times 4 = 8$ トランジスタ),2 入力 OR ゲート二つ($6 \times 2 = 12$ トランジスタ),2 入力 AND ゲート一つ(6 トランジスタ),4 入力 AND ゲート一つ(10 トランジスタ).総トランジスタ数 36.図 6·4 (b):インバータ三つ($2 \times 3 = 6$ トランジスタ),OAI ゲート一つ(6 トランジスタ),2 入力 NAND ゲート一つ(4 トランジスタ),4 入力 NOR ゲート一つ(8 トランジスタ).総トランジスタ数 24.

4

解表 6・2

A_3	A_2	A_1	A_0	Y_1	Y_0	N
0	0	0	0	1	1	1
0	0	0	1	0	0	0
0	0	1	0	0	1	0
0	0	1	1	0	0	0
0	1	0	0	1	0	0
0	1	0	1	0	0	0
0	1	1	0	0	0	0
0	1	1	1	0	0	0
1	0	0	0	1	0	0
1	0	0	1	0	0	0
1	0	1	0	0	0	0
1	0	1	1	0	0	0
1	1	0	0	1	0	0
1	1	0	1	0	0	0
1	1	1	0	0	1	0
1	1	1	1	0	0	0

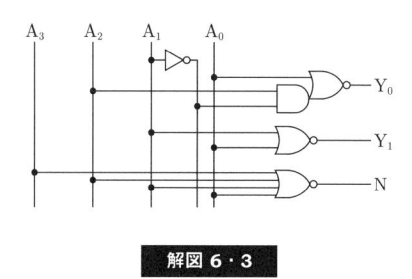

解図 6・3

5 選択された出力（例えば $[S_1 S_0]_2 = [0\ 0]_2 = 0$ のときは Y_0）には入力 A は接続されるが，選択されていない出力（例えば $[S_1 S_0]_2 = [0\ 0]_2 = 0$ のときは Y_1, Y_2, Y_3）は 0 に固定されずハイインピーダンスとなる．2 出力デマルチプレクサを設計するつもりで図 6·6 の 2 入力マルチプレクサの入出力を逆にしてももちろん正しく動作しない．

6 バッファとは入力をそのまま出力に伝達するもので，論理的には意味を持たないが，信号伝達の悪影響を最小化できる．バスには複数のドライバとレシーバが接続されており（配線に多くの回路が乗っているのでバスと呼ばれる），バスには長い配線容量と巨大なゲート容量が見えることになる．この大きな容量を適度に駆動する能力を与えることがバッファの役目であり，これによりバスの速度遅延の劣化を抑えることができる．

7 章

1

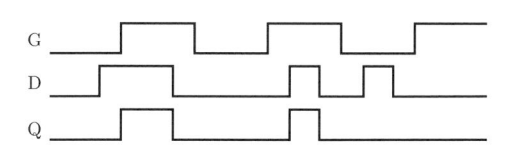

解図 7・1

演習問題解答

2

解図 7・2

3

解図 7・3

4

解図 7・4

5

解図 7・5

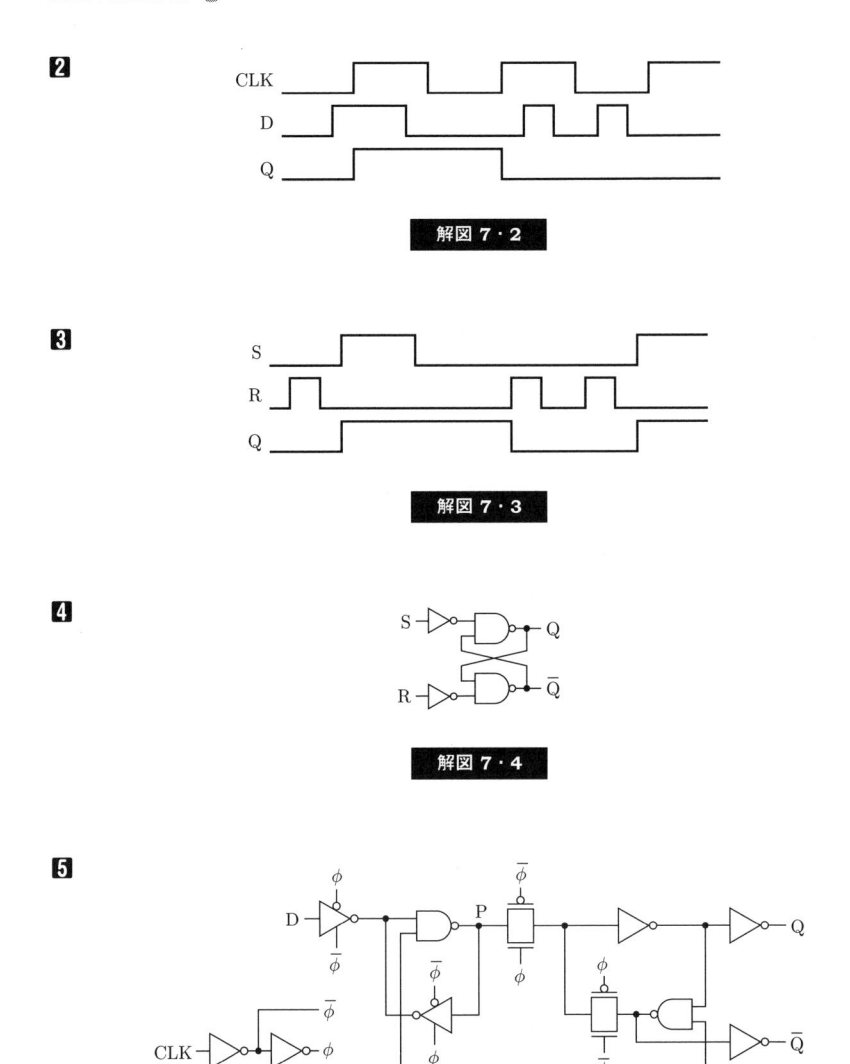

なお，非同期セットつき D フリップフロップの記号は**解図 7・6** を使う．

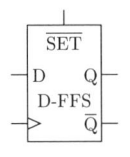

解図 7・6

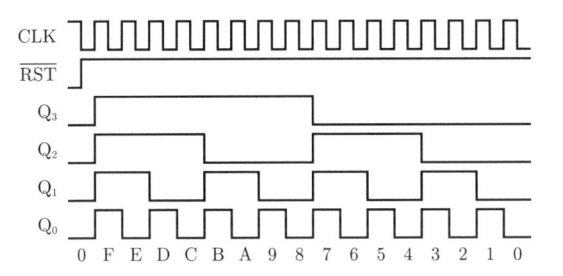

6

解図 7・7

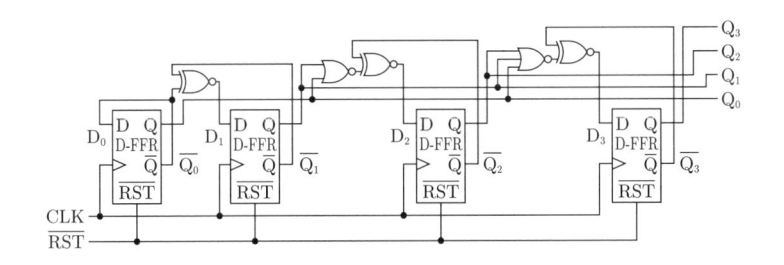

解図 7・8

また図 7·30 の $[\overline{Q_3}\,\overline{Q_2}\,\overline{Q_1}\,\overline{Q_0}]_2$ を出力としてもよい．

7 図 7·17 のマスタラッチとスレーブラッチの入力 ϕ と $\overline{\phi}$ をそれぞれ逆にすればよい．

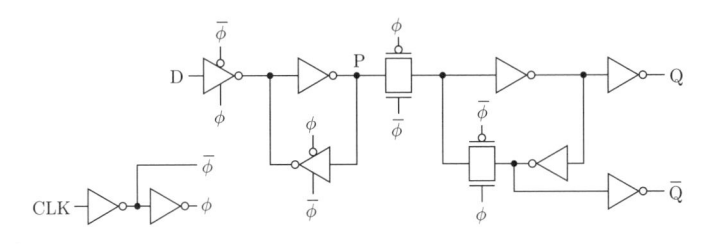

解図 7・9

8章

1 (1) $C_{IN} = L \cdot (W_{N1} + W_{P1}) \cdot C_{OX}$, $C_M = L \cdot (W_{N2} + W_{P2}) \cdot C_{OX}$

(2) $R_{ON} = \dfrac{1}{\beta_{N1} \cdot (V_{DD} - V_{THN})} = \dfrac{1.25}{\beta_{N1} \cdot V_{DD}}$

(3) $t_f = 3.7 \dfrac{C_M}{\beta_{N1} \cdot V_{DD}}$, $t_r = 3.7 \dfrac{C_{OUT}}{\beta_{P2} \cdot V_{DD}}$

(4) 初段のインバータを構成する NMOS および PMOS トランジスタのドレイン容量,および初段と次段のインバータを接続している配線の寄生容量.

2 (1) 正しくない.式 (8·26) に示すようにリングオシレータの発振周波数は段数に反比例するが,偶数段の場合は発振しない.

(2) 正しい.

(3) 正しくない.トランジスタサイズを大きくすると駆動力は大きく,遅延時間は小さくなり発振周波数は高くなるが,次段のゲートの入力容量も大きくなるため,サイズを2倍にしても発振周波数は2倍にはならない.

(4) 正しい.

3 $V_{DD} = 1.2\,\mathrm{V}$ における伝搬遅延時間 t_P は比例係数を K とおくと,$t_P = K\dfrac{C \cdot V_{DD}}{(V_{DD} - V_{THN})^\alpha} = K\dfrac{1.2C}{0.9^{1.5}} \approx 1.4KC$ となる.$V_{DD} = 1\,\mathrm{V}$ においては,$t_P = K\dfrac{1C}{0.7^{1.5}} \approx 1.7KC$ となる.伝搬遅延時間が $\dfrac{1.7}{1.4}$ 倍となるので,最高動作周波数は $1\,\mathrm{GHz}$ の $\dfrac{1.4}{1.7}$ 倍すなわち $820\,\mathrm{MHz}$ となる.

9章

1 式 (9·3) は**解図 9·1** で表され,インバータ 4 個,NAND ゲート 5 個の計 9 個.式 (9·1) は,インバータ 4 個,NAND ゲート 9 個の計 13 個.

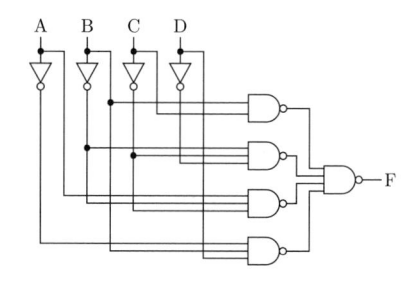

解図 9·1

2 解図 9·2 となる.

Q_2Q_1	Q_0	
	0	1
00	1	0
01	1	0
11	x	x
10	1	0

$Q_0{}'$

Q_2Q_1	Q_0	
	0	1
00	0	1
01	1	0
11	x	x
10	0	0

$Q_1{}'$

Q_2Q_1	Q_0	
	0	1
00	0	0
01	0	1
11	x	x
10	1	0

$Q_2{}'$

解図 9・2

3 各 FF の簡単化した後の論理関数は次の通りとなる.

$$Q_2{}' = D_2 = \overline{Q_2} \cdot \overline{Q_1} \cdot \overline{Q_0} + Q_2 \cdot Q_0$$
$$Q_1{}' = D_1 = Q_2 \cdot \overline{Q_0} + Q_1 + Q_0$$
$$Q_0{}' = D_0 = \overline{Q_0}$$

全体の回路図は**解図 9·3**. $Q_1{}'$ は, 下記の通りとなるため, 初段の NAND ゲートの入力は, $\overline{Q_1}$, $\overline{Q_0}$ となる.

$$Q_1{}' = \overline{\overline{(Q_2 \cdot \overline{Q_0})} \cdot \overline{(\overline{Q_1} \cdot \overline{Q_0})}}$$

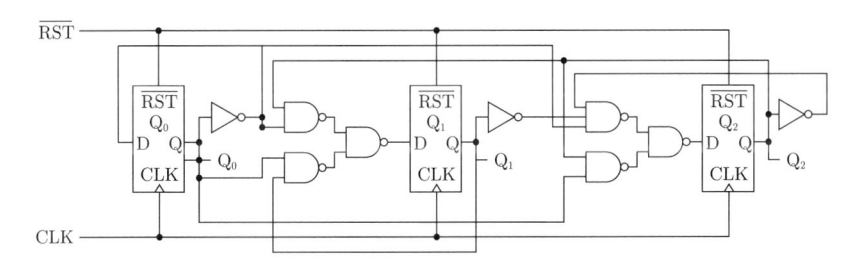

解図 9・3

4 カルノー図を**解図 9·4** に示す. 各 FF の簡単化した後の論理関数は次の通りとなる.

$$Q_2{}' = D_2 = \overline{S} \cdot Q_2 \cdot \overline{Q_0} + \overline{S} \cdot Q_1 \cdot Q_0 + S \cdot Q_2 \cdot Q_0 + S \cdot \overline{Q_2} \cdot \overline{Q_1} \cdot \overline{Q_0}$$
$$Q_1{}' = D_1 = \overline{S} \cdot \overline{Q_2} \cdot \overline{Q_1} \cdot Q_0 + \overline{S} \cdot Q_1 \cdot \overline{Q_0} + S \cdot Q_2 \cdot \overline{Q_0} + S \cdot Q_1 \cdot Q_0$$
$$Q_0{}' = D_0 = \overline{Q_0}$$

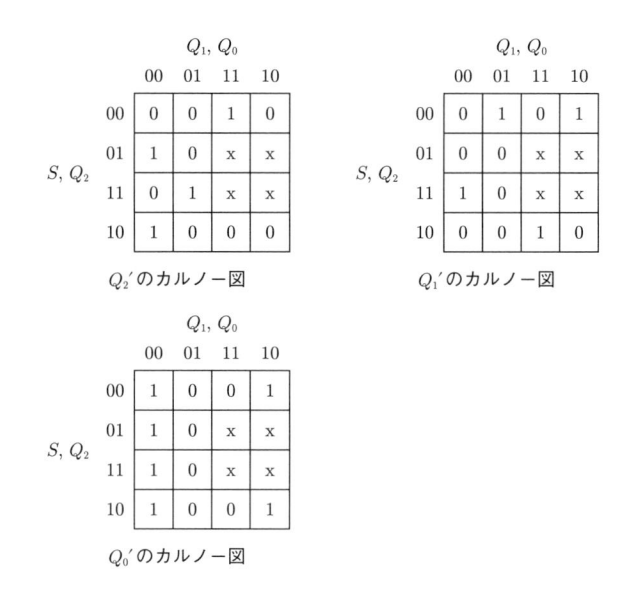

		Q_1, Q_0			
		00	01	11	10
S, Q_2	00	0	0	1	0
	01	1	0	x	x
	11	0	1	x	x
	10	1	0	0	0

Q_2' のカルノー図

		Q_1, Q_0			
		00	01	11	10
S, Q_2	00	0	1	0	1
	01	0	0	x	x
	11	1	0	x	x
	10	0	0	1	0

Q_1' のカルノー図

		Q_1, Q_0			
		00	01	11	10
S, Q_2	00	1	0	0	1
	01	1	0	x	x
	11	1	0	x	x
	10	1	0	0	1

Q_0' のカルノー図

解図 9・4 module6 アップダウンカウンタのカルノー図

5 両方のフリップフロップの出力から XOR ゲートを通って，D-FF1 の D に到達するまでの径路が，クリティカルパスとなる．また，ショーテストパスは，D-FF0 の Q から，D-FF0 の D までとなる．クリティカルパスの遅延は，表より，XOR ゲートの遅延 $10\,\mathrm{ps} + 20\,\mathrm{ps} + 20\,\mathrm{ps} = 50\,\mathrm{ps}$ と D-FF の遅延 $5\,\mathrm{ps}$ を足して $55\,\mathrm{ps}$ となる．これに，セットアップ時間 $5\,\mathrm{ps}$ を足した $60\,\mathrm{ps}$ が最小のクロック周期となる．したがって，最高動作クロック周波数は $16.7\,\mathrm{GHz}$ となる．

6 正論理は，26 個，負論理は，20 個．

7 IN に入力された 1 は，CLK を 1 とすることで，Q_0 と Q_1 がともに 1 となる．本来の動作は CLK を 1 とすると，Q_0 のみが 1 となる．ホールド違反を防止するためには，T_Q を増やすか，T_skew を減らせば良い．現実の集積回路内では，T_skew の制御には限界があるため，T_Q を増やす．

10 章

1 $100 = 01100100$，$-100 = 10011100$，$-1 = \overline{00000001} + 1 = 11111111$．最大値は，$01111111 = 127$，最小値は，$1000000 = -128$ となる．

2 $2 + 3 = 0010 + 0011 = 0101$，$4 - 5 = 0100 - 0101 = 0100 + 1011 = 1111$，
$5 - 7 = 0101 - 0111 = 0101 + 1001 = 1110$，$5 + 4 = 0101 + 0100 = 1001$，

$7-5 = 0111 - 0101 = 0111 + 1011 = 0010$, $6-3 = 0110 - 0011 = 0110 + 1101 = 0011$, $-4-7 = -0100 - 0111 = 1100 + 1001 = 0101$

桁あふれが起こるのは，$5+4$, $-4-7$

3 ビット幅は 8，unsigned char 型は，0 から 255，char 型 -128 から $+127$ までを表すことができる．

4 解図 10·1 の通りとなる．

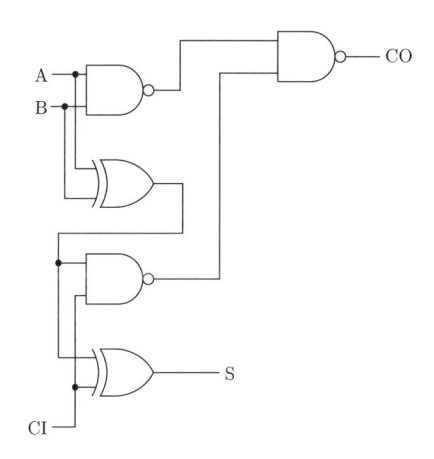

解図 10・1

11 章

1 解図 11·1 (1) はポート A とポート B からのアクセスを同時に処理できるデュアルポート SRAM セルである．両ポートからの書込みと読出しの同時アクセスや同時書込みの場合には読出しと書込みの優先順位や書込みの優先順位に注意を要する．意図せぬ動作を避けるため通常周辺にアービタ（仲介回路）が必要となる．解図 11·1 (2) は 8 トランジスタ SRAM（8T SRAM）と呼ばれるものである．書込み専用ポート（ポー

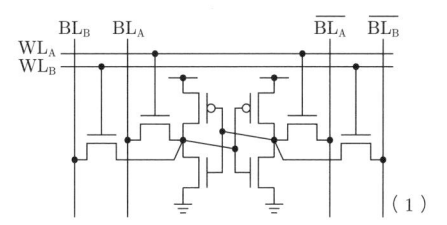

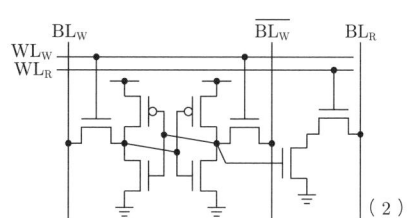

解図 11・1

ト W) と読出し専用ポート (ポート R) に分離されている. 6T SRAM は (もちろん
デュアルポート SRAM も) 読出しによる不安定動作 (データ反転) が問題となるが 8T
SRAM では読出しによる内部ノードの電圧変化がないので読出しが非常に安定である
ことが特長である.

2 浮遊ゲートに注入する電子の量を段階的に調整することでしきい値を多値化し一つ
のセルに2ビット以上のデータを記憶させることが多値記憶の原理である. 低い書込
み電圧から高い書込み電圧まで時間的に変化させ, 書込まれたしきい値の測定を繰り
返すことで精密な多値制御を行う. 2ビットデータを記憶するセルはマルチレベルセル
(Multi-Level Cell; MLC), 3ビットの場合にはトリプルレベルセル (Triple-Level Cell;
TLC) と呼ばれる. MLC の場合には4つのしきい値電圧制御, TLC の場合には8つ
のしきい値電圧制御が必要であり, それ以上の多値化については非常に困難と考えら
れている.

3 EPROM は消去可能なプログラマブル ROM である. フラッシュメモリと同様に浮
遊ゲートを持ち構造は似ているが消去には紫外線消去装置を用いなければならない.
そのためガラス窓を設けたパッケージが必要である. EEPROM は電気的に消去可能
な EPROM である (フラッシュメモリも広義の EEPROM であるがここでは従来の狭
義の EEPROM について説明する). EEPROM はビット単位で消去が可能なように各
セルにアクセストランジスタを持っている. そのためダブルゲートトランジスタとア
クセストランジスタの2トランジスタで1ビットセルとなりフラッシュメモリに比べ
面積効率が悪い. EEPROM は今ではフラッシュメモリに置き換わってしまった.

12章

1 XOR の論理は $A \cdot \overline{B} \cdot \overline{C} + \overline{A} \cdot B \cdot \overline{C} + \overline{A} \cdot \overline{B} \cdot C + A \cdot B \cdot C$ であるので, ゲートレベ
ルでは次の通りとなる.

```
module XOR (F, A, B, C);
input A,B,C;
output F;
wire  BA,BB,BC,OA,OB,OC,OD;
not iA (BA,A);
not iB (BB,B);
not iC (BC,C);
nand nA (OA,A,BB,BC);
nand nB (OB,BA,B,BC);
nand nC (OC,BA,BB,C);
nand nD (OD,A,B,C);
```

```
nand nF (F,OA,OB,OC,OD);
endmodule
```

assign で書くと次の通り.

```
module XOR (F, A, B, C);
input A,B,C;
output F;
    assign F=(A&~B&~C)+(~A&B&~C)+(~A&~B&C)+(A&B&C);
endmodule
```

2 解答は次の通り.行数を減らすために,不要な begin end は省いている.

```
module modulo6 (OUT,U,CLK,RSTB);
    input U,CLK,RSTB;
    output [2:0] OUT;
    reg [2:0] OUT;
    always @(posedge CLK or nedge RSTB)
      if(RSTB==0) OUT<=0;
      else
        if(U==1)
          if(OUT==5)
              OUT<=0;
          else
              OUT<=OUT+1;
        else
          if(OUT==0)
              OUT<=5;
          else
              OUT<=OUT-1;
endmodule
```

3 4 ビットを n 回加算すると,$\log_2(n+1)$ ビット増える.したがって,出力が 8 ビットの場合,15 回まで加算することができる.16 ビットの場合は,4 095 回加算を行うことができる.

4 32 ビットの加算器の全入力パターンは,$2^{32} \times 2^{32} = 1.8 \times 10^{19}$ である.したがって,$1.8 \times 10^{19} \times 1 \times 10^{-6}$ s $= 1.8 \times 10^{13}$ s $= 570776$ 年.約 57 万年かかることになる.

13章

1 NOT ゲートでは，出力ノードの値が "1" および "0" である確率は，ともに 50% となっている．したがって，スイッチング確率すなわち，出力が "0" → "1" に変化する確率は，$0.5 \times 0.5 = 0.25$ で 25% となる．2 入力 NAND ゲートの出力ノードが "1" である確率 75%，"0" である確率は 25%，なのでスイッチング確率は $0.75 \times 0.25 = 0.1875$ で 18.8% となる．同様にして 3 入力 NAND ゲートでは出力ノードが "1" である確率は 87.5%，"0" である確率は 12.5% なので 10.9% となる．

2 解図 13·1 参照

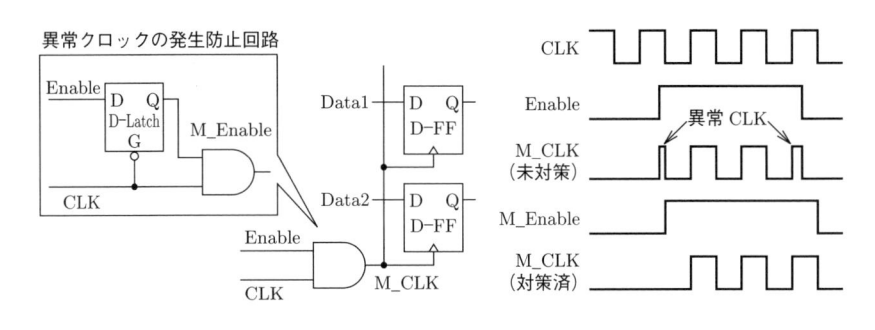

解図 13・1 ゲーテッドクロックタイミングチャート

3 図 13·7 (a) のグラフより，電源電圧 0.8 V では，750 MHz 動作が可能である．1.2 V，2 GHz 動作と比較すると，$(0.75/2) \times (0.8/1.2)^2 = 1/6$ なので，動作時の消費電力は 1/6 に削減される．ただし，データ処理時間が動作周波数に反比例すると考えると，処理時間は 2 GHz/750 MHz より 2.66 倍となる．

14章

1 ボディ効果を無視し，ドレイン電流を示す式 (14·1) を $y = 0 \sim L$ まで積分すると，式 (2·6) の線形領域の特性式が得られる．飽和領域では，チャネル長変調効果を無視して，$V(L) \approx V_{DSAT} = V_{GS} - V_{THN}$ とすることで，式 (2·6) の飽和領域の特性式を得る．

2 式 (14·15)，(14·17)，(14·18) を用いる．
  (1) $R_{WIRE} = 27.6 \, \text{k}\Omega/\text{m}$, $C_{WIRE} = 114 \, \text{pF/m}$, $L_{WIRE} = 381 \, \text{nH/m}$
  (2) $R_{WIRE} = 13.8 \, \text{k}\Omega/\text{m}$, $C_{WIRE} = 142 \, \text{pF/m}$, $L_{WIRE} = 305 \, \text{nH/m}$

3 (1) キャリア速度の飽和，多結晶シリコン・ゲートの空乏化，反転層の量子化
  (2) サブスレッショルド特性，短チャネル効果によるしきい値電圧の低下，パンチスルー，ゲートリーク，ゲート誘起ドレインリーク

4 式 (14·23) より，$10^{-V_{THN}/S} = 10^{-6}$．よって，$V_{THN} = 6S$

5 (1) 式 (14·8) より，$C_{GS} = 4.6\,\text{fF}$

(2) 式 (2·15) において Si/SiO$_2$ 界面の電位を $1.5\phi_F$ として，$W_{DEP} = 30\,\text{nm}$，$C_{DEP} = \varepsilon_S\varepsilon_0/W_{DEP} = 3.51\,\text{mF/m}^2$．式 (14·28) より，$S = 89.5\,\text{mV/dec}$

(3) 強反転状態であり，チャネル中の電子がゲート電極へトンネルするリークが対象となる．ゲート酸化膜に印加される電界は，$(V_{GS} - 2\phi_F - V_{FB})/T_{OX} = 1\,\text{GV/m}$ であり，$\phi_B = 3.1\,\text{eV}$ として，式 (14·42)，(14·43) より，Fowler-Nordheim トンネリングと直接トンネリングによるリーク電流密度は各々 $3.1\,\text{A/m}^2$，$0.31\,\text{fA/m}^2$ となるので，前者が支配的であることがわかる．よって，ゲートリークは，$(3.1\,\text{A/m}^2) \times (1\,\mu\text{m})^2 = 3.1\,\text{pA}$ となる．

6 ソース・ドレイン拡散層の構造は，短チャネル効果を抑制するためにチャネルと接する付近は浅く，それ以外は拡散層抵抗を低減するために深くなっている．中濃度のp 領域は，短チャネル効果を抑制するためにソース・ドレイン接合の空乏層がチャネルに近い付近でのみ短くしている．これにより，ソース・ドレインの接合容量の増加は小さくなる．

7 (1) ガウスの法則より，反転層の電界 E は，$E \approx q(1 \times 10^{16})/\varepsilon_S\varepsilon_0 = 15\,\text{MV/m}$ となる．不確定性原理より，$\Delta p \approx \hbar/2\Delta x$．自由電子の有効質量を m^* として，運動エネルギーとポテンシャルに着目すると，$qE\Delta x \approx \Delta p^2/2m^* \approx (\hbar^2/8m^*)(1/\Delta x^2)$ となるので，$\Delta x \approx (\hbar^2/8m^*qE)^{1/3} = 0.86\,\text{nm}$．よって，$x_{ch} \approx \Delta x = 0.86\,\text{nm}$．

(2) 拡散層のシート抵抗率は，$\rho_\square = (10\,\mu\Omega\cdot\text{m})/x_j = 100\,\Omega/\square$．式 (14·14) より，$R_{spr} = 28\,\Omega$

(3) ゲート絶縁膜中には電荷はないとして，ガウスの法則より，$W_{G,DEP} = \varepsilon_S\varepsilon_0 E/q(2 \times 10^{25}) = 0.49\,\text{nm}$

(4) $C_{G,DEP} = \varepsilon_S\varepsilon_0/W_{G,DEP}$，$C_{inv} = \varepsilon_S\varepsilon_0/x_{ch}$，$C_{OX} = \varepsilon_{OX}\varepsilon_0/T_{OX}$，$C_{OX,\text{eff}} = 1/(C_{OX}^{-1} + C_{G,DEP}^{-1} + C_{inv}^{-1})$ として，等価なゲート酸化膜厚 $T_{OX,EFF}$ は，$T_{OX,EFF} = \varepsilon_{OX}\varepsilon_0/C_{OX,\text{eff}} = T_{OX} + (\varepsilon_{OX}/\varepsilon_S)(W_{G,DEP} + x_{ch}) = 2.44\,\text{nm}$ となる．

15 章

1 省略

2 省略

3 まず 0.5 ミクロン時の性能を算出する．

$$\therefore t_f = 3.7 \times \frac{C_L}{\beta_N \cdot V_{DD}} = 3.7 \times \frac{20\,\text{fF}}{600\,\mu\text{A/V}^2 \times 5.0\,\text{V}} = 24.7\,\text{ps}$$

$$\therefore t_r = 3.7 \times \frac{C_L}{\beta_P \cdot V_{DD}} = 3.7 \times \frac{20\,\text{fF}}{300\,\mu\text{A/V}^2 \times 5.0\,\text{V}} = 49.3\,\text{ps}$$

$$\therefore f_{\max} = \frac{1}{t_r + t_f} = \frac{1}{24.7\,\text{ps} + 49.3\,\text{ps}} = 13.5 \times 10^9\,\text{Hz} = 13.5\,\text{GHz}$$

$$\therefore P_{CD,\max} = f_{\max} \cdot C_L \cdot V_D{}^2 = 13.5\,\text{GHz} \times 20\,\text{fF} \times 5.0^2\,\text{V}^2 = 6.75\,\text{mW}$$

次に比例縮小後の性能を計算する．スケーリング係数 $\kappa = 2$ なので，

$$t_f = 24.7\,\text{ps} \times \frac{1}{2} = 12.4\,\text{ps}$$

$$t_r = 49.3\,\text{ps} \times \frac{1}{2} = 24.7\,\text{ps}$$

$$f_{\max} = 13.5\,\text{GHz} \times 2 = 27\,\text{GHz}$$

$$P_{CD,\max} = 6.75\,\text{mW} \times \left(\frac{1}{2}\right)^2 = 1.66\,\text{mW}$$

参考文献

■1章
1) 日本半導体歴史館,http://www.shmj.or.jp/index.html
2) 谷口研二,宇野重康:絵から学ぶ半導体デバイス工学,昭晃堂(2003)

■2章
1) 谷口研二:LSI設計者のためのCMOSアナログ回路入門,CQ出版社(2005)
2) 谷口研二,宇野重康:絵から学ぶ半導体デバイス工学,昭晃堂(2003)
3) P. E. Allen and D. R. Holberg:CMOS Analog Circuit Design, Oxford University Press(2002)

■3章
1) 佐々木元,森野明彦,鈴木敏夫:LSI設計入門,近代科学社(1987)
2) 菅野卓雄監修,飯塚哲哉編:CMOS超LSIの設計,培風館(1989)
3) 永田穣監修,大橋伸一,村田良三共著:実用基礎電子回路,コロナ社(1990)
4) 平本俊郎編著,内田健,杉井信之,竹内潔著:集積ナノデバイス,丸善出版(2009)(コラムのみ)

■4章
1) N. Weste, D. Harris:CMOS VLSI Design, Addison-Wesley(2010)
2) 岩出秀平:明快解説・箇条書式ディジタル回路,ムイスリ出版(2006)

■5章
1) N. Weste, D. Harris:CMOS VLSI Design, Addison-Wesley(2010)
2) Y. Taur, T. Ning:Fundamentals of Modern VLSI Devices, Cambridge University Press(1998)

■8章
1) John P. Uemura:Intorduction to VLSI Circuits and Systems, John Wiley & Sons, Inc.(2001)
2) 谷口研二,宇野重康:絵から学ぶ半導体デバイス工学,昭晃堂(2003)

■9章,10章
1) 浅田邦博(編):ディジタル集積回路の設計と試作,培風館(2000)
2) 藤井信生:なっとくするディジタル電子回路,講談社(1997)
3) Roger L. Tokheim(著),村崎憲雄(翻訳),秋谷昌宏(翻訳),青木正喜(翻訳),

参 考 文 献

涌井秀治（翻訳）：マグロウヒル大学演習ディジタル回路, オーム社（2001）
4) 柴山潔：コンピュータアーキテクチャの基礎, 近代科学社（2003）
5) Neil Weste, David Harris：Principles of CMOS VLSI Design：A Systems Perspective 4th Edition, Addison Wesley（2010）
6) Jan M. Rabaey, Anantha Chandrakasan, and Borivoje Nikolic：Digital Integrated Circuits, Prentice-Hall（2002）

■ 11 章
1) The International Technology Roadmap for Semiconductors 2011 Edition：http://www.itrs.net/Links/2011ITRS/Home2011.htm

■ 12 章
1) 浅田邦博（編）：ディジタル集積回路の設計と試作, 培風館（2000）
2) Neil Weste, David Harris：Principles of CMOS VLSI Design：A Systems Perspective 4th Edition, Addison Wesley（2010）

■ 13 章
1) R. Puri, et al.：Keeping Hot Chips Cool, Design Automation Conference（DAC'05）, pp.285–288（June, 2005）
2) 宇佐美公良：デバイス設計の視点で見た低消費電力技術, Design Wave Magazine, pp.58–68（Oct., 2006）

■ 14 章
1) 原央編著：MOS集積回路の基礎, 近代科学社（1992）
2) 浜口智尋, 谷口研二：半導体デバイスの物理, 朝倉書店（1990）
3) N. G. Einspruch and G. S. Gildenblat：Advanced MOS Device Physics, Academic Press（1989）
4) 平本俊郎編著, 内田健, 杉井信之, 竹内潔著：集積ナノデバイス, 丸善出版（2009）

■ 15 章
1) R.H. Dennard, et al.：Design of ion-implanted MOSFET's with very small physical dimensions, IEEE Journal of Solid-State Circuits, Vol.SC-9, p.256（1974）
2) ITRS2009 Interconnect Page 14, Figure INTC5
3) F.Hamzaoglu, et al.：A 153Mb-SRAM Design with Dynamic Stability Enhancement and Leakage Reduction in 45nm High-k Metal-Gate CMOS Technology, ISSCC（2008）
4) T. Ghani, et al.：A 90nm high volume manufacturing login technology featuring novel 45nm gate length strained silicon CMOS transistors, IEDM2003, p.978
5) T. Sakurai：Perspectives of Low-Power VLSI's, IEICE TRANS. ELECTRON., VOL.E87-C, NO.4, APRIL 2004, p.429
6) M.P.M. Pelgrom, et al.：Matching propaerties of MOS transistors, IEEE Journal of Solid-State Circuits, Vol.24, no.5, p.1433（1989）
7) 独立行政法人・産業技術総合研究所 昌原明植氏による提供データ

索　引

■ア　行■

アクセプタ　18
アナログ集積回路　6
アンテナルールチェック　180

移動度　25
インクリメンタ　137
インスタンス名　167
インパクトイオン化現象　209
インバータ　33

ウェハ　12

エッチング　58
エンコーダ　72
演算回路　6, 133
エンハンスメント型　30

オフリーク電流　186
オン抵抗　107

■カ　行■

階層的な多層配線技術　220
拡散電位　19
拡散領域　60
加減算器　138
化合物半導体　5
カスタム LSI　6
カルノー図　118

完全空乏型 SOI　226
貫通電流　185
貫通電力　183

記憶回路　6
基数　133
寄生バイポーラトランジスタ　209
揮発性メモリ　6
キャリア　17
キャリア速度の飽和　207
強反転状態　22
キルビー特許　2

空乏層　19
組合せ論理回路　42
繰り返し乗算法　143
クリティカルパス　127, 192
クリーンルーム　12
クロスカップルドラッチ　88, 112
クロック　118
クロックスキュー　128
クロックツリー　128
クロックインバータ　81, 89
グローバル配線　219

桁上げ先見加算器　138
桁上げ選択加算器　140
桁上げ伝搬加算器　135
桁上げ保存加算器　140
結合　170

索引

ゲーテッドクロック方式　189
ゲートアレイ　7, 175
ゲート長　22
ゲート幅　22
ゲート誘起ドレインリーク　205
ゲートリーク　195

■サ 行■

最下位ビット　136
最上位ビット　134
最小遅延信号経路　127
最大遅延信号経路　127
雑音余裕　37
サブスレッショルド係数　204, 224
サブスレッショルド電流　186
サブスレッショルド特性　203
サリサイド　64
算術演算子　170
算術論理演算ユニット　142

しきい値電圧　25
自己整合　63
システマティックばらつき　227
実効チャネル長　203
質量作用の法則　18
時定数　106
シフト演算子　170
ジャンクションリーク　195
集積回路　1
自由電子　17
充放電電力　183
循環シフト　142
状態遷移図　118
状態遷移表　118
除算回路　145

真空管　1
真性キャリア密度　18
真性半導体　18

スイッチ　54
スケーリング則　187, 215
スタンダードセル　175
ストレスライナ　223
スラック　127

正孔　17
静的消費電力　187, 188
静的タイミング解析　177
整流特性　19
接合型トランジスタ　1
セットアップ時間　118
セルベースIC　7
セルライブラリ　192
セレクタ　75
全加算器　135
線形領域　25

双安定性　88
相互コンダクタンス　27
双方向バッファ　83

■タ 行■

ダイオード　20
立ち上がり時間　108
立ち下がり時間　106, 108
ダブルゲート構造　227
短チャネル効果　205, 224

蓄積層　21
チャネル　22

チャネル長変調効果　203
長距離配線　219
直接トンネリング　210

ディジタル集積回路　6
ディプリーション型　30
低誘電率材料　220
テクノロジマッピング　72
デコーダ　70
デザインルールチェック　179
デマルチプレクサ　78
電界効果トランジスタ　2
点接触トランジスタ　1
伝搬遅延時間　109

等価性検証　179
等価的スケーリング技術　218
等価的なゲート酸化膜厚　221
同期設計　124
動作合成　177
動的消費電力　183, 188
動的な電圧周波数制御方式　189
ドナー　18
ドーピング　18
ド・モルガンの定理　43
トライステートインバータ　81
トライステートバッファ　82
トランスペアレントラッチ　91
トランスミッションゲート　55
ドリフト速度　25
ドレイン誘起障壁低下　206
ドントケア　119

■ナ　行■

ネットリスト　166

ノーマリオフ　25
ノーマリオフ型　30
ノーマリオン型　30

■ハ　行■

ハイインピーダンス状態　81
配線遅延　219
配置配線　178
バイポーラトランジスタ　5
バス　84
バスアービタ　84
バスキーパ　84
バスホルダ　84
バスマスタ　84
バックエンドプロセス　59
ハードウェア記述言語　168
ハミング距離　118
バレルシフタ　141
パワーゲーティング技術　192, 193
パワースイッチ　193
半加算器　135
パンチスルー現象　206
反転層　21
汎用LSI　6

歪シリコン技術　223
ビットワイズ演算子　170
表面反転電位　29
ピンチオフ点　26

ファウンドリ　13
ファブレスカンパニー　13
ファンアウト　110
フォトマスク　11, 58
フォトレジスト　58

索引

不揮発性　149
不揮発性メモリ　6
複合論理ゲート　49
物理合成　179
部分積　143
プライオリティエンコーダ　73
フラッシュメモリ　158
フラットバンド電圧　30
フリップフロップ　87, 118
フリンジング効果　220
フルカスタム設計　174
ブール代数　43
プレーナ技術　3
フロントエンドプロセス　59

飽和速度　207
飽和ドレイン電圧　26
飽和ドレイン電流　26
飽和領域　26
ポジティブエッジトリガ型フリップフロップ　94
補数器　137
補数表現　134
ホットエレクトロン　209
ホットキャリア　209
ボディ　24
ボディ効果　30
ボディバイアス制御技術　192, 194
ホール　17
ホールド時間　118
ボンディング装置　13

■マ 行■

マイクロプロセッサ　7
マイコン　7

マスク ROM　151
マルチコア技術　195
マルチプレクサ　75
マルチ V_{TH} 技術　192

密度ルールチェック　180

ムーアの法則　3

メタステーブル　126
メタルゲート電極技術　221
メモリ回路　6, 148

■ラ 行■

ラッチ　87
ランダムばらつき　227

リカバリ時間　129
リソグラフィ　58
リムーバル時間　129
リングオシレータ　112

レイアウト　174
レイアウト検証　179
レイアウト合成　178
レイアウト対回路図比較　179
レシオ回路　34
レシオレス回路　34
レジスタ　99
レベル感知型　88

論理演算子　170
論理検証　177
論理合成　168, 175
論理しきい値　35

■ワ 行■

ワレスツリー　　144

■英字・記号■

ALU　　142
AND ゲート　　43
AOI 複合ゲート　　50
ASIC　　7
ASSP　　7

Bach C　　177
BEOL プロセス　　59
Beyond CMOS　　230

CMOS　　5
CMOS 集積回路　　23
CPU　　174
CVD　　58
Cyber C　　177

D フリップフロップ　　93
D ラッチ　　89
DRAM　　161
DRC　　179
Dual-Gate FinFET　　227

ECU　　9
EDA　　174
EOT　　221
Equivalent Oxide Thickness　　221

FD-SOI　　226
FEOL プロセス　　59
FeRAM　　162

FinFET　　226
Fowler-Nordheim トンネリング　　210
FPGA　　7
Fully Depleted SOI　　226

High-k ゲート絶縁膜技術　　221
HKMG 技術　　221

IC　　3

LSB　　136
LSI　　4
LVS　　179

MCU　　7
More Moore　　230
More than Moore　　230
MOS 構造　　20
MOS トランジスタ　　20
MRAM　　162
MSB　　134
MT-CMOS 技術　　194

n 型半導体　　18
NAND ゲート　　44
NMOS　　5
NMOS スイッチ　　54
NOR ゲート　　44
NOT ゲート　　44

OAI 複合ゲート　　51
OR ゲート　　44

p 型半導体　　18
Pelgrom 係数　　228

索引

PMOS　　*5*
PMOSスイッチ　　*54*
pn接合　　*19*
PRAM　　*163*

RAM　　*149*
RCA　　*136*
RIE　　*60*
ROM　　*149*
RTL　　*166*
RTL記述　　*172*

SiP　　*7, 13*
SoC　　*7*
SRラッチ　　*96*

SRAM　　*153*
STA　　*177*
STI　　*62*

Tri-Gate FinFET　　*227*

Verilog HDL　　*168*
VHDL　　*176*
VLSI　　*4*
VT-CMOS技術　　*194*

XORゲート　　*44*

1の補数　　*134*
2の補数　　*134*

〈編者・著者略歴〉

吉本雅彦（よしもと　まさひこ）
1977 年　名古屋大学大学院工学研究科電子工学専攻博士前期課程修了
1997 年　博士（工学）
現　在　神戸大学大学院システム情報学研究科情報科学専攻教授

藤野　毅（ふじの　たけし）
1986 年　大阪大学大学院工学研究科電子工学専攻修士課程修了
1995 年　博士（工学）
現　在　立命館大学理工学部電子情報工学科教授

松岡俊匡（まつおか　としまさ）
1996 年　大阪大学大学院工学研究科電子工学専攻博士後期課程修了
1996 年　博士（工学）
現　在　大阪大学大学院工学研究科電気電子情報工学専攻准教授

廣瀬哲也（ひろせ　てつや）
2005 年　大阪大学大学院工学研究科電子情報エネルギー工学専攻博士後期課程単位取得退学
2005 年　博士（工学）
現　在　神戸大学大学院工学研究科電気電子工学専攻准教授

川口　博（かわぐち　ひろし）
1993 年　千葉大学大学院工学研究科電子工学専攻修士課程修了
2006 年　博士（工学）
現　在　神戸大学大学院システム情報学研究科情報科学専攻准教授

小林和淑（こばやし　かずとし）
1993 年　京都大学大学院工学研究科電子工学専攻修士課程修了
1999 年　博士（工学）
現　在　京都工芸繊維大学工芸科学研究科電子システム工学専攻教授

- 本書の内容に関する質問は，オーム社出版局「（書名を明記）」係宛に，書状またはFAX（03-3293-2824），E-mail（syuppan@ohmsha.co.jp）にてお願いします。お受けできる質問は本書で紹介した内容に限らせていただきます。なお，電話での質問にはお答えできませんので，あらかじめご了承ください．
- 万一，落丁・乱丁の場合は，送料当社負担でお取替えいたします．当社販売課宛にお送りください．
- 本書の一部の複写複製を希望される場合は，本書扉裏を参照してください．

JCOPY ＜（社）出版者著作権管理機構 委託出版物＞

OHM大学テキスト
集積回路工学

平成 25 年 9 月 20 日　第 1 版第 1 刷発行

編 著 者　吉 本 雅 彦
発 行 者　竹 生 修 己
発 行 所　株式会社 オ ー ム 社
　　　　　郵便番号　101-8460
　　　　　東京都千代田区神田錦町3-1
　　　　　電話　03(3233)0641（代表）
　　　　　URL　http://www.ohmsha.co.jp/

© 吉本雅彦 2013

印刷　三美印刷　　製本　関川製本所
ISBN978-4-274-21427-1　Printed in Japan

新インターユニバーシティシリーズ のご紹介

- 全体を「共通基礎」「電気エネルギー」「電子・デバイス」「通信・信号処理」「計測・制御」「情報・メディア」の6部門で構成
- 現在のカリキュラムを総合的に精査して，セメスタ制に最適な書目構成をとり，どの巻も各章1講義，全体を半期2単位の講義で終えられるよう内容を構成
- 実際の講義では担当教員が内容を補足しながら教えることを前提として，簡潔な表現のテキスト，わかりやすく工夫された図表でまとめたコンパクトな紙面
- 研究・教育に実績のある，経験豊かな大学教授陣による編集・執筆

●── 各巻 定価(本体2300円【税別】)

電子回路
岩田 聡 編著 ■ A5判・168頁

【主要目次】 電子回路の学び方／信号とデバイス／回路の働き／等価回路の考え方／小信号を増幅する／組み合わせて使う／差動信号を増幅する／電力増幅回路／負帰還増幅回路／発振回路／オペアンプ／オペアンプの実際／MOSアナログ回路

ディジタル回路
田所 嘉昭 編著 ■ A5判・180頁

【主要目次】 ディジタル回路の学び方／ディジタル回路に使われる素子の働き／スイッチングする回路の性能／基本論理ゲート回路／組合せ論理回路（基礎／設計）／順序論理回路／演算回路／メモリとプログラマブルデバイス／A-D，D-A変換回路／回路設計とシミュレーション

電気・電子計測
田所 嘉昭 編著 ■ A5判・168頁

【主要目次】 電気・電子計測の学び方／計測の基礎／電気計測（直流／交流）／センサの基礎を学ぼう／センサによる物理量の計測／計測値の変換／ディジタル計測制御システムの基礎／ディジタル計測制御システムの応用／電子計測器／測定値の伝送／光計測とその応用

システムと制御
早川 義一 編著 ■ A5判・192頁

【主要目次】 システム制御の学び方／動的システムと状態方程式／動的システムと伝達関数／システムの周波数特性／フィードバック制御系とブロック線図／フィードバック制御系の安定解析／フィードバック制御系の過渡特性と定常特性／伝達関数を用いた制御系設計／時間領域での制御系の解析・設計／非線形システムとファジィ・ニューロ制御／制御応用例

パワーエレクトロニクス
堀 孝正 編著 ■ A5判・170頁

【主要目次】 パワーエレクトロニクスの学び方／電力変換の基本回路とその応用例／電力変換回路で発生するひずみ波形の電圧，電流，電力の取扱い方／パワー半導体デバイスの基本特性／電力の変換と制御／サイリスタコンバータの原理と特性／DC-DCコンバータの原理と特性／インバータの原理と特性

電気エネルギー概論
依田 正之 編著 ■ A5判・200頁

【主要目次】 電気エネルギー概論の学び方／限りあるエネルギー資源／エネルギーと環境／発電機のしくみ／熱力学と火力発電のしくみ／核エネルギーの利用／力学的エネルギーと水力発電のしくみ／化学エネルギーから電気エネルギーへの変換／光から電気エネルギーへの変換／熱エネルギーから電気エネルギーへの変換／再生可能エネルギーを用いた種々の発電システム／電気エネルギーの伝送／電気エネルギーの貯蔵

電力システム工学
大久保 仁 編著 ■ A5判・208頁

【主要目次】 電力システム工学の学び方／電力システムの構成／送電・変電機器・設備の概要／送電線路の電気特性と送電容量／有効電力と無効電力の送電特性／電力システムの運用と制御／電力系統の安定性／電力システムの故障計算／過電圧とその保護・協調／電力システムにおける開閉現象／配電システム／直流送電／環境にやさしい新しい電力ネットワーク

固体電子物性
若原 昭浩 編著 ■ A5判・152頁

【主要目次】 固体電子物性の学び方／結晶を作る原子の結合／原子の配列と結晶構造／結晶による波の回折現象／固体中を伝わる波／結晶格子原子の振動／自由電子気体／結晶内の電子のエネルギー帯構造／固体中の電子の運動／熱平衡状態における半導体／固体での光と電子の相互作用

もっと詳しい情報をお届けできます．
◎書店に商品がない場合または直接ご注文の場合も右記宛にご連絡ください．

ホームページ http://www.ohmsha.co.jp/
TEL/FAX TEL.03-3233-0643 FAX.03-3233-3440

(定価は変更される場合があります)

基本を学ぶシリーズ

基本事項をコンパクトにまとめ，親切・丁寧に解説した新しい教科書シリーズ！

主に大学，高等専門学校の電気・電子・情報向けの教科書としてセメスタ制の1期（2単位）で学習を修了できるように内容を厳選。

シリーズの特長
- ◆電気・電子工学の技術・知識を浅く広く学ぶのではなく、専門分野に進んでいくために「本当に必要な事項」を効率良く学べる内容。
- ◆「です、ます」体を用いたやさしい表現、「語りかけ」口調を意識した親切・丁寧な解説。
- ◆「吹出し」を用いて図中の重要事項をわかりやすく解説。
- ◆各章末には学んだ知識が「確実に身につく」練習問題を多数掲載。

基本を学ぶ **電磁気学**
- ●新井 宏之 著　●A5判・180頁　●定価(本体2500円【税別】)
- **主要目次** 電荷と電界／帯電体と静電容量／誘電体／電流と磁界／電磁誘導とインダクタンス／磁性体／電磁波

基本を学ぶ **電気電子物性**
- ●岩本 光正 著　●A5判・182頁　●定価(本体2500円【税別】)
- **主要目次** 物質の構造／金属の電気伝導／半導体／誘電体／絶縁体の電気伝導／磁性体

基本を学ぶ **コンピュータ概論**
- ●安井 浩之　木村 誠聡　辻 裕之　共著　●A5判・192頁　●定価(本体2500円【税別】)
- **主要目次** コンピュータシステム／情報の表現／論理回路とCPU／記憶装置と周辺機器／プログラムとアルゴリズム／OSとアプリケーション／ネットワークとセキュリティ

基本を学ぶ **電気機器**
- ●西方 正司 著　●A5判・148頁　●定価(本体2500円【税別】)
- **主要目次** 電気機器とは／三相交流回路／変圧器／誘導機／同期機／直流機／低炭素社会と電気機器

基本を学ぶ **パワーエレクトロニクス**
- ●佐藤 之彦 著　●A5判・170頁　●定価(本体2500円【税別】)
- **主要目次** 半導体による電力変換／パワー半導体デバイス／直流・直流変換／直流・交流変換／交流・直流変換／交流・交流変換／半導体電力変換回路の実際／パワーエレクトロニクスの応用

基本を学ぶ **信号処理**
- ●浜田 望 著　●A5判・194頁　●定価(本体2500円【税別】)
- **主要目次** 信号と信号処理／基本的信号とシステム／連続時間信号のフーリエ解析／離散時間フーリエ変換／離散フーリエ変換／高速フーリエ変換／z変換／サンプリング定理／離散時間システム／フィルタ／相関関数とスペクトル

もっと詳しい情報をお届けできます。
※書店に商品がない場合または直接ご注文の場合は右記宛にご連絡ください。

ホームページ http://www.ohmsha.co.jp/
TEL／FAX TEL.03-3233-0643　FAX.03-3233-3440

(定価は変更される場合があります)

21世紀の総合電気工学の高等教育用標準教科書

EEText シリーズ

電気学会-オーム社共同出版企画

企画編集委員長　正田英介（東京大学名誉教授）
編集幹事長　　　桂井　誠（東京大学名誉教授）

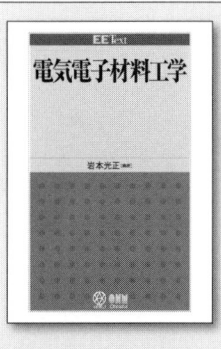

- 従来の電気工学の枠にとらわれず、電子・情報・通信工学を融合して再体系化
- 各分野の著名教授陣が、豊富な経験をもとに編集・執筆に参加
- 講義時間と講義回数を配慮した、教えやすく学びやすい内容構成
- 視覚に訴える教材をCD-ROMやWebサイトで提供するなど、マルチメディア教育環境に対応
- 豊富な演習問題、ノートとして使える余白部分など、斬新な紙面レイアウト

EEText シリーズ

電気電子材料工学

岩本　光正　編著　■B5判・224頁・定価(本体3200円【税別】)■

〔主要目次〕物質の構造／金属の電気伝導／半導体／誘電体／絶縁体・薄膜の電気伝導／磁性体／固体の光学的性質／界面の電気化学／新しい電気電子材料とデバイス応用への流れ

光エレクトロニクス

岡田　龍雄　編著　■B5判・164頁・定価(本体2800円【税別】)■

〔主要目次〕光エレクトロニクス概説／光波の基本的性質／光ビームの伝搬と制御／光増幅器とレーザ／光の検出／光通信システム／光メモリ／光入出力装置各論／レーザのエネルギー応用／レーザのセンシングへの応用

電磁気学

大木　義路　編著　■B5判・232頁・定価(本体3000円【税別】)■

〔主要目次〕ベクトル解析／真空中の静電界／静電容量／誘電体／電流／電流の作る磁界／磁界の定義としてのローレンツ力／電磁誘導とインダクタンス／磁石と磁性体／静電界および静磁界の特殊解法／電界の力とエネルギー／磁界の有するエネルギーと回路などに働く力／電磁波

電気電子基礎計測

岡野　大祐　編著　■B5判・224頁・定価(本体3400円【税別】)■

〔主要目次〕電気電子計測について／センシングの技術／電気電子計測の対象／測定と評価の方法／電気電子計測器の機能と種類／基本的な測定例／計測データの表現法

もっと詳しい情報をお届けできます。
◎書店に商品がない場合または直接ご注文の場合も右記宛にご連絡ください。

ホームページ http://www.ohmsha.co.jp/
TEL/FAX TEL.03-3233-0643　FAX.03-3233-3440

(定価は変更される場合があります)